量子化学

橋本健朗・安池智一

量子化学（'19）

©2019　橋本健朗・安池智一

装丁・ブックデザイン：畑中　猛

s-69

まえがき

　量子化学は，大学で本格的に学ぶ領域です．原子分子中の電子や分子中の原子核の運動にまで踏み込みます．高校までの化学との違いに，戸惑う人も沢山いるようです．一方で，こんな風に取り組む化学もあるのかと，化学に対する印象が変わる人もいます．どちらの人にとっても，行ったり来たりしながら学ぶ分野だと思います．

　本教材では，放送大学の「化学結合論—分子の構造と機能（'17)」と「化学反応論—分子の変化と機能（'17)」から，量子化学に関連する部分を掘り下げています．初めに量子力学の枠組みを概観し，それから化学に入ります．難しいこともありますが，繰り返し学ぶうちにふっと気づくことがあって，これまでの学びが深まることを期待しています．

　また，光と分子の相互作用についても取り上げます．原子分子が放出あるいは吸収する光の強さを波長や振動数に対してプロットしたグラフをスペクトルといいます．スペクトルを分子からの手紙と呼ぶ人もいます．ロマンチックですね．スペクトルは構造を持ち，暗号で書かれているので，その読み解き方の基礎を学びます．

　現代では，量子化学は化学全般の基礎になっています．この科目は，現代的な化学の考え方を学ぶことにも役立ててほしいと思います．

　本印刷教材，また放送教材の作成に当たって，たくさんの方々のご協力をいただきました．お名前をあげることはしませんが，この場を借りて心より御礼申し上げます．

平成 30 年 9 月　著者を代表して　橋本　健朗

目次

まえがき　3

1　化学と量子力学　　　　　　　　　安池智一　8

1.1　量子力学前史　8
1.2　光の示す波と粒子の二重性　14
1.3　ボーアの原子論　20
1.4　ド・ブロイの物質波　22

2　ミクロの世界の力学 — 量子力学
　　　　　　　　　　　　　　　　　　安池智一　26

2.1　シュレーディンガー方程式　26
2.2　量子力学の一般的枠組み　34
2.3　不確定性関係と原子の大きさ　40

3　量子化学への序奏　　　　　　　　橋本健朗　43

3.1　3次元空間を運動する粒子　43
3.2　原子分子の世界へ　51

4　水素原子　　　　　　　　　　　　橋本健朗　61

4.1　水素原子の波動関数とエネルギー準位　61
4.2　原子軌道　65
4.3　水素原子の姿　70
4.4　水素原子のシュレーディンガー方程式　75

5 | 多電子原子とパウリの原理　　| 橋本健朗　82

    5.1　原子軌道と多電子波動関数　82
    5.2　電子スピンとパウリの原理　94

6 | 周期律と周期表　　| 橋本健朗　102

    6.1　周期表を読み解く　102
    6.2　多電子原子の中の電子　111

7 | 水素分子イオン　　| 橋本健朗　120

    7.1　問題と予想　120
    7.2　水素分子イオン H_2^+　123
    7.3　暴れる電子，抑え込む核　131

8 | 軌道相互作用　　| 橋本健朗　136

    8.1　定性的分子軌道法　136
    8.2　二原子分子の分子軌道と軌道相互作用　142
    8.3　分子軌道，電子配置と結合の性質　148

9 | 化学結合と分子構造　　| 橋本健朗　156

    9.1　電子密度　156
    9.2　基本的分子の構造　160
    9.3　混成軌道　166

10　π共役系分子　　　橋本健朗　173

　　10.1　ヒュッケル法　　173
　　10.2　ポリエン　　180
　　10.3　分子の機能　　189

11　化学反応と分子軌道　　　橋本健朗　194

　　11.1　反応を支配する因子　　194
　　11.2　反応機構　　196

12　光と分子の相互作用　　　安池智一　208

　　12.1　電磁場下の分子ハミルトニアン　　208
　　12.2　電磁波による状態間遷移　　214
　　12.3　分子の遷移双極子モーメント　　218

13　電子遷移　　　安池智一　221

　　13.1　紫外・可視吸収スペクトル　　221
　　13.2　電子遷移の選択律　　224
　　13.3　ブタジエンの電子スペクトル　　232

14　二原子分子の回転と振動　　　安池智一　238

　　14.1　ポテンシャルエネルギー曲面　　238
　　14.2　二原子分子の運動　　240
　　14.3　回転および振動スペクトル　　247

15 | 多原子分子の運動　　　安池智一　253

15.1　ポテンシャル面とダイナミクス　253
15.2　多原子分子の振動スペクトル　259
15.3　化学反応　265

補遺　　　橋本健朗　268

補遺 A　二体問題　268
補遺 B　デカルト座標と3次元極座標（球面極座標）　271
補遺 C　多電子原子の原子軌道の動径成分，有効核電荷，基底関数　272
補遺 D　行列式の余因子展開　274
補遺 E　ヒュッケル法によるポリエンの分子軌道と軌道エネルギー　276

参考図書　280

演習問題解答例　281

元素の周期表　288

索　引　289

1 化学と量子力学

安池智一

《目標&ポイント》 化学における量子力学の必要性を歴史的観点を含めて学ぶ．光と物質が示す二重性とは何かを理解する．ボーアの原子論について学び，量子条件が物質波の示す定在波の観点から解釈できることを理解する．
《キーワード》 原子の構造，光の波動性と粒子性，ボーアの原子論，物質波

1.1 量子力学前史
1.1.1 親和力

　化学は物質の変化に関する最古の学問である．正しい物質観が確立する随分前から我々人類は，赤味がかった石から輝く有用な鉄を得たり，ワインから燃える液体を取り出してきたが，当時の人々にとってそれらは驚異であり，人知を超えた魔法そのものであった．その魔法の総体は錬金術と呼ばれて神秘のベールに包まれていたが，物質間に結合を生じる傾向の大小を表す**親和力**という近代化学につながる考え方も生まれていた．

　錬金術から神秘主義を排し自然哲学としての化学を始めたボイル (R. Boyle, 1627–1691) に影響を受けたニュートン (I. Newton, 1642–1727) は，自ら過去の錬金術文献を蒐集しそのレシピに従った実験を行っていたことで知られている．彼はその著書「光学」の Query 31 において自身が「プリンキピア」で示したようなマクロな物質間に働く力と同じく「(ミクロな) 物質粒子同士も互いに相互作用し合って，自然現象の大部分を生じるのではないか」と述べ，実験に基づく親和力の議論を行なっ

た．このことは 18 世紀の化学者に大きな影響を与え，様々な物質間の親和力表が作られていくこととなった．例えば，酸塩基反応で塩が生じるが，どの酸とどの塩基が強く結びつくかが明らかにされた．

一方で，ラボアジエ (A.-L. de Lavoisier, 1743–1794) をその嚆矢として，正確な質量の秤量に基づいて化学の定量化が推し進められた結果，1808 年にダルトン (J. Dalton, 1766–1844) は「化学哲学の新体系」において現代化学の基本的な枠組みを提出する．

―― 化学哲学の新体系 (1808, Dalton) ――
1) 同じ種類の元素は元素ごとに固有の同一の原子量を持つ
2) 化合物は異なる原子が一定の割合で結合したものである
3) 反応において変化するのは結合の仕方で原子の増減はない

この新体系によれば，化学においてもっとも基本的な親和力は，原子間に働くものだということになる．

1.1.2 親和力の電気的二元論と原子価

ダルトンの新体系が世にでる少し前の 1800 年にボルタ電池が作られると間もなく，電気分解が行われるようになった．デービー (Sir H. Davy, 1778–1829) は種々の溶液の電気分解を行い，陰極の周辺に水素，金属，アルカリを，陽極周辺には酸素や酸を見出した．1802 年にベルセリウス (J. J. Berzelius, 1779–1848) は塩類の電気分解を行い，陰極には塩基を，陽極には酸を見出した．これらのことから，ベルセリウスは親和力の起源を**静電力**であると考えた．これを**電気的二元論**と呼ぶ．これは確かに無機塩類にはよく成り立つが，単体の気体の多くが 2 原子分子からなることを説明できない．このために水の電気分解はしばらくの間，ダルト

ンの新体系に基づいて
$$HO \longrightarrow H + O$$
という反応であると考えられた．アボガドロ (A. Avogadro, 1776–1856) は「水の電気分解で得られる水素と酸素の体積比 2:1 はこれらの元素の数の比に等しい」，つまり反応式は
$$H_2O \longrightarrow H_2 + \frac{1}{2}O_2$$
であると正しく解釈したが，認められるまでに時間を要することとなった．

　また，1830 年代になって有機化学が発展すると，多くの化合物において炭素–炭素結合の存在が示唆されるようになったが，これも電気的二元論では説明できない．このため有機化合物は生命現象の産物であり特殊であるとする**生気説**が一時唱えられたが，のちに無機物からの尿素合成が報告されて退けられた．そして，有機化合物における結合は，元素それぞれが固有の**原子価**（結合の本数）を持つとする経験則によって処理されるようになる[1]．原子量と原子価の観点からメンデレーエフ (D. I. Mendeleev, 1834–1907) が現在のものとほぼ同様の周期表を提案したのは 1869 年のことである．このようにして，無機物，有機物それぞれに組成を決める処方箋は明らかとなったものの，それらを基礎付ける理屈がない状況で 19 世紀の終わりを迎える．

1.1.3　分光学

　量子力学に繋がるもう一つ別の大きな流れは分光学である．プリズムや回折格子によって，光をその波長ごとに分解することを分光と呼ぶ．白色光がプリズムによって虹状のスペクトルを示すことを，様々な色の

---

[1] 莫大な数に及ぶ有機化合物の構造式は，C, H, O, N の原子価をそれぞれ 4, 1, 2, 3 であるとすることでほぼ例外なく説明することができる．

表 1-1 量子力学前史

西暦	化学	分光学
1704	物質粒子間の力 (I.Newton)	分光 (I.Newton)
1775	燃焼の新理論 (A.-L. de Lavoisier)	
1800	ボルタ電池 (A.Volta)	
1801	電気分解 (Sir H.Davy)	光の干渉 (T.Young)
1802	電気的二元論 (J.J.Berzelius)	太陽スペクトルの暗線 (W.H.Wollaston)
1808	化学哲学の新体系 (J.Dalton)	
1811	アボガドロの仮説 (A.Avogadro)	
1817		暗線の詳細な研究 (J.v.Fraunhofer)
1857		ガイスラー管 (J.H.W.Geißler)
1858	炭素の原子価 4 (A.Kekule)	
1859		陰極線の発見 (J.Plücker)
1860		分光学的元素分析 (R.Bunsen, G.Kirchhoff)
1861		Cs, Rb の発見 (R.Bunsen, G.Kirchhoff)
1864		光の電磁波説 (J.C.Maxwell)
1869	周期表 (D.Mendeleev)	
1871		水素原子の線スペクトル (A.Ångström)
1885		バルマー公式 (J.J.Balmer)
1897	電子の発見 (J.J.Thomson)	
1900	量子仮説 (M.Planck)	
1904	土星型原子モデル (H.Nagaoka)	
1905	光量子 (A.Einstein)	
1911	原子核の発見 (E.Rutherford)	
1913	ボーアの原子模型 (N.Bohr)	

光からなる白色光がプリズムによって分けられた結果であると最初に正しく理解したのはニュートンであった．1802年にウォラストン (W. H. Wollaston, 1766–1828) は太陽光を分光して得られるスペクトルに暗線があることを見出し，フラウンホーファー (J. v. Fraunhofer, 1787–1826) はその数が574本にものぼることを1817年に報告した (図1-1)．彼はまた，月や惑星が太陽と同じスペクトルを持つこと，これとは対照的に太陽以外の恒星が異なるスペクトルを持つことを示し，月や惑星は太陽光を反射することによって輝いていると正しく理解した．ブンゼン (R.

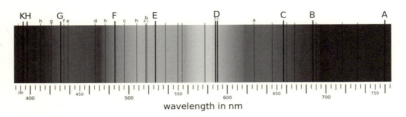

図 1–1　フラウンホーファー線

Bunsen, 1811–1899) とキルヒホッフ (G. Kirchhoff, 1824–1887) は，白色光源の手前にナトリウム蒸気を配置することでフラウンホーファーの D 線が生じることを明らかにし，スペクトルパターンが物質に固有のものであることを示した (1860 年)．

　同時期にガイスラー管（電極付減圧ガラス管）の利用によって多くの物質の発光スペクトルが測定されるようになり，オングストローム (A. J. Ångström, 1814–1874) は水素の線スペクトルの波長を高精度で報告した (1871 年)．ロッキヤー (J. N. Lockyer, 1836–1920) の研究により帯状のスペクトルが分子由来，線スペクトルが原子由来であることが明らかになると，オングストロームの得たスペクトルはもっとも単純な原子のスペクトルという重要な意味を帯びることとなる．当時すでに原子量の概念が確立し，水素はもっとも軽い，すなわち単純な元素であることが知られていた．1885 年にバルマー (J. J. Balmer, 1825–1898) は，水素原子のスペクトルの波長 λ が**バルマーの式**と呼ばれる

$$\lambda = 364.5\left(\frac{n^2}{n^2-4}\right) \; [\text{nm}] \quad (n=3,4,5,6,\dots) \tag{1.1}$$

という単純な式で表されることを見出した．ただしこの意味するところは不明というのが分光学における 19 世紀後半の状況であった．

1.1.4 原子の構造

これまでのところを振り返ってみると，19 世紀の終わりの時点で，化学においては原子間の親和力（化学結合）の経験則が確立しその一部には電気的な力が関係すること，分光学においては線スペクトルが原子に関する何らかの情報を与えていることが明らかになっていた．両者に共通したつまずきは，原子が何であるかがわからないという点にあった．

ダルトンの新体系によれば，化学変化で起こしうるのは原子間の結合の組み替えであり，化学変化を通じて原子そのものの構造を知ることはできない．その制限を打ち破るのが，水素の発光スペクトルに用いられたガイスラー管である．当時その原理は理解されていなかったが，1859 年にその陰極から磁石の影響を受ける何か（陰極線）が出ていることをプリュッカー (J. Plücker, 1801–1868) が見出す．1897 年にトムソン (Sir J. J. Thomson, 1856–1940) は真空度を高めた詳細な研究によって，陰極線が負の電荷を持つ微粒子（電子）の流れであることを明らかにする．彼は電場や磁場の影響を受けて変化する運動の様子から粒子の電荷と質量の比を求めた．H^+ イオン（陽子）についての同様の実験との比較から，電子の質量は陽子の 1/1000 程度の軽い粒子であることも明らかとなった．

トムソンは 1904 年に「原子は均一に正に帯電した球の中に多くの負に帯電した微粒子が分布して構成」されるという原子模型を提唱するが，ラザフォード (E. Rutherford, 1871–1937) のグループの実験によって原子の正電荷は中心のごく狭い領域に集中していることが明らかとなり，否定される．トムソンのモデルと同じ年に長岡半太郎 (1865–1950) はマクスウェルの土星の輪の安定性の議論に着想を得た土星型原子模型を提案していたが，1911 年にラザフォードが提案した新たな原子模型はこちらに近いものとなった．ただし，当時知られていた物理法則の範囲では，荷電粒子が回転運動のような加速度運動をすると電磁波を放出して潰れ

てしまうことが問題であった．これを解決するモデルをボーア (N. Bohr, 1885–1962) が提出するが，その説明に移る前に，そのために必要な光の性質について先に見ておこう．

1.2 光の示す波と粒子の二重性

1.2.1 光の正体は何か

古来「光は多数の微粒子の流れである」と考えられていた．光が直進したり，鏡によって反射されたりする様子は，確かに力学に従う自由粒子のふるまいと同様であるとみなすことができる．質点の力学の完成者ニュートンにとって，光の粒子論は半ば暗黙の前提とされたようであり，プリズムによって分光ができるのは，色ごとに粒子の大きさが異なり屈折率に差があるためであると解釈された．一方で，ニュートンと同時代に「光は波である」と考える人々もいた．ホイヘンス (C. Huygens, 1629–1695) は「伝播する波の波面の形状は，直前の波面のそれぞれの点から生じた球面状の2次的な波の包絡面によって決定される」と考えることによって，光の直進，反射，屈折は波動の観点からも理解できることを示した．

19世紀に入って波動説の優勢を決定づけたのは，ヤング (T. Young, 1773–1829) の二重スリットの実験である (図1–2)．ヤングは，2つのスリットを通った光がスクリーン上に鮮明な明暗の縞模様を作ることを認めた．光が粒子の流れであると考えると，遠方のスクリーンには，図1–2(b) に現れたような縞模様になるとは考えられない．彼は，観測された縞模様と，水面の2つの場所 (図1–3, A, B) に同時に石を落とした時に生じる波のパターン (図1–3, C~F) の間に類似性を見出し，光は波であると主張した．

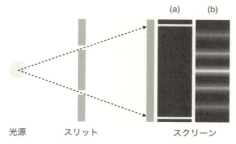

図 1-2　ヤングの二重スリット実験
(a) 光が粒子であるとして期待される像　(b) 実際に観測される明暗像

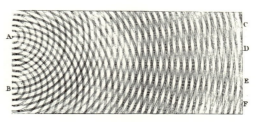

図 1-3　ヤングによる波の干渉のスケッチ

1.2.2 波動の式とその性質

ここで波動について復習しておこう．波動の本質は，次のような一次元の正弦進行波

$$f(x,t) = A\sin\left[2\pi\left(\frac{x}{\lambda} - \frac{t}{\tau}\right)\right] \tag{1.2}$$

にすべて含まれている．これは座標 x と時間 t の両方に依存している．まず，$t=0$ として，この波が座標 x の関数としてどのような形状をしているかを考えると

$$f(x,0) = A\sin\left(\frac{2\pi x}{\lambda}\right) \tag{1.3}$$

となる．つまり，λ を周期とする正弦関数である．λ は波の長さを特徴づける量であり，**波長**と呼ばれる．次に $x=0$ に固定し，座標原点での時間変動を観察してみると

$$f(0,t) = A\sin\left(-\frac{2\pi t}{\tau}\right) \tag{1.4}$$

のように時間 τ を周期とする正弦関数となる．τ の逆数は，時間あたりに何回振動するかを示し，$\nu = 1/\tau$ を**振動数**と呼ぶ．これらを踏まえて，両者の変動する様子を描いてみる．時間 $t=0$ で波の上のある点 $\mathrm{P}(x_0, f(x_0,0))$ に着目すると，$f(x_0,0)$ と同じ位相（sin の中身）の点の位置は時間の経過とともに移動する．t でその座標が x だったとすれば，

$$x = x_0 + \frac{\lambda}{\tau}t = x_0 + \lambda\nu t \tag{1.5}$$

を満たすはずである．つまり，$t=0$ で印をつけた点 P は速度 $v = \lambda\nu$ で x 座標上を移動する．任意の点でこの関係が成り立つから，式 (1.2) で表される波は全体として正弦波の形を保ったまま速度 v で移動する**進行波**である．$f(x,t)$ を x,t それぞれについて 2 回微分すると，

$$\frac{\partial^2 f}{\partial x^2} = -\left(\frac{2\pi}{\lambda}\right)^2 f, \quad \frac{\partial^2 f}{\partial t^2} = -\left(\frac{2\pi}{\tau}\right)^2 f \tag{1.6}$$

となるから

$$\frac{\partial^2 f}{\partial t^2} = v^2 \frac{\partial^2 f}{\partial x^2} \tag{1.7}$$

が成立する．これを**波動方程式**と呼ぶ．この方程式は線形同次の微分方程式[2]であり，これを満たす任意の「波」の線形結合もまた波動方程式

---

[2] 微分方程式が微分演算子の線形写像で定義されるとき，これを線形同次の微分方程式と呼ぶ．写像（関数）F が線形であるとは，$F(ax+by) = aF(x) + bF(y)$ を満たすことをいう．微分演算自体もその階数によらず線形であることから，波動方程式を含む線形同次微分方程式の解については重ね合わせの原理が成立する．

を満たし,「波」としての資格を持つ. この性質のために, 異なる波源から来た複数の波が同じ空間領域で遭遇したとき, それらの重ね合わせによってその領域の波が決定されることとなる. この**重ね合わせの原理**によれば, ある空間の位置で波の山と山または谷と谷が出会うと振幅の絶対値は大きくなり, 山と谷が出会うと振幅の絶対値は小さくなる. このような波のふるまいを, **干渉**と呼ぶ.

1.2.3 マクスウェルによる光の電磁波説

ヤングの実験によって波動論が優勢となったが, 波動を伝える媒質が何であるかは謎のままであった. このような状況下にあった1864年, マクスウェル (J. C. Maxwell, 1831–1879) は, 電場と磁場が相互に影響を及ぼしながら時間発展する式を解くと, 光速で伝搬する波が生じることを導いた. 真空中でのマクスウェル方程式は

$$\nabla \times \boldsymbol{E} = -\frac{\partial \boldsymbol{B}}{\partial t} \tag{1.8}$$

$$\nabla \times \boldsymbol{B} = \epsilon_0 \mu_0 \frac{\partial \boldsymbol{E}}{\partial t} + \mu_0 \boldsymbol{j} \tag{1.9}$$

$$\nabla \cdot \boldsymbol{E} = \frac{\rho}{\epsilon_0} \tag{1.10}$$

$$\nabla \cdot \boldsymbol{B} = 0 \tag{1.11}$$

である[3]. $\boldsymbol{E}, \boldsymbol{B}$ はそれぞれ電場および磁場 (磁束密度), ϵ_0, μ_0 はそれぞれ真空の誘電率および透磁率である. また, $\rho, \boldsymbol{j}$ はそれぞれ電荷密度および電流密度であるが, 電磁場そのものの性質を見るために, 0 である

---

[3] $\nabla = \left(\frac{\partial}{\partial x}, \frac{\partial}{\partial y}, \frac{\partial}{\partial z}\right)$ で, × は外積, · は内積を表す. ベクトル場に作用させたとき, $\nabla \times$ は回転, $\nabla \cdot$ は発散を与え, それぞれ rot, div のように表記されることもある.

と仮定する．式 (1.8) の左辺に $\nabla \times$ を作用させると

$$\nabla \times \nabla \times \boldsymbol{E} = \nabla(\nabla \cdot \boldsymbol{E}) - \nabla^2 \boldsymbol{E} = -\nabla^2 \boldsymbol{E} \tag{1.12}$$

となり，式 (1.9) から得られる

$$\nabla \times \frac{\partial \boldsymbol{B}}{\partial t} = \epsilon_0 \mu_0 \frac{\partial^2 \boldsymbol{E}}{\partial t^2} \tag{1.13}$$

と合わせて

$$\frac{\partial^2 \boldsymbol{E}}{\partial t^2} = \frac{1}{\epsilon_0 \mu_0} \nabla^2 \boldsymbol{E} \tag{1.14}$$

が得られる．式 (1.9) からは同様の手続きによって

$$\frac{\partial^2 \boldsymbol{B}}{\partial t^2} = \frac{1}{\epsilon_0 \mu_0} \nabla^2 \boldsymbol{B} \tag{1.15}$$

が得られる．これらを式 (1.7) と対比してみると，$\boldsymbol{E}, \boldsymbol{B}$ が 3 次元空間における波動としてふるまうことが類推されるであろう．式 (1.8) と式 (1.9) を見ると $\boldsymbol{E}, \boldsymbol{B}$ は互いの時間依存性を通して結びついて波を発生することがわかる．このようにしてマクスウェルは電磁波が生じることを示したが，この波の伝搬速度 v は

$$v = \frac{1}{\sqrt{\epsilon_0 \mu_0}} \sim 3.0 \times 10^8 \mathrm{m/s} \tag{1.16}$$

となり，真空中の光速 c と一致する．波としての光を媒介するものは (物質ではなく) 電磁場だったのである[4]．なお，真空で光速 c は一定であるので，光の振動数 ν と波長 λ の間には

$$\boxed{\nu = \frac{c}{\lambda}} \tag{1.17}$$

の関係が常に成立する．

---

[4] ただし，当時は電磁場に対して物質的な実体を想定し，便宜上エーテルと呼んだ．現代的な理解では，そのような実体の存在は否定されている．

1.2.4 粒子論ふたたび

マクスウェルによって予言された電磁波は，その後 1888 年にヘルツ (H. Hertz, 1857–1894) によって実験的にその存在が実証され，光は波動であるとの結論に達したかに見えた．しかしながら，まさにちょうどその年にハルバックス (W. Hallwachs, 1859–1922) が発見した光電効果 (金属に短波長の光を照射すると，表面から電子が飛び出す現象) は，その雲行きを怪しくする．レーナルト (P. Lenard, 1862–1947) は光電効果を詳しく研究し，1902 年に

1) 光の振動数がある値よりも高いときにのみ電子が飛び出す
2) 光の振動数が高いほど高速の電子が飛び出す
3) 光の強度によって電子数は変化するが，各々の速度は変化しない

となることを報告した．1900 年にプランク (M. Planck, 1858–1947) は，黒体輻射の研究において「振動数 ν の電磁波のエネルギーは $h\nu$ の整数倍に限られる」という光量子仮説を提案していた．h はプランク定数と呼ばれる定数である[5]．1905 年にアインシュタイン (A. Einstein, 1879–1955) は，プランクの光量子仮説によって光電効果が説明できることを示した．光が粒子であるとすれば，電子の運動エネルギーは

$$\frac{1}{2}mv^2 = h\nu - W \tag{1.18}$$

のように書くことができるはずである．左辺は飛び出す電子の運動エネルギー，右辺 $h\nu$ は振動数 ν の電磁波に対応する 1 つの光子のエネルギー，W は電子と金属の結合エネルギー[6]である．この関係式に基づけば，レーナルトの実験事実はうまく説明される．光の強度は光子の数に対応する

---

5) $h = 6.626 \times 10^{-34}$ Js．例えば，波長 532 nm の緑色の光は，$\nu = c/\lambda = 6.54 \times 10^{14}$ s^{-1} の振動数の電磁波に対応し，光量子としては 3.74×10^{-19} J のエネルギーを持つ．
6) 仕事関数，work function と呼ばれる．

と考える．

1.2.5 光における波と粒子の二重性の認識

このようにして，光には波としての性質と，粒子 (エネルギー量子) としての性質の両者がある．つまり，

$$\boxed{光は波であり粒子である}$$

ということがボーアが彼の原子模型を考えるまでに明らかとなっていた．

1.3 ボーアの原子論

1913 年にボーアは，水素原子のスペクトルを再現する理論的モデルを提案する．彼はまず，原子のスペクトルは光と原子の間のエネルギーのやりとりによって生じると考え，エネルギー保存則から以下の振動数条件

$$h\nu = E' - E'' \tag{1.19}$$

を仮定した．ここで E', E'' は光子の吸収，放出前後の原子のエネルギーを表す．古典力学に従う限り，電子のエネルギーは連続的な値を取ることができるため，吸収，発光のスペクトルも連続となってしまう．また，原子核周りの回転運動は電磁波の放出を伴うため，大きさを持ち得ないが，これも事実に反する．

そこでボーアが導入した大胆な仮定は，原子の定常状態は飛び飛びのエネルギーを持ち，また，定常状態では光の吸収・放出を行わないというものである．光の吸収・放出は異なる定常状態への遷移の際にのみ起こるとし，定常状態において電子は古典力学に従うものとする．水素原子の電子が等速円運動をすると仮定すると，電子質量を m_e，速度を v,

半径を r,素電荷を e とすると

$$m_\mathrm{e}\frac{v^2}{r} = \frac{e^2}{4\pi\epsilon_0 r^2} \tag{1.20}$$

が成立する.この条件の下で運動エネルギー T,ポテンシャルエネルギー V,全エネルギー E はそれぞれ

$$T = \frac{1}{2}m_\mathrm{e}v^2 = \frac{e^2}{8\pi\epsilon_0 r} \tag{1.21}$$

$$V = -\int F\mathrm{d}r = \int \frac{e^2}{4\pi\epsilon_0 r^2}\mathrm{d}r = -\frac{e^2}{4\pi\epsilon_0 r} \tag{1.22}$$

$$E = T + V = -\frac{e^2}{8\pi\epsilon_0 r} \tag{1.23}$$

で与えられる.水素原子の(電子)エネルギーは円運動の半径 r に依存することになるが,古典的にはこれは初期条件によって決まり,連続的な値を取りうる.これをボーアは飛び飛びの値を取るとするのだが,その際に彼が考えた条件(量子条件)は,角運動量 $l = m_\mathrm{e}vr$ が $\hbar = h/2\pi$ を単位とする値のみを取る,つまり

$$m_\mathrm{e}vr = n\hbar \tag{1.24}$$

を満たすというものである.式 (1.20),式 (1.24) から

$$r_n = n^2\left(\frac{4\pi\epsilon_0\hbar^2}{m_\mathrm{e}e^2}\right) \equiv n^2 a_0 \tag{1.25}$$

が得られ,これを式 (1.23) に代入すると

$$E_n = -\frac{1}{2n^2}\frac{m_\mathrm{e}e^4}{(4\pi\epsilon_0)^2\hbar^2} \equiv -\frac{1}{2n^2}E_\mathrm{h} \tag{1.26}$$

となることが分かる．ここで n は自然数であると仮定されたから，エネルギー E は飛び飛びの値を取る．これをエネルギーが量子化されたと言う．なおここで長さの次元を持つ a_0 はボーア半径，エネルギーの次元を持つ E_h はハートリーと呼ばれる量で具体的には

$$a_0 = 5.29 \times 10^{-11}\ [\mathrm{m}], \quad E_\mathrm{h} = 27.2114\ [\mathrm{eV}] \tag{1.27}$$

という値をとり，原子分子の中の電子軌道の大きさ，エネルギーを測るのに便利な単位としてしばしば利用される．

式 (1.26) で与えられる飛び飛びのエネルギー構造を持つ水素原子が，式 (1.1) のバルマーの式を説明できるかが目下の問題である．バルマーの式の波長 λ に相当する光子エネルギーが定常状態間のエネルギー差 ΔE であるというのがボーアの仮説であるから，$E = h\nu = ch/\lambda$ より

$$\Delta E = \frac{E_\mathrm{h}}{8}\left(\frac{n^2-4}{n^2}\right) = E_\mathrm{h}\left(-\frac{1}{2n^2} + \frac{1}{2\cdot 2^2}\right) \tag{1.28}$$

が得られる．この式から読み取れるのは，オングストロームが詳細に調べた水素原子の可視発光スペクトルは，水素原子の $n \geq 3$ の定常状態から $n = 2$ の定常状態への遷移に伴って放出された電磁波によるものに正確に一致するということである．荒唐無稽とも思われる議論ではあるが，とにかく実験事実の説明に見事成功したのである．

1.4 ド・ブロイの物質波

1.4.1 物質の波動性

ボーアのモデルが実験のスペクトルを再現できるのは事実としても，物理的には到底正しくないと思われていた．そこでド・ブロイ (L. de Broglie, 1892–1987) が考えたのは，もともと波だと考えられていた光が粒子でもあるのだとしたら，これまで当然粒子であると考えられてきた

電子のような物質にも波が付随するのではないかということである．この波を**物質波**と呼ぶ．そしてその実体が波動であれば，空間的に閉じ込められることによってその空間にフィットした波長の波のみが存在し得るから，飛び飛びの振動数を持ってもおかしくないということになる．そのように考えるとして，物質波はどんなものになるべきであろうか．

式 (1.2) で見たように，波はその振動数と波長によって特徴づけられる．光子と電磁波の関係からの類推によると，振動数が

$$\nu = \frac{E}{h} \tag{1.29}$$

であることはすぐわかる．

一方，物質粒子の波長は，光子の持つ運動量とエネルギーの関係からの類推で以下のように与えられる．特殊相対性理論によれば，一般に質量 m の粒子のエネルギーと運動量はそれぞれ

$$E = \frac{mc^2}{\sqrt{1-(v/c)^2}} \tag{1.30}$$

$$p = \frac{mv}{\sqrt{1-(v/c)^2}} \tag{1.31}$$

で与えられる[7]．光子は光速で運動するから分母は 0 になる．E, p が有限値であるためには，質量も 0 でなくてはならない．また，上式より

$$\begin{aligned} E^2 - c^2 p^2 &= \frac{m^2 c^4}{1-(v/c)^2} - \frac{m^2 v^2 c^2}{1-(v/c)^2} \\ &= \frac{m^2 c^4 \{1-(v/c)^2\}}{1-(v/c)^2} = m^2 c^4 \end{aligned} \tag{1.32}$$

となることから，相対論的な粒子が持つエネルギーは

$$E = \sqrt{m^2 c^4 + c^2 p^2} \tag{1.33}$$

---

[7] 簡単のため，運動は 1 次元的であると仮定した．

となる．ここで $m = 0$ とすると光子のエネルギーと運動量の間に

$$E = cp \tag{1.34}$$

という関係があることがわかる．光子の運動量 p が E/c に等しいことは，後に光子と電子の散乱実験において確かめられた (コンプトン効果).

ここで $E = cp = h\nu$ を用いれば，光速 c を消去できるから，波長 λ は，運動量 p と

$$\boxed{\lambda = \frac{h}{p}} \tag{1.35}$$

のような関係がある．これを粒子に付随する物質波にも適用すればよいであろう．プランク定数自体が極めて小さいため，一般に物質波の波長は著しく短く，その波動性は顕在化しにくいが，電子のような質量の小さな粒子の場合[8]には，波長が長くなり波動性が現れるはずである．例えば，150 V の電圧で加速された電子の波長は

$$\lambda = \frac{h}{\sqrt{300 m_e e}} \sim \frac{6.626 \times 10^{-34} \text{ Js}}{6.613 \times 10^{-24} \text{ kg} \cdot \text{m/s}} \sim 0.1 \text{ nm} \tag{1.36}$$

となる．0.1 nm は典型的な原子間距離のオーダーである．このような電子線の波の性質を用いてニッケル結晶を回折格子に見立てた実験を行うことにより，電子の波動性は実証された．

1.4.2 物質波からみたボーアの原子論

ボーアの原子論を物質波の観点から考察してみよう．ボーアの量子化条件の両辺に $2\pi/m_e v$ をかけると

$$2\pi r = \frac{nh}{m_e v} = n\lambda \tag{1.37}$$

---

[8] 電子の質量 m_e，電荷 e はそれぞれ，$m_e = 9.11 \times 10^{-31}$ kg, $e = 1.60 \times 10^{-19}$ C である．

が得られる．左辺の $2\pi r$ は円周の長さであるから，ボーアの量子条件は，円周の長さが波長の n 倍となる条件，すなわち波が古典軌道上で滑らかに繋がる条件に他ならない．つまりこの関係は，波動だと考えることによって，特別な条件を手で入れることなく量子化が可能であることを示唆する．

　ボーアの原子論は，19 世紀に始まった物理化学の到達点であり，様々な元素の違いを説明しうる原子の構造に基づいた新しい理論体系構築に向けた最初の一歩であった．

演習問題

1　野球のボール (質量 150 g) が時速 150 km で動いているときのド・ブロイ波長を求めよ．
2　nm で表した波長の光の光子エネルギーを eV で表す換算式を求めよ．

2 ミクロの世界の力学 — 量子力学

安池智一

《目標＆ポイント》 ド・ブロイの物質波のアイディアを基に，複素数の波動に対するシュレーディンガー方程式を導く．箱の中の粒子の問題によってエネルギー準位が量子化されることを学ぶ．ディラックの記法を導入し，ベクトル空間に基づいて，量子力学の体系を概観する．
《キーワード》 シュレーディンガー方程式，箱の中の粒子，重ね合わせの原理とベクトル空間，固有値問題，交換関係，不確定性原理

2.1 シュレーディンガー方程式

ボーアの原子モデルにおける軌道角運動量の量子条件は，ド・ブロイの物質波が古典軌道上で滑らかに繋がる条件であると解釈できた．しかしながら，その波動には振幅の概念がなく，エーレンフェスト (P. Ehrenfest, 1880–1933) は波動を考えるのであれば波長だけでなく振幅のある波を考えるべきだと主張した．この問題に取り組んだのがシュレーディンガー (E. Schrödinger, 1887–1961) であった．

2.1.1 物質波を表す式

波長 λ，振動周期 τ で特徴づけられる1次元の進行波は，複素数表示で一般に

$$\psi(x, t) = A \exp\left[2\pi i \left(\frac{x}{\lambda} - \frac{t}{\tau}\right)\right] \tag{2.1}$$

と書くことができる[1]．ド・ブロイによれば，波長と粒子の運動量，振動数とエネルギーに

$$\lambda = \frac{h}{p}, \quad \nu = \frac{E}{h} \tag{2.2}$$

という関係があったから，

$$\psi(x,t) = A\exp\left[\frac{\mathrm{i}}{\hbar}(px - Et)\right] \tag{2.3}$$

が x 方向に直進する自由粒子の物質波の波動関数であると考えられる．

2.1.2 物質波がみたす基礎方程式

物質波の時間発展を司る運動方程式を得るために，自由粒子の物質波を記述する式 (2.3) を解として持つような微分方程式がどのようなものか探ってみよう．もちろんこれには古典的な波動方程式も該当するが，いま探したいのはそれではない．ψ を時間 t および空間座標 x で偏微分してみると，それぞれ

$$\frac{\partial \psi}{\partial t} = -\mathrm{i}\frac{E}{\hbar}\psi \tag{2.4}$$

$$\frac{\partial \psi}{\partial x} = \mathrm{i}\frac{p}{\hbar}\psi \tag{2.5}$$

となる．一方，古典的な粒子の全エネルギー E はハミルトニアン H によって与えられる．

$$E = H = \frac{p^2}{2m} + V \tag{2.6}$$

---

[1] オイラー (L. Euler, 1707–1783) の式 $e^{\mathrm{i}\theta} = \cos\theta + \mathrm{i}\sin\theta$ を思い出せば，これが式 (1.7) の古典的波動方程式の 2 つの特解

$$\cos\left[2\pi\left(\frac{x}{\lambda} - \frac{t}{\tau}\right)\right], \quad \sin\left[2\pi\left(\frac{x}{\lambda} - \frac{t}{\tau}\right)\right]$$

の線形結合になっていることがわかるであろう．波動方程式は線形であったから，複素数表示の波動はもちろん波動方程式を満たす．

ただし m, p, V はそれぞれ粒子の質量，運動量，および粒子の感じるポテンシャルエネルギーである．ここでは自由粒子を考えているので $V = 0$ すなわち $E = H = p^2/2m$ である．この関係が

$$E\psi = \frac{p^2}{2m}\psi \tag{2.7}$$

という形で物質波においても成立しているとすると，空間座標についてはもう一度偏微分して

$$\frac{\partial^2 \psi}{\partial x^2} = -\frac{p^2}{\hbar^2}\psi \tag{2.8}$$

としておく必要がある．そして式 (2.4), 式 (2.8) の係数を調整すれば

$$\boxed{i\hbar\frac{\partial \psi}{\partial t} = \hat{H}\psi} \tag{2.9}$$

$$\hat{H} = -\frac{\hbar^2}{2m}\frac{\partial^2}{\partial x^2} \tag{2.10}$$

を得る．こうして得られた物質波の満たす微分方程式である式 (2.9) は，**時間に依存するシュレーディンガー方程式**[2] と呼ばれる．ここで $\hat{H}$ は量子論におけるハミルトニアンで，上記から分かるように，これは式 (2.6) の古典的なハミルトニアン $H(p,x)$ において，

$$\boxed{p \to -i\hbar\frac{\partial}{\partial x}} \tag{2.11}$$

という置き換えをして求めることができる[3]．ポテンシャル $V(x)$ を感じて運動する粒子の場合には $\hat{H}$ として

$$\hat{H} = -\frac{\hbar^2}{2m}\frac{\partial^2}{\partial x^2} + V(x) \tag{2.12}$$

---

[2] 物質波が満たす方程式という意味で波動方程式と呼ぶこともあるが，方程式の構造としては時間の 2 階偏微分を含む古典的な波動方程式とは異なり，時間の 1 階偏微分を含む拡散方程式である．

[3] この関係は式 (2.5) に現れている．なお，粒子の位置を表す x についてはそのまま x でよい．

を採用すれば，実際の観測結果を正しく予言できることが確かめられている．古典力学では全エネルギーという物理量であったハミルトニアンが，ミクロの世界では演算子となっている点に注意しよう．右側にどのような関数があるかによって，そのふるまい (演算結果) は変化する．

2.1.3 定常状態のシュレーディンガー方程式

$\psi(x,t)$ は波動であるから，ギターや太鼓でお馴染みの定在波に対応する解（定常状態）があることが予想される．定在波とは波動が進行せず，その振幅が時間とともに変わる波であるから

$$\psi(x,t) = \phi(x)f(t) \tag{2.13}$$

と書くことができるはずである．これを (2.9) 式に代入すると

$$i\hbar \frac{\frac{\mathrm{d}f(t)}{\mathrm{d}t}}{f(t)} = \frac{\hat{H}\phi(x)}{\phi(x)}$$

となる．任意の x,t で上式が成立する為には両辺が定数でなくてはならない．この定数を E と置くと，

$$\boxed{\hat{H}\phi(x) = E\phi(x)} \tag{2.14}$$

$$i\hbar \frac{\mathrm{d}f(t)}{\mathrm{d}t} = Ef(t) \tag{2.15}$$

のように，2変数の微分方程式の問題が1変数の微分方程式の問題2つに分けることができる．得られた2つの微分方程式のうち，式 (2.14) を**時間に依存しないシュレーディンガー方程式**と呼ぶ．

式 (2.14) では，微分演算を含む演算子であるハミルトニアン $\hat{H}$ をある関数 $\phi(x)$ に作用させた結果が $\phi(x)$ の定数倍になっている．この関係を満たすとき，E は $\hat{H}$ の固有値，$\phi(x)$ は $\hat{H}$ の固有関数であると呼ばれ

る．適当な関数を持ってきたのではこの関係を満たすことはできないことに注意しよう．つまり，時間に依存しないシュレーディンガー方程式は一般に，ある離散的なエネルギーの値でのみ解 (エネルギー固有値と対応する固有関数) を持つ．

一方，式 (2.15) の解は $f(0)\exp(-iEt/\hbar)$ であるが，式 (2.14) は線形微分方程式であるのでその解には定数倍の不定性がある．よって $f(0)$ を $\phi(x)$ に吸収することができ，定常状態の時間発展は

$$\psi(x,t) = \phi(x)\exp\left(-\frac{i}{\hbar}Et\right) \tag{2.16}$$

と書くことができる．

2.1.4 波動関数の物理的意味

電子線を用いてヤングの二重スリット実験を行うと，光と同じパターンが得られる．光の場合にスクリーン上の強度は，場の振幅の 2 乗に比例する．複素表示の場合には絶対値の 2 乗を考える．ここで電子はあくまでも粒子として観測されることを踏まえると，波動関数の絶対値の 2 乗で与えられるのは電子の存在確率とすべきである．つまり，時間 t での座標 x における電子の存在確率 $P(x,t)$ は

$$P(x,t) = |\psi(x,t)|^2 dx \tag{2.17}$$

で与えられるとする．このことから逆に波動関数はしばしば**確率振幅**と呼ばれる．このような対応をつけると，時間依存シュレーディンガー方程式が時間に対して 1 階微分であることは必然となる．式 (2.17) が粒子の存在確率を表すならば，これを全空間で積分した値は

$$\int_{-\infty}^{\infty} |\psi(x,t)|^2 dx = 1 \tag{2.18}$$

のように1となるべきであり，またこれは時間に依存してはいけないから
$$\frac{\mathrm{d}}{\mathrm{d}t}\int P(x,t)\mathrm{d}x = \int \left(\frac{\partial \psi^*}{\partial t}\psi + \psi^*\frac{\partial \psi}{\partial t}\right)\mathrm{d}x = 0 \tag{2.19}$$
が成り立つ必要がある．もしここで，波動関数を決定する微分方程式が時間について2階であると，初期条件として波動関数とその時間微分とを独立に選ぶことができる．そのとき
$$\frac{\partial \psi^*}{\partial t}\psi + \psi^*\frac{\partial \psi}{\partial t}$$
はその選び方に依存し，一般に粒子の存在確率は保存しないことになる．一方，時間依存シュレーディンガー方程式を満たす波動関数については，式 (2.9) そのものを用いて式 (2.19) を示すことができる．また，時間依存シュレーディンガー方程式には虚数単位 i が入っているから，波動関数は複素数値をとるのが普通である．古典的波動方程式を扱う際にも，複素数の波を計算上の便法として用いることがあるが，シュレーディンガー方程式においては本質的な意味を持つ．

2.1.5　1次元の箱の中の粒子

時間に依存しないシュレーディンガー方程式を用いて，1次元の幅 L の領域に束縛された粒子の定常状態を求めてみよう．ポテンシャル $V(x)$ は
$$V(x) = \begin{cases} 0 & (0 \leq x \leq L) \\ \infty & (x < 0, L < x) \end{cases} \tag{2.20}$$
のように領域外で無限大になっているとする．この場合，問題は単純化されて，$0 \leq x \leq L$ での時間に依存しないシュレーディンガー方程式
$$-\frac{\hbar^2}{2m}\frac{\partial^2}{\partial x^2}\phi = E\phi \tag{2.21}$$

を解き，この領域外にあるポテンシャルの効果は境界条件

$$\phi(0) = \phi(L) = 0 \tag{2.22}$$

として考慮すればよい．無限大のポテンシャルの領域に粒子が存在する確率は0だから波動関数の値も0であって，ポテンシャルの境界で波動関数の値は一致しなくてはならないからである．式 (2.21) は定数係数の線形同次微分方程式であるから，解は e^{ax} とおくことができ，a を決める特性方程式は

$$a^2 = -\frac{2mE}{\hbar^2} \tag{2.23}$$

となる．これを解くことで一般解は

$$\phi(x) = A e^{ikx} + B e^{-ikx} \tag{2.24}$$

と置くことができる．ただし

$$k = \frac{\sqrt{2mE}}{\hbar} \tag{2.25}$$

である．ここで式 (2.26) の境界条件を考慮すると

$$A + B = 0, \quad A e^{ikL} + B e^{-ikL} = 0 \tag{2.26}$$

が得られ，$A = B = 0$ 以外の解を持つためには，

$$\begin{vmatrix} 1 & 1 \\ e^{ikL} & e^{-ikL} \end{vmatrix} = 0 \tag{2.27}$$

つまり $e^{ikL} - e^{-ikL} = 2\sin(kL) = 0$ という条件が必要であるので，

$$kL = n\pi \quad (n = 0, \pm 1, \pm 2, ...) \tag{2.28}$$

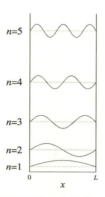

図 2-1　箱の中の粒子のエネルギー準位と波動関数

となり，k には離散的な値のみが許される．ただし $n=0$ は波動関数として意味がなく，また $\sin(-x) = -\sin(x)$ であり負符号は正符号のものと等価であるから，$n=1,2,...$ だけが物理的な意味を持つ．このことから，固有エネルギーは

$$E = \frac{\hbar^2 k^2}{2m} = \frac{n^2 h^2}{8mL^2} \quad (n=1,2,...) \tag{2.29}$$

のような離散値を取る．式 (2.26) より $B=-A$ であるので，式 (2.24) は

$$\phi(x) = 2\mathrm{i}A \sin\left(\frac{n\pi}{L}x\right) \tag{2.30}$$

となる．ここで $C = 2\mathrm{i}A$ とおいて確率の規格化条件，式 (2.18) を用いると

$$\int_0^L |C|^2 \sin^2\left(\frac{n\pi}{L}x\right)\mathrm{d}x = |C|^2 \frac{L}{2} = 1 \tag{2.31}$$

となって $C = \mathrm{e}^{\mathrm{i}\delta}\sqrt{2/L}$ が得られるが，δ は任意定数であり 0 と置くと，波動関数は

$$\phi_n(x) = \sqrt{\frac{2}{L}} \sin\left(\frac{n\pi}{L}x\right) \tag{2.32}$$

であることがわかる．得られたエネルギー準位に対応する波動関数を重ねて示したのが図 2-1 である．以上のことから，シュレーディンガー方程式に従う微小な系のエネルギーが離散的になりうることを示すことができた．

2.2 量子力学の一般的枠組み

2.2.1 ディラックのブラケット記法

シュレーディンガー方程式も線形同次の微分方程式であるから，その解である波動関数にも重ね合わせの原理が成立する．例えばある系の状態を表す波動関数 ψ_1 と ψ_2 の線形結合 Ψ

$$\Psi = c_1\psi_1 + c_2\psi_2 \tag{2.33}$$

は，やはり波動関数であり，c_1, c_2 の値に応じて異なる物理的な状態を表す．ディラック (P. A. M. Dirac, 1902–1984) はベクトルがこの性質を持つことに注目し，量子力学のベクトル空間における表現を見出し，その本質を簡潔に表すブラケット記法を提案した．

この記法では，$\psi_i(\boldsymbol{x})$ とその複素共役 $\psi_i^*(\boldsymbol{x})$ をそれぞれ，ケットベクトル $|\psi_i\rangle$，ブラベクトル $\langle\psi_i|$ と対応づける．内積を定義することによってベクトルの長さ，他のベクトルとの角度が議論できてベクトル空間が定義できるようになる．ディラックは 2 つの異なる波動関数間の内積として，$\psi_i^*(\boldsymbol{x})\psi_j(\boldsymbol{x})$ の全空間にわたる積分を採用し，これを

$$(内積) \equiv \int \psi_i^*(\boldsymbol{x})\psi_j(\boldsymbol{x})\mathrm{d}\boldsymbol{x} \to \langle\psi_i|\psi_j\rangle \tag{2.34}$$

のようにブラとケットが閉じたブラケット $\langle\psi_i|\psi_j\rangle$ として表した．この表記に従うと，式 (2.18) で表された存在確率の規格化条件は，

$$\langle\psi|\psi\rangle = 1 \to \sqrt{\langle\psi|\psi\rangle} = 1 \tag{2.35}$$

となるから，ベクトル $|\psi\rangle$ の長さを 1 とすることに対応する．また，異なる関数 ψ_i, ψ_j を考えたときに，

$$\langle \psi_i | \psi_j \rangle = 0 \tag{2.36}$$

であれば，ベクトルの場合と同様にそれらは**直交**すると称される[4]．

2.2.2 固有関数のセットが満たす完全正規直交性

量子力学においては一般に，ある演算子の固有関数 ϕ_i ($i = 1, 2, \cdots$) は確率の規格化の観点から長さが 1 に規格化され，異なる固有値に対応する固有関数どうしは直交する．ディラックの記法で書けばこれは

$$\langle \phi_i | \phi_j \rangle = \delta_{ij} \tag{2.37}$$

で表される．ここで δ_{ij} はクロネッカーのデルタと呼ばれ，$i = j$ なら 1，$i \neq j$ なら 0 を与える．このことから，ある演算子のすべての固有関数のセットは，それらの線形結合で張られるベクトル空間における**正規直交基底**となっている．また，この固有関数のセットは

$$\sum_i |\phi_i\rangle\langle\phi_i| = 1 \tag{2.38}$$

と表現される**完全性**という性質を持つ．$|\phi_i\rangle\langle\phi_i|$ をあるケット $|\Psi\rangle$ に作用させると

$$|\phi_i\rangle\langle\phi_i|\Psi\rangle \equiv |\phi_i\rangle c_i = c_i |\phi_i\rangle \tag{2.39}$$

---

[4] 例えば，箱の中の粒子の $n = 1, 2$ の波動関数の内積を考えると

$$\langle \phi_1 | \phi_2 \rangle = \frac{2}{L} \int_0^L \sin\left(\frac{\pi}{L}x\right) \sin\left(\frac{2\pi}{L}x\right) dx = 0$$

となるから，これらは実は直交していたのである．

となる．ここで c_i は積分をした結果の数値であり，作用させた結果は $|\Psi\rangle$ ベクトルの $|\phi_i\rangle$ 方向成分を取り出したものになっている．式 (2.38) は，すべての固有関数ケット・ブラについて同様な操作を行い和を取ると，

$$|\Psi\rangle = \sum_i |\phi_i\rangle\langle\phi_i|\Psi\rangle = \sum_i c_i|\phi_i\rangle \qquad (2.40)$$

元のベクトルを再現できることを意味している．これが完全性の意味である．これらをまとめて

| 固有関数のセットは**完全正規直交基底**をなす |

という．これらの性質は，個々の系や具体的な関数形によらない普遍的な性質であり，量子力学の持つ数理構造を抽象的に表現したものである．最初は難しく感じるかもしれないが，一度慣れてしまうと個々の関数形にとらわれることなく一般的な議論ができるので便利である．

2.2.3 ベクトル空間のシュレーディンガー方程式

N 次元のベクトル空間を考え，完全正規直交基底 $|i\rangle$ $(i = 1, 2, ..., N)$ を用意する．つまり，これらのベクトルの組は

$$\langle i|j\rangle = \delta_{ij}, \quad \sum_{i=1}^{N} |i\rangle\langle i| = 1 \qquad (2.41)$$

を満たす．まず，任意の関数 Ψ の i 成分 c_i は，左から $\langle i|$ を作用させ，

$$c_i = \langle i|\Psi\rangle$$

とすることによって得られ，Ψ はこれを縦に並べた列ベクトル **c** と対応づけることが可能である．そうすると，ブラベクトルとして表現される Ψ^* は

$$c_i^* = \langle\Psi|i\rangle$$

を成分とする行ベクトル $\mathbf{c}^\dagger$ のように定義すれば，内積 $\langle\Psi|\Psi\rangle$ を通常のベクトルの内積 $\mathbf{c}^\dagger \cdot \mathbf{c}$ の形に表すことができる．ここで $\dagger$ は複素共役をとって転置する操作を表す．

同様な手順で，ベクトル空間において時間に依存しないシュレーディンガー方程式

$$\hat{H}|\Psi\rangle = E|\Psi\rangle \tag{2.42}$$

がどのように表現されるかを見てみよう．左から $\langle i|$ を作用させ，$\hat{H}$ と Ψ の間に完全性の式を挟めば

$$\sum_j \langle i|\hat{H}|j\rangle\langle j|\Psi\rangle = E\langle i|\Psi\rangle \tag{2.43}$$

が得られる．この関係は，$h_{ij} \equiv \langle i|\hat{H}|j\rangle$ とすれば，

$$\begin{pmatrix} h_{11} & h_{12} & \cdots & h_{1N} \\ h_{21} & & & \\ \vdots & & & \vdots \\ h_{N1} & h_{N2} & \cdots & h_{NN} \end{pmatrix} \begin{pmatrix} c_1 \\ c_2 \\ \vdots \\ c_N \end{pmatrix} = E \begin{pmatrix} c_1 \\ c_2 \\ \vdots \\ c_N \end{pmatrix} \tag{2.44}$$

と等価である．つまり，ある関数系を用いて表現すると，時間に依存しないシュレーディンガー方程式は**行列の固有値問題**に帰着することがわかる．

2.2.4 期待値

任意の波動関数 Ψ は式 (2.40) のように展開された．この波動関数で表現される粒子は，状態 ϕ_i に $|c_i|^2 = |\langle\phi_i|\Psi\rangle|^2$ の確率で存在することになる．ここで，ϕ_i がハミルトニアンの固有関数すなわちエネルギー固有状態であり，対応する固有値が E_i だとすると，Ψ のエネルギー期待値は

$\sum_i E_i |\langle \phi_i | \Psi \rangle|^2$ と書き表されることになる．これは上記の完全性の式を利用すると

$$\langle E \rangle = \sum_i E_i |\langle \phi_i | \Psi \rangle|^2 = \sum_i \langle \Psi | \phi_i \rangle E_i \langle \phi_i | \Psi \rangle = \langle \Psi | \hat{H} | \Psi \rangle \qquad (2.45)$$

のように書き直すことができる[5]．もし系がエネルギー固有関数で表現される状態にあれば，

$$\langle E \rangle = \langle \phi_i | \hat{H} | \phi_i \rangle = E_i \langle \phi_i | \phi_i \rangle = E_i \qquad (2.46)$$

となってエネルギー固有値がちゃんと出る．このことから，一般に，任意の観測量 X に対する期待値は対応する演算子 $\hat{X}$ を用いて

$$\langle X \rangle = \langle \Psi | \hat{X} | \Psi \rangle \qquad (2.47)$$

と書くことができることも理解できよう．

2.2.5 エルミート演算子とその性質

関数 f, g の内積 $\langle f | g \rangle$ の複素共役は，積分中の f^*, g それぞれの複素共役を取ることに等しいから，$\langle f | g \rangle^* = \langle g | f \rangle$ が成立する．これを踏まえて $\langle f | \hat{A} g \rangle$ の複素共役を考え，

$$\langle f | \hat{A} g \rangle^* = \langle \hat{A} g | f \rangle = \langle g | \hat{A}^\dagger f \rangle \qquad (2.48)$$

---

[5] ここで，
$$\sum_i | \phi_i \rangle E_i \langle \phi_i | = \hat{H}$$
と変形できるのは，エネルギー固有関数によるハミルトニアンの行列表現が対角形であることによる．

を満たすような演算子 $\hat{A}^\dagger$ は，$\hat{A}$ に**エルミート共役**であると呼ばれる．そして $\hat{A}^\dagger = \hat{A}$，すなわち

$$\langle f|\hat{A}g\rangle^* = \langle g|\hat{A}f\rangle \tag{2.49}$$

であるような演算子 $\hat{A}$ を**エルミート演算子**と呼ぶ．ここでエルミート演算子 $\hat{A}$ の固有値 a の固有ベクトルを $|a\rangle$ であるとして $|a\rangle$ との内積を考えると

$$\langle a|\hat{A}|a\rangle = a\langle a|a\rangle \tag{2.50}$$

が成立する．左辺の複素共役を考えると

$$\langle a|\hat{A}|a\rangle^* = \langle a|\hat{A}^\dagger|a\rangle = \langle a|\hat{A}|a\rangle \tag{2.51}$$

であるのに対して右辺の複素共役は

$$(a\langle a|a\rangle)^* = a^*\langle a|a\rangle \tag{2.52}$$

であるから，両辺の結果を合わせて $a = a^*$ が得られ，**エルミート演算子の固有値は実数**であることが結論される．物理量の観測値は実数であることから，観測量に対応する物理量を表す演算子はエルミート演算子であることが要請される．

また，エルミート演算子の異なる固有値に属する固有関数は互いに直交するが，これは次のようにして示すことができる．a, b を異なる実数として，

$$\hat{A}|a\rangle = a|a\rangle, \quad \hat{A}|b\rangle = b|b\rangle \tag{2.53}$$

が成り立っているとする．前者と $|b\rangle$，後者と $|a\rangle$ との内積を考えると

$$\langle b|\hat{A}|a\rangle = a\langle b|a\rangle \tag{2.54}$$

$$\langle a|\hat{A}|b\rangle = b\langle a|b\rangle \tag{2.55}$$

が成立する．式 (2.55) の全体の複素共役をとって変形すると

$$\langle b|\hat{A}|a\rangle = b\langle b|a\rangle \tag{2.56}$$

が得られ，これを式 (2.54) と辺々差し引くと

$$(a-b)\langle b|a\rangle = 0 \tag{2.57}$$

が成立する．ここで，仮定より $a-b \neq 0$ であるから $\langle b|a\rangle = 0$，すなわちエルミート演算子の異なる固有値に属する固有関数は互いに直交することが示された．このことから，それぞれの固有関数が規格化されていれば，物理量に対応する演算子の固有関数のセットは正規直交系をなすことが言える．完全性については本科目のレベルを超えるためここでは論じないことにする．

2.3 不確定性関係と原子の大きさ

2.3.1 演算子の交換関係と同時固有関数

演算子の作用は，作用する相手によって変化する．これはすなわち，複数の演算子を考えたとき，それらを作用させる順序によって結果が変わることも意味する．この違いを特徴づけるのが演算子の交換関係であり，演算子 $\hat{a},\hat{b}$ に対して

$$[\hat{a},\hat{b}] = \hat{a}\hat{b} - \hat{b}\hat{a} \tag{2.58}$$

で定義される．これを交換子と呼ぶ．例えば，

$$[\hat{x},\hat{p}] = i\hbar \tag{2.59}$$

であり (演習問題)，これは関数 f に対して

$$(\hat{x}\hat{p})f = (\hat{p}\hat{x})f + (i\hbar)f \tag{2.60}$$

となることを意味し，交換子の値 $i\hbar$ は演算子の作用させる順序を交換したときに必要となる余計な因子に相当する．交換子が 0 であれば 2 つの演算子は可換であり，自由に順序を変えてよい．

演算子 $\hat{A}$ の固有値 a に対する固有関数を $|a\rangle$ とする．つまり，

$$\hat{A}|a\rangle = a|a\rangle \tag{2.61}$$

である．ここで演算子 $\hat{B}$ が $\hat{A}$ と可換であれば，

$$\hat{A}\hat{B}|a\rangle = \hat{B}\hat{A}|a\rangle = a\hat{B}|a\rangle \tag{2.62}$$

となるから，$\hat{B}|a\rangle$ は $\hat{A}$ の固有値 a の固有関数である．$\hat{B}$ の作用で $|a\rangle$ に異なるベクトルが混入したとすると，同じ固有値 a の固有関数にはならない．つまり，$\hat{B}|a\rangle$ は $|a\rangle$ の定数倍でなくてはならない．定数を b と書けば，すなわち，

$$\hat{B}|a\rangle = b|a\rangle \tag{2.63}$$

であるから，これは $|a\rangle$ が $\hat{B}$ の固有状態でもあることを意味する．つまり，可換な演算子は共通の固有関数を持つ．これを**同時固有関数**と呼ぶ．ハミルトニアンと可換な演算子があったとすると，その演算子の固有値でエネルギー準位を分類することが可能となる．

2.3.2 不確定性関係と原子の大きさ

2 つの演算子の交換子が 0 であれば，同時固有関数が存在して，両者の期待値はおのおのの固有値として決まる．一方で，交換子が有限の値を持つ場合には，片方の固有状態は一般に他方の固有状態の線形結合となるため，確定値を取らなくなる．このとき，どのくらい期待値の周りに揺らぐかが問題となる．$\hat{A}$ の観測量の揺らぎ ΔA は

$$(\Delta A)^2 = \langle (\hat{A} - \langle A \rangle)^2 \rangle = \langle A^2 \rangle - \langle A \rangle^2 \tag{2.64}$$

によって定義される．$\langle\ \rangle$ は何らかの状態で期待値を取ることを意味する．ここで

$$[\hat{A}, \hat{B}] = \mathrm{i}\hat{C} \tag{2.65}$$

だとすると

$$\Delta A \Delta B \geq \frac{1}{2}|\langle C \rangle| \tag{2.66}$$

であることを示すことができる．式 (2.59) にこれを適用すると，

$$\boxed{\Delta x \Delta p \geq \frac{\hbar}{2}}$$

となる．これは x を正確に決めれば決めるほど ($\Delta x \to 0$)，$\Delta p \to \infty$ となって p が定まらなくなることを意味する．このような関係を不確定性関係と呼ぶ．これは物質の安定性に関係する．水素原子の中の電子は，陽子に接近するほどポテンシャルエネルギーが下がるから，陽子の位置にあるのが最も安定であるように思えるが，そのように場所が確定してしまうと，運動量が定まらなくなる．つまり，運動量分布が極めて大きくなり，運動量の大きな成分によって運動エネルギーが高くなる．このために，水素原子内の電子は陽子から離れて存在することになる．

演習問題

1 式 (2.59) を示せ．

2 $\Delta x \Delta p \sim \hbar$ として 1 次元の水素原子の最低エネルギーを決定せよ．

3 量子化学への序奏

橋本健朗

《目標＆ポイント》 3次元の波動関数を理解する．量子数と波動関数の節との関係，エネルギー準位との関係を掴む．変数分離，3次元極座標に慣れる．
《キーワード》 腹，節，変数分離，縮重，エネルギー準位図，3次元極座標，角運動量，期待値（平均）

3.1 3次元空間を運動する粒子

3.1.1 3次元の波

　原子や分子の中の電子は，我々と同じく3次元空間の中を運動している．波動関数は3変数関数になる．1次元と2次元の波を基にして，3次元の波の理解を深めよう．

　はじめに，1次元箱の中の粒子の波動関数を見直そう．ポテンシャルの井戸の幅を a，量子数を n_x とすると，式は，

$$\Psi_{n_x}(x) = \psi_{n_x}(x) = \sqrt{\frac{2}{a}} \sin\left(\frac{n_x \pi}{a} x\right) \quad (n_x = 1, 2, 3, \cdots) \quad (3.1)$$

である．図3-1の実線が上式のグラフで，<u>波の空間形状（波形）</u>を表す．半周期後の時刻には点線のグラフになり，山は谷に，谷は山に変わる．$n_x = 1$ の図の $x = \frac{1}{2}a$ の点のように波の高さ（関数値，変位，振幅）が最も大きく変わる場所を**腹**という．一方，$n_x = 2$ の $x = \frac{1}{2}a$ の点，$n_x = 3$ の $x = \frac{1}{3}a, x = \frac{2}{3}a$ の点のように，どちらの時刻でも高さがゼロの場所は，**節**と呼ばれる．境界条件で高さがゼロの $x = 0$ や $x = a$ の点は，一

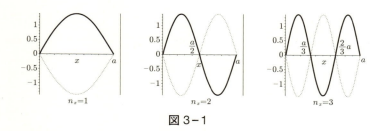

図 3-1

般に節に含めない．実線のグラフだけでも，節は山と谷の間，その境目にあることが分かる．また，量子数が増えると節の数も増える．今の場合，$n_x - 1$ 個の節がある．

後で述べるように，ポテンシャルエネルギーが，

$$V(x, y) = \begin{cases} 0 & (0 \leq x \leq a, 0 \leq y \leq b) \\ \infty & (それ以外の領域) \end{cases} \quad (3.2)$$

の 2 次元箱の中の粒子の波動関数は，式 (3.1) と

$$\psi_{n_y}(y) = \sqrt{\frac{2}{b}} \sin\left(\frac{n_y \pi}{b} y\right) \quad (n_y = 1, 2, 3, \cdots) \quad (3.3)$$

の積，

$$\Psi_{n_x, n_y}(x, y) = \psi_{n_x}(x) \psi_{n_y}(y)$$
$$= \sqrt{\frac{2}{a}} \sin\left(\frac{n_x \pi}{a} x\right) \sqrt{\frac{2}{b}} \sin\left(\frac{n_y \pi}{b} y\right) \quad (n_x, n_y = 1, 2, 3, \cdots) \quad (3.4)$$

となる．図 3-2 に，この 2 次元の波の図を示した．上段は，$n_x = 1, 2, 3$，$n_y = 1$ の波で，図 3-1 に対応している．式 (3.4) のように，2 変数関数が 1 変数関数の積 $\psi_{n_x}(x)\psi_{n_y}(y)$ の時，節は $\psi_{n_x}(x) = 0$ か $\psi_{n_y}(y) = 0$，あるいは両方を満たす点の集合が表す図形になる．図から節を見つけるのには，山と谷の境目を探せばよい．$(n_x, n_y) = (1, 1)$ の波には節はない．

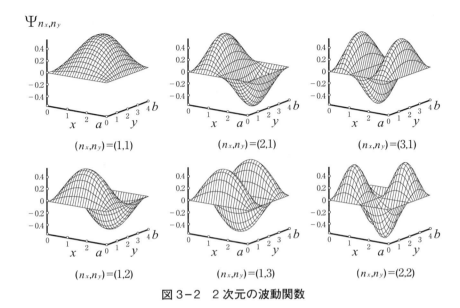

図 3-2 2次元の波動関数

$(2,1)$ の波では，$x = \frac{1}{2}a$ の表す<u>線が節になる</u>．$(3,1)$ の波には，$x = \frac{1}{3}a$ と $x = \frac{2}{3}a$ に計 2 本の節がある．下段の $(1,2)$, $(1,3)$ の波も同じ見方ができるが，節は x 軸に平行な直線になる．n_x が一つ増えると y 軸に平行な節が 1 本増え，n_y が一つ増えると x 軸に平行な節が 1 本増えて，合計 $n_x + n_y - 2$ 本の節ができる．$(2,2)$ の波には，x 軸に平行な節と y 軸に平行な節が 1 本ずつあり，それらは交差している．

図 3-3 のように，値の異なる等高線（等値線）を何本も描くと，場所によって波の高さがどう変わるかを伝えることができる．図 3-3 では，節を境に波動関数の符号が変わる．

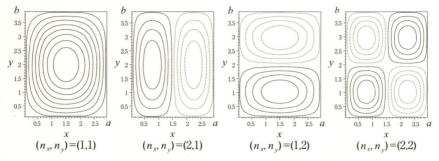

$(n_x,n_y)=(1,1)$　　$(n_x,n_y)=(2,1)$　　$(n_x,n_y)=(1,2)$　　$(n_x,n_y)=(2,2)$

図 3-3　2 次元の波動関数の等高線図

実線が正，点線が負．

3 次元箱の中の自由粒子の波動関数も同様に，

$$\psi_{n_z}(z) = \sqrt{\frac{2}{c}} \sin\left(\frac{n_z \pi}{c} z\right) \quad (n_z = 1, 2, 3, \cdots) \tag{3.5}$$

を使って，

$$\Psi_{n_x,n_y,n_z}(x,y,z) = \psi_{n_x}(x)\psi_{n_y}(y)\psi_{n_z}(z)$$
$$= \sqrt{\frac{2}{a}} \sin\left(\frac{n_x \pi}{a} x\right) \sqrt{\frac{2}{b}} \sin\left(\frac{n_y \pi}{b} y\right) \sqrt{\frac{2}{c}} \sin\left(\frac{n_z \pi}{c} z\right)$$
$$(n_x, n_y, n_z = 1, 2, 3, \cdots) \tag{3.6}$$

と三つの 1 変数関数の積になる．図 3-4 は，関数値が等しい点を繋いだ面で，符号が正の等値面を濃く，負の等値面を淡く描いている．絶対値は等しい．3 次元になると図 3-3 のように，いくつも値の異なる等値面を描いて，場所による波の高さの違いを表すのは難しい．しかし，2 次元の図で正の値の線は山に，負の線は谷に含まれたから 3 次元でも，正の等値面は山，負の等値面は谷の領域にあるはずである．すると，この図から節を押さえることはできる．<u>3 次元の波の節は面</u>で，関数値が正の領域と負の領域の境に位置する．このことを頭において，図 3-4 をよ

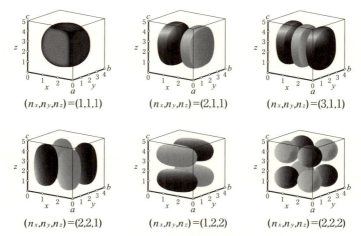

図 3-4　3 次元の波動関数の等値面図
濃淡は片方が正，他方が負を表す．

く見ると，$(n_x, n_y, n_z) = (1, 1, 1)$ の波には節はない．$(2, 1, 1)$ では，節は描かれてはいないが，濃い面（正）と淡い面（負）の間にあるはずで，式に戻れば $\psi_{n_x=2}(x) = 0$ を満たす点の集合，すなわち $x = \frac{1}{2}a$ の表す面が節になる．他の量子数の組の波動関数の図も，見方，考え方は同じである．3 次元の波の図は，別の関数値の等値面を描けば，大きくなったり，小さくなったりなど変わることになる．面により形が変わることもある．しかし，節はどの図でも隣り合う正負の等値面の間にある．このことは重要である．節の数は合計 $n_x + n_y + n_z - 3$ となる．

本番の水素原子では，変数がデカルト座標[1]の (x, y, z) から後で述べる 3 次元極座標の (r, θ, ϕ) に，波動関数の式も $\Psi(r, \theta, \phi) = R(r) Y(\theta, \phi)$ と変わるのだが，節は $R(r) = 0$ か $Y(\theta, \phi) = 0$ か，両方かである．節の図形と数を掴もう．次章で $R(r)$，$Y(\theta, \phi)$ の具体的な式と図を見ながら実践する．

---

1)　直交座標，カーテシアン座標ということも多い．

3.1.2 エネルギー準位と縮重

上述の 2 次元箱の中の粒子のハミルトニアンは,

$$\hat{H}(x,y) = \hat{h}(x) + \hat{h}(y) \tag{3.7}$$

$$\hat{h}(x) = -\frac{\hbar^2}{2m}\frac{\partial^2}{\partial x^2}, \ \hat{h}(y) = -\frac{\hbar^2}{2m}\frac{\partial^2}{\partial y^2} \tag{3.8}$$

となる．詳細は後回しにして，この問題のエネルギー（固有値）を調べよう．式 (3.7) は，x だけを含む項と y だけを含む項に分かれた，**変数分離型**をしている．$\hat{h}(x)$ や $\hat{h}(y)$ は，1 変数ハミルトニアンということもある．

前章から，1 次元箱の中の粒子のシュレーディンガー方程式

$$\hat{h}(x)\psi_{n_x}(x) = E_{n_x}\psi_{n_x}(x) \tag{3.9}$$

の解の波動関数（固有関数）は式 (3.1)，エネルギーは

$$E_{n_x} = \frac{h^2}{8m}\frac{n_x^2}{a^2} \quad (n_x = 1, 2, 3, \cdots) \tag{3.10}$$

である．$\hat{h}(y)$ は $\hat{h}(x)$ の変数が x から y に変わっただけだから,

$$\hat{h}(y)\psi_{n_y}(y) = E_{n_y}\psi_{n_y}(y) \tag{3.11}$$

も同様に解けて，波動関数は式 (3.3)，エネルギーは

$$E_{n_y} = \frac{h^2}{8m}\frac{n_y^2}{b^2} \quad (n_y = 1, 2, 3, \cdots) \tag{3.12}$$

となる．

さて，極めて重要なことなのだが，ハミルトニアンが式 (3.7) のような変数分離型の時，全体のシュレーディンガー方程式

$$\hat{H}(x,y)\Psi_{n_x,n_y}(x,y) = E_{n_x,n_y}\Psi_{n_x,n_y}(x,y) \tag{3.13}$$

の固有関数 $\Psi_{n_x,n_y}(x,y)$ と固有値 E_{n_x,n_y} は,

$$\Psi_{n_x,n_y}(x,y) = \psi_{n_x}(x)\psi_{n_y}(y) \tag{3.14}$$

$$E_{n_x,n_y} = E_{n_x} + E_{n_y} \tag{3.15}$$

となる.<u>固有関数は積,固有値は和</u>である.

式 (3.7), (3.14) の時,式 (3.15) になるか確認しよう.$\psi_{n_x}(x)$ は $\hat{h}(y)$ を素通りする (すり抜ける),つまり $\hat{h}(y)\psi_{n_x}(x)$ を $\psi_{n_x}(x)\hat{h}(y)$ へと順番を変えてよい.

$$\begin{aligned}
\hat{H}(x,y)\psi_{n_x}(x)\psi_{n_y}(y) &= \{\hat{h}(x) + \hat{h}(y)\}\psi_{n_x}(x)\psi_{n_y}(y) \\
&= \hat{h}(x)\psi_{n_x}(x)\psi_{n_y}(y) + \hat{h}(y)\psi_{n_x}(x)\psi_{n_y}(y) \\
&= E_{n_x}\psi_{n_x}(x)\psi_{n_y}(y) + \psi_{n_x}(x)\hat{h}(y)\psi_{n_y}(y) \\
&= E_{n_x}\psi_{n_x}(x)\psi_{n_y}(y) + E_{n_y}\psi_{n_x}(x)\psi_{n_y}(y) \\
&= (E_{n_x} + E_{n_y})\psi_{n_x}(x)\psi_{n_y}(y) \\
&= E_{n_x,n_y}\Psi_{n_x,n_y}(x,y) \\
\therefore \quad & E_{n_x,n_y} = E_{n_x} + E_{n_y}
\end{aligned}$$

2 行目から 3 行目で,第 2 項に素通りが見られる.「演算子の変数と関数の変数が違えば,関数は演算子を素通り」は,大事な数学の規則である.今の場合,y だけを含む演算子 $\hat{h}(y)$ は,x の関数 $\psi_{n_x}(x)$ に作用しても何もしなかった.この規則は,関数の具体形に<u>依らない</u>ことに注意しよう.

従って,2 次元箱の中の粒子の全エネルギーは,

$$E_{n_x,n_y} = \frac{h^2}{8m}\left(\frac{n_x^2}{a^2} + \frac{n_y^2}{b^2}\right) \tag{3.16}$$

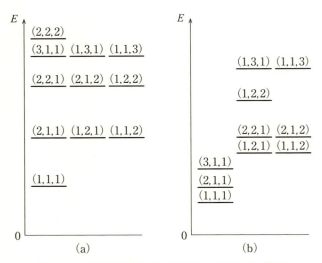

図3-5 3次元箱の中の粒子のエネルギー準位

(a) $a = b = c$, (b) $a = 2b, b = c$. すべての準位が描かれているわけではない.

となる．ここで $b = a$ の，特別な場合を考えよう．

$$E_{n_x, n_y} = \frac{h^2}{8m}\left(\frac{n_x^2}{a^2} + \frac{n_y^2}{a^2}\right) \tag{3.17}$$

となるから $(n_x, n_y) = (2, 1)$ と $(n_x, n_y) = (1, 2)$ の状態のエネルギーが等しくなる．量子数が異なる状態のエネルギーが等しいとき，それらの状態は**縮重**しているという．

この考え方は，3次元箱の中の粒子にもそのまま適用できる．すなわち，波動関数は積（式(3.6)），エネルギーは和

$$E_{n_x, n_y, n_z} = \frac{h^2}{8m}\left(\frac{n_x^2}{a^2} + \frac{n_y^2}{b^2} + \frac{n_z^2}{c^2}\right) \tag{3.18}$$

である．図3-5 (a) は $a = b = c$ の場合，(b) は $a = 2b, b = c$ の場合のエ

ネルギー準位図である．$(n_x, n_y, n_z) = (1, 1, 1)$ の線が基底状態の準位を示す．$a = b = c$ のとき，2 番目に低い状態（第一励起状態）は，n_x, n_y, n_z のどれか一つが増えた（励起した）$(2, 1, 1), (1, 2, 1), (1, 1, 2)$ 状態で，三つの状態は縮重している．幾つの状態が縮重しているかを<u>縮重度</u>といい，$(2, 1, 1), (1, 2, 1), (1, 1, 2)$ は<u>三重縮重</u>の例である．二つの図を見比べると，同じ量子数の組でもエネルギー準位の高さが変わっている．$a = 2b, b = c$ の場合に，$a = b = c$ では縮重していた準位が分裂している．このような分裂が起こることを，<u>縮重が解ける</u>という．

波動関数とエネルギー準位は，量子数で繋がれた対である．縮重した状態の波動関数や節は互いにどんな関係か，図を振り返って調べてみよう．水素原子でも波動関数とエネルギー準位とは，量子数の組，あるいはその代わりの記号で結び付いている．量子数により節の数と形がどう変わるか，問題が箱の中の粒子から水素原子へ，また多電子原子へ，さらに分子へと変わると，この対がどう変わっていくかは，この科目を貫く大切な視点である．

3.2 原子分子の世界へ

3.2.1 閉じ込められた粒子

古典力学によれば，運動量 p は成分を持つベクトルで

$$p_x = m\mathrm{v}_x, \quad p_y = m\mathrm{v}_y, \quad p_z = m\mathrm{v}_z \tag{3.19}$$

と書ける．$\mathrm{v}_x, \mathrm{v}_y, \mathrm{v}_z$ は速度ベクトルの成分である．量子力学では，成分を持つ点はベクトルに似てはいるものの，

$$\hat{p}_x = -\mathrm{i}\hbar\frac{\partial}{\partial x}, \quad \hat{p}_y = -\mathrm{i}\hbar\frac{\partial}{\partial y}, \quad \hat{p}_z = -\mathrm{i}\hbar\frac{\partial}{\partial z} \tag{3.20}$$

と波動関数に作用する運動量演算子に変わる．なぜ演算子に乗りうつるのかは誰も分からない．実験事実に合うように，粒子の波動性を考慮し

た理論を作ると，数学的表現がこうなってしまうということである．量子力学の基本的仮定，出発点の一つになっている．

また古典力学では，運動エネルギーは運動量を使って，

$$T = \frac{1}{2}mv_x^2 + \frac{1}{2}mv_y^2 + \frac{1}{2}mv_z^2 = \frac{1}{2m}p_x \cdot p_x + \frac{1}{2m}p_y \cdot p_y + \frac{1}{2m}p_z \cdot p_z \tag{3.21}$$

と表される．この関係はそのままに，式 (3.20) に従って演算子で表すと，量子力学に乗り移ることができる．演算子は関数（今 $\Psi(x,y,z)$ とする）に作用させるもので，$\hat{p}_x\hat{p}_x\Psi(x,y,z) = \left(-i\hbar\frac{\partial}{\partial x}\right)\left(-i\hbar\frac{\partial}{\partial x}\right)\Psi(x,y,z) = -\hbar^2\frac{\partial^2}{\partial x^2}\Psi(x,y,z)$，$y, z$ での偏微分も同様である．$\Psi(x,y,z)$ を除いて演算子部分だけ書きだすと，

$$T = \frac{\boldsymbol{p}^2}{2m} \longrightarrow \hat{T} = \frac{1}{2m}\left(-i\hbar\frac{\partial}{\partial x}\right)\left(-i\hbar\frac{\partial}{\partial x}\right) + \frac{1}{2m}\left(-i\hbar\frac{\partial}{\partial y}\right)\left(-i\hbar\frac{\partial}{\partial y}\right)$$
$$+ \frac{1}{2m}\left(-i\hbar\frac{\partial}{\partial z}\right)\left(-i\hbar\frac{\partial}{\partial z}\right)$$
$$= -\frac{\hbar^2}{2m}\left(\frac{\partial^2}{\partial x^2} + \frac{\partial^2}{\partial y^2} + \frac{\partial^2}{\partial z^2}\right) \tag{3.22}$$

となる．

$$\nabla^2 = \frac{\partial^2}{\partial x^2} + \frac{\partial^2}{\partial y^2} + \frac{\partial^2}{\partial z^2} \tag{3.23}$$

は，**ラプラシアン**と呼ばれる．全エネルギー E は，ポテンシャルエネルギー V も使って，

$$E = T + V \rightarrow \hat{H} = \hat{T} + \hat{V} = -\frac{\hbar^2}{2m}\nabla^2 + V \tag{3.24}$$

となる．演算子 $\hat{V}$ の具体形は，V の式と同じである．ハミルトニアン $\hat{H}$ は，エネルギー演算子とも呼ばれる．

1次元箱の中の粒子で学んだように，シュレーディンガー方程式は境界条件のもとに解くとエネルギーと波動関数の組 (E_n, Ψ_n) がいくつも自動的に求まる．境界条件の意味は，粒子がある空間に束縛されている（閉じ込められている）ということである．原子や分子の中の電子もそれらの中に束縛されているから，エネルギーがとびとびとなる．こう考えると，自然はエネルギーが離散的になる仕組みを持っていることがわかる．イオン化に伴って電子が原子分子の外に飛び出すと（束縛されなくなると），飛び出した電子のエネルギーは連続的になる．

もう一つ強調しておきたいことがある．式 (3.18) のエネルギーの式から，a, b, c を短くすると基底状態 $(1,1,1)$ でさえエネルギーが上がる．ミクロな世界の粒子（第 11 章までは専ら電子）は狭い空間に閉じ込められると，運動エネルギーが高くなる，つまり激しく運動するという不思議な性質を持っている．このことは，結合の本質を理解する際に大事になる（第 7 章）．

3.2.2 3次元極座標

水素原子は，一つの陽子と一つの電子からなる二粒子系である．陽子の質量が電子より 1830 倍以上大きいので，陽子が止まっているとして電子の運動を扱ってもよい近似になる[2]．陽子と電子の間のポテンシャルエネルギー項は，

$$V(r) = -\frac{e^2}{4\pi\epsilon_0 r}$$

である．ハミルトニアンを立てるのには，デカルト座標より r をそのまま使える 3 次元極座標を使うのが便利である．

図 3-6 に 3 次元極座標 (r, θ, ϕ) を示した．r は陽子（原点）と電子の

---

[2] 詳細は巻末の補遺参照．

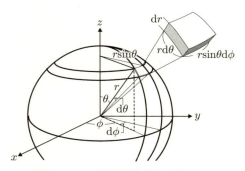

図 3-6　3 次元極座標と体積素片

距離である．電子の位置ベクトルを r とすると，θ は z 軸からの r の角度，ϕ は r の xy 平面への射影の x 軸からの角度である．θ と ϕ は地球の緯度，経度に似ているが θ は真上，北極から測ることが違う．r, θ, ϕ のとる範囲は，

$$0 \leq r,\ 0 \leq \theta \leq \pi,\ 0 \leq \phi \leq 2\pi \tag{3.25}$$

で，デカルト座標との間には，

$$x = r\sin\theta\cos\phi,\ y = r\sin\theta\sin\phi,\ z = r\cos\theta \tag{3.26}$$

の関係がある．またデカルト座標では $dxdydz$ であった体積素片（微小体積要素）は，3 次元極座標では，

$$dr(rd\theta)r\sin\theta d\phi = r^2 \sin\theta dr d\theta d\phi \tag{3.27}$$

に変わる．要注意である．球殻の微小片の体積になっている．$r^2\sin\theta$ は，ヤコビアンと呼ばれる．名前は忘れてもよい．

3.2.3 回転運動と角運動量

　原点から中心力を受けて運動している粒子の角運動量は一定に保たれる．角運動量保存則である．角運動量 l はベクトル量で，粒子の位置ベクトル r と運動量ベクトル p の外積で定義される（図 3-7）．

$$l = r \times p \tag{3.28}$$

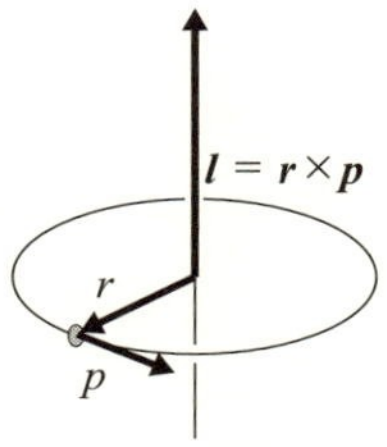

図 3-7　回転運動と角運動量

l の方向は，r と p のなす面に垂直で r を p の方向に回したときに右ねじの進む方向と約束する．

式 (3.28) を成分で書くと

$$\begin{aligned} l_x &= yp_z - zp_y \\ l_y &= zp_x - xp_z \\ l_z &= xp_y - yp_x \end{aligned} \tag{3.29}$$

となる．式 (3.20) を使って量子力学に乗り移ろう．式 (3.29) の演算子として，

$$\begin{aligned} \hat{l}_x &= y\left(-i\hbar\frac{\partial}{\partial z}\right) - z\left(-i\hbar\frac{\partial}{\partial y}\right) = -i\hbar\left(y\frac{\partial}{\partial z} - z\frac{\partial}{\partial y}\right) \\ \hat{l}_y &= z\left(-i\hbar\frac{\partial}{\partial x}\right) - x\left(-i\hbar\frac{\partial}{\partial z}\right) = -i\hbar\left(z\frac{\partial}{\partial x} - x\frac{\partial}{\partial z}\right) \\ \hat{l}_z &= x\left(-i\hbar\frac{\partial}{\partial y}\right) - y\left(-i\hbar\frac{\partial}{\partial x}\right) = -i\hbar\left(x\frac{\partial}{\partial y} - y\frac{\partial}{\partial x}\right) \end{aligned} \tag{3.30}$$

が得られる．3 次元極座標で式 (3.30) を表すと，

$$\begin{aligned} \hat{l}_x &= i\hbar\left(\sin\phi\frac{\partial}{\partial\theta} + \cot\theta\cos\phi\frac{\partial}{\partial\phi}\right) \\ \hat{l}_y &= i\hbar\left(-\cos\phi\frac{\partial}{\partial\theta} + \cot\theta\sin\phi\frac{\partial}{\partial\phi}\right) \\ \hat{l}_z &= -i\hbar\frac{\partial}{\partial\phi} \end{aligned} \tag{3.31}$$

となる．また，古典力学で

$$\boldsymbol{l}^2 = l_x{}^2 + l_y{}^2 + l_z{}^2 \tag{3.32}$$

であることに倣って，演算子を作ると，

$$\hat{\boldsymbol{l}}^2 = \hat{l}_x{}^2 + \hat{l}_y{}^2 + \hat{l}_z{}^2 = -\hbar^2 \left\{ \frac{1}{\sin\theta}\frac{\partial}{\partial\theta}\left(\sin\theta\frac{\partial}{\partial\theta}\right) + \frac{1}{\sin^2\theta}\frac{\partial^2}{\partial\phi^2} \right\} \tag{3.33}$$

$\hat{\boldsymbol{l}}^2$ は角運動量の自乗の演算子という．式 (3.31) は角運動量の成分の演算子で，特に z 成分，$\hat{l}_z$ が重要である．式 (3.31) から (3.33) までは受け入れるのでかまわない．

予告した水素原子の波動関数，$\Psi(r,\theta,\phi) = R(r)Y(\theta,\phi)$ の角度部分は，本番では $Y_l^{m_l}(\theta,\phi)$ に少し姿が変わって，

$$\hat{\boldsymbol{l}}^2 Y_l^{m_l}(\theta,\phi) = l(l+1)\hbar^2 Y_l^{m_l}(\theta,\phi) \tag{3.34}$$

$$\hat{l}_z Y_l^{m_l}(\theta,\phi) = m_l \hbar Y_l^{m_l}(\theta,\phi) \tag{3.35}$$

と，$\hat{\boldsymbol{l}}^2$ と $\hat{l}_z$ の共通の固有関数になる．l, m_l は量子数だが，詳細は次章で述べよう．$Y_l^{m_l}(\theta,\phi)$ に演算子 $\hat{\boldsymbol{l}}^2$ が，「あなたの角運動量の自乗はいくらですか？」と問いかけると「$l(l+1)\hbar^2$ です．」と答え，$\hat{l}_z$ が「角運動量の z 成分はいくらですか？」と問いかけると，「$m_l\hbar$ です．」と答えている．こうしてみると，固有値方程式もそれほど恐れなくともよさそうである．$\hat{H}\Psi = E\Psi$ は，$\hat{H}$ が Ψ にエネルギーを問いかけると，Ψ が E を数字で返してくれる関係を表すとみることもできる．

一般に演算子 $\hat{A}$ の固有関数 Ψ_1 と別の固有関数 Ψ_2 が同じ固有値 a を持ち，$\hat{A}\Psi_1 = a\Psi_1$, $\hat{A}\Psi_2 = a\Psi_2$ のとき，これらの関数の線形結合 $\Psi = c_1\Psi_1 + c_2\Psi_2$（$c_1, c_2$ は定数）も $\hat{A}$ の固有関数で，対応する固有値は a となる．$\hat{A}$ がハミルトニアン $\hat{H}$ の場合には，a はエネルギーで，Ψ_1 と

Ψ_2 は縮重した状態の波動関数である．次章では，このことを積極的に使う．本番では Ψ_1, Ψ_2 は $Y_1^1(\theta,\phi)$ と $Y_1^{-1}(\theta,\phi)$ などになる．添え字に注意である．c_1, c_2 は虚数のこともある．見た目に惑わされず，何をやっているかを忘れないように気を付けよう（第 4 章）．

3.2.4 確率と期待値（平均）

サイコロを振り 1 から 6 の目がでる確率 $P(i)$ $(i=1,2,3,\cdots,6)$ は，どの目 i でも $\frac{1}{6}$ なので，出る数の期待値（平均）は

$$\sum_{i=1}^{6}(i \times P(i)) = \sum_{i=1}^{6}\left(i \times \frac{1}{6}\right) = 3\frac{1}{2}$$

となる．変数が連続の場合でも同じ考え方で，例えば粒子を座標 x と $x+\mathrm{d}x$ の間に見出す確率が $P(x)\mathrm{d}x$ なら，粒子の座標 x の期待値 $\langle x \rangle$ の定義は

$$\langle x \rangle = \int x P(x) \mathrm{d}x \tag{3.36}$$

となる．サイコロ 6 面分足すのと同様，全空間分足し合わせる，つまり積分する．

量子力学では系が波動関数 Ψ_n で表される状態にあるとき，演算子 $\hat{S}$ に対応した観測量の平均 $\langle s \rangle$ は，

$$\langle s \rangle = \frac{\int \Psi_n^*(x) \hat{S} \Psi_n(x) \mathrm{d}x}{\int \Psi_n^*(x) \Psi_n(x) \mathrm{d}x} = \frac{\langle \Psi_n(x) | \hat{S} | \Psi_n(x) \rangle}{\langle \Psi_n(x) | \Psi_n(x) \rangle} \tag{3.37}$$

で与えられる．Ψ_n が規格化されていれば分母が 1 なので，

$$\langle s \rangle = \int \Psi_n^*(x) \hat{S} \Psi_n(x) \mathrm{d}x = \langle \Psi_n(x) | \hat{S} | \Psi_n(x) \rangle \tag{3.38}$$

と簡単になる．

具体例の一つである座標 x の演算子 $\hat{x}$ は x そのもの,$\hat{x} = x$ で,$\Psi_n(x)$ が規格化されているとして,

$$\langle x \rangle = \langle \Psi_n(x)|\hat{x}|\Psi_n(x)\rangle = \int \Psi_n^*(x)\hat{x}\Psi_n(x)\mathrm{d}x$$
$$= \int \Psi_n^*(x)x\Psi_n(x)\mathrm{d}x = \int x\Psi_n^*(x)\Psi_n(x)\mathrm{d}x = \int xP(x)\mathrm{d}x \quad (3.39)$$

$\Psi_n^*(x)$ と x は掛け算なので順番を変えてもよい[3]. $P(x)\mathrm{d}x = |\Psi(x)|^2\mathrm{d}x = \Psi_n^*(x)\Psi_n(x)\mathrm{d}x$ で,式 (3.39) は式 (3.36) と一致する.

期待値は,水素原子の半径の見積もりで $\hat{x}$ を $\hat{r}$ に代えて,次章ですぐ登場する.この先 r や $1/r$ に関わる積分をすることがあるがもっぱら公式を使い,角度の部分の積分は規格化条件で 1 になる.お決まりの計算と思えばよい.

化学を学びたい人にとってあまりなじみのない運動量,角運動量が登場し,さらに演算子になってしまった.実験を説明するのに必要な最少の仮定であったり,理論を表現する数学がそうなってしまうということなので,出発点とするしかない.波動関数も絶対値の自乗が確率密度で,今一つ切れ味がないように思われる.もちろん,多数の実験に耐えてきたもので,今では広く受け入れられている.かのシュレーディンガーも,波動関数の確率論的解釈(ボルンの解釈)を受け入れざるを得ないと悟ったとき,「こんなことになるのだったら,波動方程式など考えだすのではなかった」と呟いたそうである[4].真偽は知らない.この先,シュレーディンガー方程式や微分方程式を真っ正直に解くことはしない.

一方で,波動性を取り込んで電子の振る舞いを理解しようとすると,方

---

[3] 演算子によっては波動関数との交換はできない.具体例は運動量演算子である.しかしこの先使わないので,詳細は専門書に譲る.
[4] x と $x + \mathrm{d}x$ の間に粒子を見出す確率が $P(x)\mathrm{d}x = |\Psi_n(x)|^2\mathrm{d}x$ で与えられるのは,シュレーディンガーの理論から導かれるのではなく,実験の解釈に由来する.

程式を手計算で正確に解く大変さとは違う困難に遭遇する．その克服のためにする考え方，本質を抜き出す工夫，化学者の知恵は学びどころである．量子力学の枠組みを，巧みに使っていく．当面は，波動関数の正規直交性[5]の活用に注目である．化学に役立つ理論を作りながら学習を進めるうちに，量子化学の考え方に慣れてくるだろう．同時に，電子を粒子として見ているだけではわからないことが出てきて，波だからこそのミクロ世界の不思議さが浮き上がってくる．

　電子の波動性とパウリの原理が，周期表の構造や化学結合の仕組み，分子の形と性質，反応の進み方を決めている．次章以降，このことを順番に示していく．100種類を超える元素の織りなす世界，化学は豊かで美しい．豊かさ，美しさの原因を探るつもりで学ぶのがお勧めである．

---

[5] 規格直交性ともいう．

演習問題

1 図 3-5 について，以下の問いに答えなさい．
  (1) (a) と (b) で同じ量子数の組の準位を線で結びなさい．
  (2) (b) で (3,1,2), (3,2,1), (2,2,2), (4,1,1), (5,1,1) の準位はどの位置にあるか，調べなさい．

2 3次元極座標 (r, θ, ϕ) で以下のように表される関数は，どのような図形か答えなさい．
  (a) $r = 1$ (b) $\cos\theta = 0$ (c) $\sin\phi = 0$

3 演算子 $\hat{A}$ の固有関数 Ψ_1 と別の固有関数 Ψ_2 が同じ固有値 a を持つとき，$\Psi = c_1\Psi_1 + c_2\Psi_2$ (c_1, c_2 は定数) も $\hat{A}$ の固有関数で，固有値は a となることを示しなさい．

4 以下の問いに答えなさい．必要なら，$\int x\sin^2 x\,\mathrm{d}x = \dfrac{x^2}{4} - \dfrac{x}{4}\sin 2x - \dfrac{1}{8}\cos 2x$ を使ってよい．
  (1) 演算子 $\hat{S}$ の規格化された固有関数を Ψ，固有値を s とする．$\Phi = c\Psi$ (c は定数) も同じ固有値を持つ固有関数であることを示しなさい．
  (2) $\dfrac{\langle\Phi|\hat{S}|\Phi\rangle}{\langle\Phi|\Phi\rangle} = \langle\Psi|\hat{S}|\Psi\rangle$ を示しなさい．
  (3) ポテンシャルエネルギーが $V(x) = 0$ $(0 \leq x \leq a)$，∞ (それ以外の領域) の1次元箱の中の粒子の基底状態の座標 x の期待値を求めなさい．

4 水素原子

橋本健朗

《目標＆ポイント》 水素原子の波動関数の名前，形を学ぶ．波動関数とエネルギー準位が，量子数によりどう変わるかを押さえる．量子力学に基づく水素原子の姿を掴む．
《キーワード》 原子軌道，主量子数，方位量子数，磁気量子数，動径成分，球面調和関数，動径分布関数

4.1 水素原子の波動関数とエネルギー準位

4.1.1 原子軌道，量子数，軌道エネルギー

「水素原子の」といったら，今後は特に断らない限り「水素原子中の電子の」の意味である．原子中の一つの電子の波動関数は，**原子軌道** (Atomic Orbital) と呼ばれる．軌道と言えば，普通人工衛星の軌道 (orbit, オービット) のように物体の運動経路を意味する．区別のため，原子軌道を**オービタル**と呼ぶことも多い．この教材では，<u>軌道は一つの電子の波動関数，オービタルを指す</u>．物体の運動経路の意味のときにはオービットと呼ぶこととする．

一つの原子軌道は，3 次元箱の中の粒子と同様に三つの量子数の組と結びつく．各量子数には，**主量子数** (n)，**方位量子数** (l)，**磁気量子数** (m_l) と名前がついている．これらのとる値には，以下の制限がある．

$$n = 1, 2, 3, \cdots \tag{4.1}$$

$$l = 0, 1, 2, \cdots, n-2, n-1 \tag{4.2}$$

$$m_l = -l, -l+1, \cdots, -1, 0, 1, \cdots, l-1, l \tag{4.3}$$

例えば，$n=1$ なら，l は 0 だけ（0 から $1-1=0$ まで），したがって m_l も 0 だけ（-0 から $+0$ まで）となる．(n, l, m_l) で表せば，$(n, l, m_l) = (1, 0, 0)$ である．一方，$n=2$ となると，l は 0 または 1 で，$l=0$ の時 m_l は 0 だけ，$l=1$ の時 m_l は $-1, 0, 1$ の三つとなる．まとめると，$n=2$ では，$(n, l, m_l) = (2, 0, 0), (2, 1, -1), (2, 1, 0), (2, 1, 1)$ の 4 通りの組がある．

原子軌道には，n と l の値に応じて，1s, 2s, 2p 軌道などの名前がついている（表 4-1）．最初の数字は主量子数である．次の s, p, $\cdots$ のアルファベットは，表 4-2 に示したように方位量子数に対応している．軌道名に磁気量子数は露わに表れない．しかし，n と l が同じで m_l が異なる軌道が $2l+1$ 個あるから，同じ n に対して ns 軌道は一つ，np 軌道は三つ，nd 軌道は五つある．

表 4-1　原子軌道の名称，主量子数，方位量子数の関係

l \ n	1	2	3	4
0	1s	2s	3s	4s
1		2p	3p	4p
2			3d	4d
3				4f

各軌道に対応するエネルギーは，**軌道エネルギー**といい

$$E_{n,l,m_l} = E_n = -\frac{m_e e^4}{2(4\pi\epsilon_0)^2 \hbar^2 n^2} \tag{4.4}$$

となる．結論はボーアの原子模型と同じなのだが，仮定に依らずシュレーディンガー方程式を解いて得られていることが決定的に違う．

表 4-2　方位量子数と軌道の記号

方位量子数 l	0	1	2	3	4	5	6
記号	s	p	d	f	g	h	i

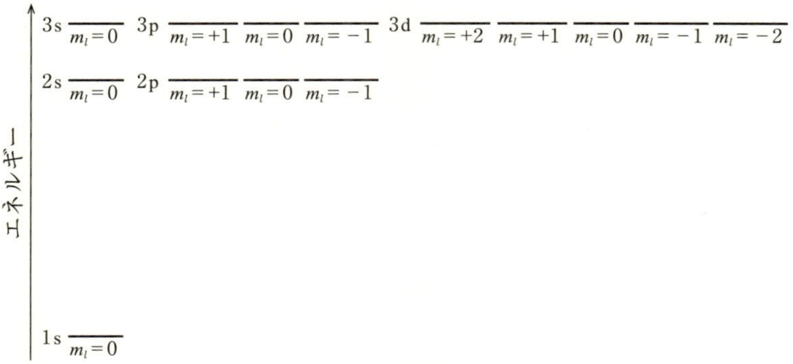

図4-1 水素原子のエネルギー準位

電気量が電気素量に等しい二つの粒子がボーア半径 $\left(a_0 = \dfrac{4\pi\epsilon_0\hbar^2}{m_e e^2}\right)$ だけ離れているときのクーロンエネルギーを E_h と書くと，

$$E_h = \frac{e^2}{4\pi\epsilon_0 a_0} = \frac{e^2}{4\pi\epsilon_0}\frac{m_e e^2}{4\pi\epsilon_0\hbar^2} = \frac{m_e e^4}{(4\pi\epsilon_0)^2\hbar^2} \tag{4.5}$$

である．これを使うと式 (4.4) は

$$E_{n,l,m_l} = E_n = -\frac{1}{2n^2}E_h \tag{4.6}$$

と簡単になる．原子分子の世界の記述では a_0 や E_h を単位にすることも多く，原子単位 (atomic unit, au) という．長さの原子単位 a_0 の読み方はボーア，エネルギーの原子単位 E_h の読み方はハートリーである．式 (4.6) で $n=1$，基底状態のエネルギーは $-\dfrac{1}{2}$ ハートリーということになる．

図4-1 はエネルギー準位図である．n が同じで，l や m_l が異なる軌道のエネルギーが同じになる．つまり，主量子数 n ごとに n^2 重に縮重している．エネルギーが最も低い状態を基底状態，2番目以降を励起状

態という．励起状態はエネルギーの低い順に第一励起状態，第二励起状態，…といい，いくつもある．水素原子の基底状態は 1s 軌道が電子に<u>占有</u>されている状態で，**1s 状態**という．1s 準位が占有されているということもある．占有は軌道（準位）を容れ物のように考えた表現である．第一励起状態は，**2s 状態**ないし **2p 状態**で 4 重に縮重している．同様に第二励起状態は，**3s 状態**，**3p 状態**，**3d 状態**のどれかで，9 重に縮重している．基底状態では 1s 軌道が占有され，第一励起状態では，2s 軌道あるいは三つの 2p 軌道のうちの一つが占有されている．同様に第二励起状態では，3s，三つの 3p，五つの 3d 軌道のうち一つが占有されている．

　原子や分子が，ある状態からエネルギーの異なる別の状態に変わることを<u>遷移</u>という．詳しくは，エネルギーの高い状態に移るとき励起，逆は脱励起[1]である．光の放出や吸収を伴う遷移を，光学遷移という．式 (4.6) から，エネルギーの高い主量子数 i の始状態から低い主量子数 f の終状態へ脱励起する際に水素原子が放出する光のエネルギー（<u>遷移エネルギー</u>）は，

$$\Delta E_{f,i} = E_f - E_i = \frac{1}{2}\left(\frac{1}{i^2} - \frac{1}{f^2}\right) E_{\mathrm{h}} \tag{4.7}$$

である．放出される光の振動数 ν，波長 λ とは，

$$\Delta E_{f,i} = h\nu = h\frac{c}{\lambda} \tag{4.8}$$

の関係がある．c は光速を表す[2]．式 (4.8) で理論的に求まる水素原子の発光波長は，実験で観測される輝線の波長と一致する．

---

[1] 失活ということもある．
[2] 真空中の光速として差し支えない．

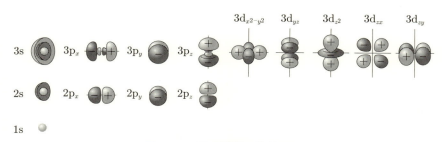

図 4-2　原子軌道の等値面図

4.2 原子軌道

4.2.1 3次元の波としての原子軌道

図 4-2 に 1s から 3d 軌道の等値面図を示した．添え字の意味，磁気量子数との関係は後述する．ns 軌道の等値面は同心球なのだが，内側が隠れるので外側の球は半分だけ描いている．s 軌道は等方的に広がり，p 軌道，d 軌道は広がりに方向がある．

図 4-2 では，エネルギーの高い軌道が上になるように配置してある．各図の隣り合う面で符号は異なる．「符号の異なる等値面の間に節」を思い出すと，1s に節はなく，2s, 2p には一つある．横に並んだ縮重した軌道の節は，形は変わるが数はどれも $n-1$ である．2p 軌道の図は，3次元箱の中の粒子の (2,1,1), (1,2,1), (1,1,2) の図に似ている．節の数が増えるとエネルギーは高くなる．

4.2.2 節，広がり，方向とその量子数依存性

水素原子の原子軌道は，動径成分 $R_{n,l}(r)$ と角度成分 $Y_l^{m_l}(\theta,\phi)$ の積

$$\psi_{n,l,m_l}(r,\theta,\phi) = R_{n,l}(r)Y_l^{m_l}(\theta,\phi) \tag{4.9}$$

となる．$R_{n,l}(r)$ と $Y_l^{m_l}(\theta,\phi)$ の式を表 4-3 と表 4-4 に示した．角度成

表 4-3 水素原子の波動関数の動径成分

$$R_{1,0} = 2\left(\frac{1}{a_0}\right)^{3/2} \exp\left(-\frac{r}{a_0}\right)$$

$$R_{2,0} = \sqrt{\frac{1}{8}}\left(\frac{1}{a_0}\right)^{3/2}\left(2 - \frac{r}{a_0}\right)\exp\left(-\frac{r}{2a_0}\right)$$

$$R_{2,1} = \sqrt{\frac{1}{24}}\left(\frac{1}{a_0}\right)^{3/2}\frac{r}{a_0}\exp\left(-\frac{r}{2a_0}\right)$$

$$R_{3,0} = \frac{2}{81\sqrt{3}}\left(\frac{1}{a_0}\right)^{3/2}\left(27 - 18\frac{r}{a_0} + 2\frac{r^2}{a_0{}^2}\right)\exp\left(-\frac{r}{3a_0}\right)$$

$$R_{3,1} = \frac{4}{81\sqrt{6}}\left(\frac{1}{a_0}\right)^{3/2}\left(\frac{6r}{a_0} - \frac{r^2}{a_0{}^2}\right)\exp\left(-\frac{r}{3a_0}\right)$$

$$R_{3,2} = \frac{4}{81\sqrt{30}}\left(\frac{1}{a_0}\right)^{3/2}\frac{r^2}{a_0{}^2}\exp\left(-\frac{r}{3a_0}\right)$$

a_0 はボーア半径. $\exp(x) = \mathrm{e}^x$.

表 4-4 水素原子の波動関数の角度成分（球面調和関数）

$$Y_0^0 = \sqrt{\frac{1}{4\pi}}$$

$$Y_1^0 = \sqrt{\frac{3}{4\pi}}\cos\theta$$

$$Y_1^{\pm 1} = \sqrt{\frac{3}{8\pi}}\sin\theta\exp(\pm\mathrm{i}\phi)$$

$$Y_2^0 = \sqrt{\frac{5}{16\pi}}(3\cos^2\theta - 1)$$

$$Y_2^{\pm 1} = \sqrt{\frac{15}{8\pi}}\sin\theta\cos\theta\exp(\pm\mathrm{i}\phi)$$

$$Y_2^{\pm 2} = \sqrt{\frac{15}{32\pi}}\sin^2\theta\exp(\pm 2\mathrm{i}\phi)$$

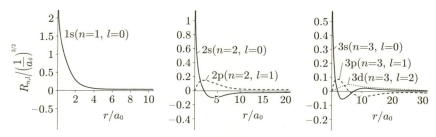

図 4-3　水素原子の軌道の動径成分，$R_{n,l}(r)$

分は**球面調和関数**と呼ばれる．

　$R_{n,l}(r) = 0$ あるいは $Y_l^{m_l}(\theta, \phi) = 0$ となる場所が節である．両方ゼロでもよい．$R_{n,l}(r) = 0$ の点では，$Y_l^{m_l}(\theta, \phi)$ の値にかかわらず，$\psi_{n,l,m_l}(r, \theta, \phi)$ はゼロ，つまり節になる．これらの点を集めると球面になる．一方，$Y_l^{m_l}(\theta, \phi)$ がゼロなら，その (θ, ϕ) の指す方向では $R_{n,l}(r)$ の値に関係なく節になる．従って，球面の節は動径成分由来，それ以外の節は角度成分由来とわかる．

　$R_{n,l}(r)$ は軌道の広がりの大きさを担い，$Y_l^{m_l}(\theta, \phi)$ は広がる方向を担う．式 (4.9) から，$R_{n,l}(r)$ の $Y_l^{m_l}(\theta, \phi)$ 倍が θ, ϕ で定まる方向で原子核（以下単に核ともいう）から r だけ離れた点での波の高さ $\psi_{n,l,m_l}(r, \theta, \phi)$ になる．

　図 4-3 に $R_{n,l}(r)$ のグラフを示した．左から主量子数 n が 1, 2, 3 の順に並んでいる．横軸の範囲の違いに注意しよう．n が増すと全般に低くなり，核からより遠くまで波動関数が広がって，減衰が緩やかになる．各曲線が横軸と交差する場所の r では $R_{n,l}(r) = 0$ だから，動径成分由来の節の半径にあたる．

　方位量子数 l がゼロの，ns 軌道を比べよう．1s の $R_{1,0}(r)$ は，単調減少だが横軸と交差しない．2s の $R_{2,0}(r)$ は，極小を持ち横軸と一回交差す

る. 3s の $R_{3,0}(r)$ は極小と極大を持ち横軸と二回交差する. $l=1$ の 2p の $R_{2,1}(r)$ は交差せず, 3p の $R_{3,1}(r)$ は一回交差する. $l=2$, 3d の $R_{3,2}(r)$ は, 交差なしである. 動径成分由来の節の数は, $n-l-1$ 個あることがわかる.

$R_{n,l}(r)=0$ を解けば節の位置（半径）が求まる. 表 4-3 の式から $R_{2,0}(r)$ の節は, $r=2a_0$ にある. $R_{3,0}(r)$ の節はお任せしよう.

2p 軌道の動径成分 $R_{2,1}(r)$ はゼロにならないので, 動径成分由来の節はない. 一方, 3p 軌道の $R_{3,1}(r)$ は, $r=6a_0$ に節を持つ.

表 4-4 から s 軌道の球面調和関数は $Y_0^0(\theta,\phi)=\sqrt{\dfrac{1}{4\pi}}$ で定数である. つまり, ns 軌道の節の形は n に依らず球, 節の数は $n-1$ が確認できる. 図 4-2 で 2s 軌道の等値面は, 節の $r=2a_0$ より短い r での等値面と長い r での等値面が描かれている. 3s も同様に考えられるだろう. 一方, p 軌道の $l=1$, $m_l=0$ の角度成分は,

$$Y_1^0(\theta,\phi)=\sqrt{\frac{3}{4\pi}}\cos\theta=\sqrt{\frac{3}{4\pi}}\frac{z}{r}$$
$$(\because z=r\cos\theta) \quad (4.10)$$

で, z 軸周りの角度 ϕ に依存しない. いくつかの θ を式 (4.10) に代入して計算した角度成分の値は, 表 4-5 のようになる. $\theta=0$ の時最大で, θ の増加とともに減少し, $\theta=\dfrac{\pi}{2}$ でゼロになる. その後符号を変えて $\theta=\pi$ まで絶対値が増えていく. これに $R_{2,1}(r)$ を掛けると $\psi_{2,1,0}(r,\theta,\phi)$, $R_{3,1}(r)$ を掛けると $\psi_{3,1,0}(r,\theta,\phi)$ である. その等値面の一つを描くと, 図 4-2 の 2p$_z$, 3p$_z$ になる. 軌道名の添え字は z 軸方向の広がりに対応する. 式 (4.10) にも z が現れている. $\cos\theta=0$,

表 4-5 θ に対する $Y_1^0(\theta,\phi)$ の値

θ	$Y_1^0(\theta,\phi)$
$0\pi/12$	0.49
$1\pi/12$	0.47
$2\pi/12$	0.42
$3\pi/12$	0.35
$4\pi/12$	0.24
$5\pi/12$	0.13
$6\pi/12$	0.00
$7\pi/12$	-0.13
$8\pi/12$	-0.24
$9\pi/12$	-0.35
$10\pi/12$	-0.42
$11\pi/12$	-0.47
$12\pi/12$	-0.49

すなわち $z = 0$ $\left(\theta = \dfrac{\pi}{2}\right)$ の表す図形，xy 平面が $Y_1^0(\theta, \phi)$ 由来の節となる．前章の演習問題で，$\cos\theta = 0$ の表す図形が xy 平面だった．

他の 2p 軌道 $\psi_{2,1,1}(r,\theta,\phi) = R_{2,1}(r)Y_1^1(\theta,\phi)$, $\psi_{2,1,-1}(r,\theta,\phi) = R_{2,1}(r)Y_1^{-1}(\theta,\phi)$ の角度成分は複素数である．しかし，固有値（エネルギー）が等しい（縮重している）ので，前章で示したようにこれらの線形結合も水素原子のハミルトニアンの固有関数になる．動径成分は共通なので，角度成分の線形結合をとってから $R_{2,1}(r)$ を掛けよう．

$Y_1^1(\theta,\phi)$ と $Y_1^{-1}(\theta,\phi)$ にオイラーの公式

$$\exp(\mathrm{i}\phi) = \cos\phi + \mathrm{i}\sin\phi \tag{4.11}$$

と，デカルト座標と 3 次元極座標の関係からくる $x = r\sin\theta\cos\phi$, $y = r\sin\theta\sin\phi$ を使えば，

$$\begin{aligned}
&\frac{1}{\sqrt{2}}\{Y_1^1(\theta,\phi) + Y_1^{-1}(\theta,\phi)\} \\
&= \frac{1}{\sqrt{2}}\left\{\sqrt{\frac{3}{8\pi}}\sin\theta\exp(\mathrm{i}\phi) + \sqrt{\frac{3}{8\pi}}\sin\theta\exp(-\mathrm{i}\phi)\right\} \\
&= \frac{1}{\sqrt{2}}\left\{\sqrt{\frac{3}{8\pi}}\sin\theta(\cos\phi + \mathrm{i}\sin\phi) + \sqrt{\frac{3}{2\pi}}\sin\theta(\cos\phi - \mathrm{i}\sin\phi)\right\} \\
&= \sqrt{\frac{3}{4\pi}}\sin\theta\cos\phi = \sqrt{\frac{3}{4\pi}}\left(\frac{x}{r}\right)
\end{aligned} \tag{4.12}$$

および，前章で予告した虚数を係数とする線形結合で，

$$\begin{aligned}
&\frac{1}{\sqrt{2}\mathrm{i}}\{Y_1^1(\theta,\phi) - Y_1^{-1}(\theta,\phi)\} \\
&= \frac{1}{\sqrt{2}\mathrm{i}}\left\{\sqrt{\frac{3}{8\pi}}\sin\theta\exp(\mathrm{i}\phi) - \sqrt{\frac{3}{8\pi}}\sin\theta\exp(-\mathrm{i}\phi)\right\} \\
&= \sqrt{\frac{3}{4\pi}}\sin\theta\sin\phi = \sqrt{\frac{3}{4\pi}}\left(\frac{y}{r}\right)
\end{aligned} \tag{4.13}$$

とできる．$\frac{1}{\sqrt{2}}$ 倍や $\frac{1}{\sqrt{2}i}$ 倍したのは規格化のためである[3]．式 (4.10) と軌道名 p_z の添え字の z との対応関係から，式 (4.12)，(4.13) の関数は x，y の添え字が相応しい．これらに動径成分 $R_{2,1}(r)$ を掛けた関数が，$2p_x$ 軌道，$2p_y$ 軌道である．前者は x 軸方向に広がり yz 平面が節，後者は y 軸方向に広がり zx 平面が節となる．もちろん，$2p_x$ 軌道，$2p_y$ 軌道のエネルギーは，図 4-1 の $n=2$ で $m_l=1$ や $m_l=-1$ とさらに $m_l=0$ の $2p_z$ 軌道とも同じで，三重縮重したままである[4]．

$3p_x$，$3p_y$，$3p_z$ 軌道は，式 (4.10)，(4.12)，(4.13) に $R_{3,1}(r)$ を掛ければ得られる．3d 軌道の角度成分の線形結合をとる考え方は p 軌道と全く同じである．動径成分も掛けて実数化した原子軌道は，表 4-6 にまとめてある．詳しく見ると $3p_x$，$3p_y$，$3p_z$ 軌道には，動径成分由来の球面の節と，角度成分由来の平面の節があって，それらは交差している．従って，例えば $3p_z$ 軌道なら，z が正（xy 平面より上）で半球の内と外，z が負で半球の内と外に空間が分割される．

関数の名前と広がる方向，節の数と図形が大事である．空間分割数も波動関数の理解に役立つ．角度成分由来の節は l 個ある．動径成分の節とあわせて，原子軌道の節の数は，表 4-7 のようにまとめられる．

4.3 水素原子の姿

核からの距離が r にある微小体積 $r^2 \sin\theta \mathrm{d}r\mathrm{d}\theta\mathrm{d}\phi$ に電子を見出す確率（存在確率）は，

$$|\psi_{n,l,m_l}(r,\theta,\phi)|^2 r^2 \sin\theta \mathrm{d}r\mathrm{d}\theta\mathrm{d}\phi$$

---

[3] 動径成分，角度成分はそれぞれに正規直交系をなす．関数を自乗して全空間積分すると 1 となるように係数を整えることを規格化という．求まる係数は規格化定数という．
[4] np_x，np_y 軌道は角運動量の z 成分の演算子の固有関数ではなくなるが，磁場中に原子がある場合（ゼーマン効果）などを考えなければ重要でない．

表4-6 水素原子の実数化した波動関数

$$2\mathrm{p}_z = R_{2,1}(r) Y_1^0(\theta,\phi) = R_{2,1}(r) \sqrt{\frac{3}{4\pi}} \left(\frac{z}{r}\right)$$

$$2\mathrm{p}_x = R_{2,1}(r) \left\{ \frac{1}{\sqrt{2}} \{Y_1^1(\theta,\phi) + Y_1^{-1}(\theta,\phi)\} \right\} = R_{2,1}(r) \sqrt{\frac{3}{4\pi}} \left(\frac{x}{r}\right)$$

$$2\mathrm{p}_y = R_{2,1}(r) \left\{ \frac{1}{\sqrt{2}\mathrm{i}} \{Y_1^1(\theta,\phi) - Y_1^{-1}(\theta,\phi)\} \right\} = R_{2,1}(r) \sqrt{\frac{3}{4\pi}} \left(\frac{y}{r}\right)$$

$$3\mathrm{d}_{z^2} = R_{3,2}(r) Y_2^0(\theta,\phi) = R_{3,2}(r) \sqrt{\frac{5}{16\pi}} \left(3\frac{z^2}{r^2} - 1\right)$$

$$3\mathrm{d}_{zx} = R_{3,2}(r) \frac{1}{\sqrt{2}} \{Y_2^1(\theta,\phi) + Y_2^{-1}(\theta,\phi)\} = R_{3,2}(r) \sqrt{\frac{15}{4\pi}} \frac{zx}{r^2}$$

$$3\mathrm{d}_{yz} = R_{3,2}(r) \frac{1}{\sqrt{2}\mathrm{i}} \{Y_2^1(\theta,\phi) - Y_2^{-1}(\theta,\phi)\} = R_{3,2}(R) \sqrt{\frac{15}{4\pi}} \frac{yz}{r^2}$$

$$3\mathrm{d}_{x^2-y^2} = R_{3,2}(r) \frac{1}{\sqrt{2}} \{Y_2^2(\theta,\phi) + Y_2^{-2}(\theta,\phi)\} = R_{3,2}(r) \sqrt{\frac{15}{16\pi}} \frac{x^2-y^2}{r^2}$$

$$3\mathrm{d}_{xy} = R_{3,2}(r) \frac{1}{\sqrt{2}\mathrm{i}} \{Y_2^2(\theta,\phi) - Y_2^{-2}(\theta,\phi)\} = R_{3,2}(r) \sqrt{\frac{15}{4\pi}} \frac{xy}{r^2}$$

表4-7 原子軌道の節の数

	1s	2s	2p	3s	3p	3d	
動径成分	0	1	0	2	1	0	$n-l-1$
角度成分	0	0	1	0	1	2	l
合　計	0	1	1	2	2	2	$n-1$

である．式 (4.9) を代入すると，

$$|\psi_{n,l,m_l}(r,\theta,\phi)|^2 r^2 \sin\theta \mathrm{d}r\mathrm{d}\theta\mathrm{d}\phi = |R_{n,l}(r)|^2 \cdot |Y_l^{m_l}(\theta,\phi)|^2 r^2 \sin\theta \mathrm{d}r\mathrm{d}\theta\mathrm{d}\phi \tag{4.14}$$

となる．半径が r の球面と $r+\mathrm{d}r$ の球面に挟まれた空間（球殻）内に電子を見出す確率 $P(r)\mathrm{d}r$ は，式 (4.14) を角度について積分した，

$$P(r)\mathrm{d}r = (|R_{n,l}(r)|^2 r^2 \mathrm{d}r) \int_0^\pi \int_0^{2\pi} |Y_l^{m_l}(\theta,\phi)|^2 \sin\theta \mathrm{d}\theta \mathrm{d}\phi \tag{4.15}$$

で与えられる．角度成分が規格化されていること

$$\int_0^\pi \int_0^{2\pi} |Y_l^{m_l}(\theta,\phi)|^2 \sin\theta \mathrm{d}\theta \mathrm{d}\phi = 1 \tag{4.16}$$

を，ns 軌道の $Y_0^0(\theta,\phi)$ を例に確かめてみよう．

例題 1 $Y_0^0(\theta,\phi)$ が規格化されていることを示しなさい．

(解答) $\displaystyle\int_0^\pi \int_0^{2\pi} |Y_0^0(\theta,\phi)|^2 \sin\theta \mathrm{d}\theta \mathrm{d}\phi = \int_0^\pi \int_0^{2\pi} \left|\frac{1}{\sqrt{4\pi}}\right|^2 \sin\theta \mathrm{d}\theta \mathrm{d}\phi$

$= \dfrac{1}{4\pi} \displaystyle\int_0^\pi \sin\theta \mathrm{d}\theta \int_0^{2\pi} \mathrm{d}\phi = \dfrac{1}{4\pi}[-\cos\theta]_0^\pi \times [\phi]_0^{2\pi} = 1$

式 (4.16) を (4.15) に代入すると，

$$P(r)\mathrm{d}r = |R_{n,l}(r)|^2 r^2 \mathrm{d}r \tag{4.17}$$

$|R_{n,l}(r)|^2$ でなく，$|R_{n,l}(r)|^2 r^2$ であることに注意しよう．$P(r)$ を **動径分布関数** という．動径関数と紛らわしいから気を付けよう．上式の $R_{n,l}(r)$ に表 4-1 から $R_{1,0}(r)$ の具体的な式を代入すれば 1s 軌道（1s 状態）の，

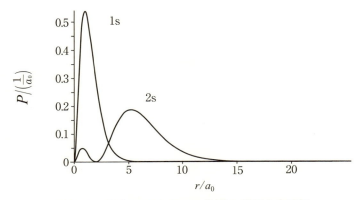

図 4-4 水素原子の 1s, 2s 軌道の動径分布関数

$R_{2,0}(r)$ の具体的式を代入すれば 2s 軌道（2s 状態）の動径分布関数が得られる．1s 軌道なら

$$P(r)\mathrm{d}r = |R_{1,0}(r)|^2 r^2 \mathrm{d}r = \left\{2\left(\frac{1}{a_0}\right)^{\frac{3}{2}} \exp\left(-\frac{r}{a_0}\right)\right\}^2 r^2 \mathrm{d}r$$

$$= \frac{4}{a_0}\left(\frac{r}{a_0}\right)^2 \exp\left(-\frac{2r}{a_0}\right)\mathrm{d}r \tag{4.18}$$

である．

図 4-4 に 1s 軌道，2s 軌道の $P(r)$ のグラフを示した．2s 軌道の $P(r)$ は，節の位置で値がゼロになる．各グラフが最大になる r が，電子を見出す確率密度が最大の半径である．計算するなら

$$\frac{\mathrm{d}}{\mathrm{d}r}P(r) = 0$$

となる r を求め，$P(r)$ が最大のものをとればよい．

例題 2 1s 軌道の動径分布関数の値が最大となる半径を求めなさい．

(**解答**) $\dfrac{d}{dr}P(r) = \dfrac{d}{dr}\left\{\dfrac{4}{a_0}\left(\dfrac{r}{a_0}\right)^2 \exp\left(-\dfrac{2r}{a_0}\right)\right\}$

$= \dfrac{4}{a_0{}^3}\left\{2r - r^2\left(\dfrac{2}{a_0}\right)\right\}\exp(-\dfrac{2r}{a_0}) = \dfrac{8}{a_0{}^3}r\left(1 - \dfrac{r}{a_0}\right)\exp\left(-\dfrac{2r}{a_0}\right) = 0$

解は，$r = 0$ と $r = a_0$ だが，$r = a_0$ をとるべきなのはグラフから明らかであろう．

例題 3 1s 状態の電子の半径 r の期待値（平均）はいくらか．

(**解答**) 前章での学習を活用すると，

$$\langle r \rangle = \int_0^\infty \int_0^\pi \int_0^{2\pi} (\psi_{1,0,0}(r,\theta,\phi))^* \hat{r}(\psi_{1,0,0}(r,\theta,\phi))r^2 \sin\theta dr d\theta d\phi \tag{4.19}$$

となる．$\hat{r} = r$ に注意して，

$$\langle r \rangle = \int_0^\infty \int_0^\pi \int_0^{2\pi} (R_{1,0}(r)Y_0^0(\theta,\phi))^* \hat{r}(R_{1,0}(r)Y_0^0(\theta,\phi))r^2 \sin\theta dr d\theta d\phi$$

$$= \int_0^\infty |R_{1,0}(r)|^2 r^3 dr \int_0^\pi \int_0^{2\pi} |Y_0^0(\theta,\phi)|^2 \sin\theta d\theta d\phi$$

$$= \int_0^\infty |R_{1,0}(r)|^2 r^3 dr = \dfrac{4}{a_0{}^3}\int_0^\infty r^3 \exp\left(-\dfrac{2r}{a_0}\right)dr = \dfrac{3}{2}a_0$$

積分に公式

$$\int_0^\infty x^n \exp(-ax) dx = \dfrac{n!}{a^{n+1}} \tag{4.20}$$

を使った．この公式は今後何回も使う．結果の $\dfrac{3}{2}a_0$ は，1s 関数の広がりを反映して，ボーア半径より大きい．

図 4-5 にボーアの原子模型と量子力学の水素原子像を示した．電子を探したなら，ボーアの原子模型ではいつでも $r = a_0$ のオービットのどこかに見つかるはずである．量子力学では，r は探すたびに異な

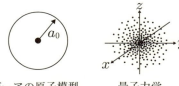

図 4-5　水素原子の姿

るが，最も見つかる頻度の高い r が a_0，期待値（平均）が $\frac{3}{2}a_0$ ということになる．ボーア模型と比べて，量子力学はぼんやりとした水素原子の姿しか教えてくれない．確率密度の図が雲のように見えるので，電子雲ということもある．電子が霧の粒のようなわけではないので気を付けよう．

例題 2, 3 の 1s を 2s に代えたらどうなるか？　答えは，極大が $(3\pm\sqrt{5})a_0$，期待値（平均）が $6a_0$ である．図 4-4 や例題を参考にして，計算してみるとよい．電子が励起されると原子核から離れて運動するようになる．このことはぜひ知っておいてほしい．$r \to \infty$ でイオン化である．

4.4 水素原子のシュレーディンガー方程式

4.4.1 ハミルトニアン，シュレーディンガー方程式とその解

この節は，流れを押さえるだけでよい．始めはシュレーディンガー方程式を分解していき，簡単な式になったら解いた結果を利用しながら逆に遡る．

水素原子のハミルトニアンは，

$$\hat{H} = -\frac{\hbar^2}{2m_e}\left(\frac{\partial^2}{\partial x^2} + \frac{\partial^2}{\partial y^2} + \frac{\partial^2}{\partial z^2}\right) - \frac{e^2}{4\pi\epsilon_0 r}$$

でデカルト座標のラプラシアン $\nabla^2{}_{x,y,z} = \frac{\partial^2}{\partial x^2} + \frac{\partial^2}{\partial y^2} + \frac{\partial^2}{\partial z^2}$ を，3 次元

極座標で書き替えると，

$$\nabla^2{}_{r,\theta,\phi} = \frac{1}{r^2}\frac{\partial}{\partial r}\left(r^2\frac{\partial}{\partial r}\right) + \frac{1}{r^2\sin\theta}\frac{\partial}{\partial\theta}\left(\sin\theta\frac{\partial}{\partial\theta}\right) + \frac{1}{r^2\sin^2\theta}\frac{\partial^2}{\partial\phi^2} \quad (4.21)$$

となる．この結果を公式として受け入れるのでもよいし，補遺を参考に導出に挑戦するのでもよい．結構大変である．ハミルトニアンは

$$\begin{aligned}\hat{H}(r,\theta,\phi) &= -\frac{\hbar^2}{2m_e}\nabla^2{}_{r,\theta,\phi} - \frac{e^2}{4\pi\epsilon_0 r}\\ &= -\frac{\hbar^2}{2m_e}\left\{\frac{1}{r^2}\frac{\partial}{\partial r}\left(r^2\frac{\partial}{\partial r}\right) + \frac{1}{r^2\sin\theta}\frac{\partial}{\partial\theta}\left(\sin\theta\frac{\partial}{\partial\theta}\right)\right.\\ &\quad \left. + \frac{1}{r^2\sin^2\theta}\frac{\partial^2}{\partial\phi^2}\right\} - \frac{e^2}{4\pi\epsilon_0 r}\end{aligned} \quad (4.22)$$

また，シュレーディンガー方程式は，

$$\begin{aligned}\hat{H}(r,\theta,\phi)\psi(r,\theta,\phi) &= \left[-\frac{\hbar^2}{2m_e}\left\{\frac{1}{r^2}\frac{\partial}{\partial r}\left(r^2\frac{\partial}{\partial r}\right) + \frac{1}{r^2\sin\theta}\frac{\partial}{\partial\theta}\left(\sin\theta\frac{\partial}{\partial\theta}\right)\right.\right.\\ &\quad \left.\left. + \frac{1}{r^2\sin^2\theta}\frac{\partial^2}{\partial\phi^2}\right\} - \frac{e^2}{4\pi\epsilon_0 r}\right]\psi(r,\theta,\phi)\\ &= E\psi(r,\theta,\phi)\end{aligned} \quad (4.23)$$

となる．さらに全体に $2m_e r^2$ をかけて整理すると

$$\begin{aligned}-\hbar^2&\left\{\frac{1}{\sin\theta}\frac{\partial}{\partial\theta}\left(\sin\theta\frac{\partial}{\partial\theta}\right) + \frac{1}{\sin^2\theta}\frac{\partial^2}{\partial\phi^2}\right\}\psi(r,\theta,\phi)\\ &= \left\{\hbar^2\frac{\partial}{\partial r}\left(r^2\frac{\partial}{\partial r}\right) + 2m_e r^2\left(\frac{e^2}{4\pi\epsilon_0 r} + E\right)\right\}\psi(r,\theta,\phi)\end{aligned} \quad (4.24)$$

左辺の {} の中が角度 (θ,ϕ) だけを含み，右辺の {} の中は r だけを含む．

このような場合には共通の定数 β を使って二つの微分方程式に分離できることが分かっていて，

$$-\hbar^2\left\{\frac{1}{\sin\theta}\frac{\partial}{\partial\theta}\left(\sin\theta\frac{\partial}{\partial\theta}\right) + \frac{1}{\sin^2\theta}\frac{\partial^2}{\partial\phi^2}\right\}Y(\theta,\phi) = \beta Y(\theta,\phi) \quad (4.25)$$

$$\left\{\hbar^2\frac{\partial}{\partial r}\left(r^2\frac{\partial}{\partial r}\right) + 2m_e r^2\left(\frac{e^2}{4\pi\epsilon_0 r} + E\right)\right\}R(r) = \beta R(r) \quad (4.26)$$

を解けばよい．さらに，式 (4.25) の両辺に $\dfrac{\sin^2\theta}{\hbar^2}$ を掛けてから整理すると，

$$\left\{\sin\theta\frac{\partial}{\partial\theta}\left(\sin\theta\frac{\partial}{\partial\theta}\right)+\frac{\beta\sin^2\theta}{\hbar^2}\right\}Y(\theta,\phi)=-\frac{\partial^2}{\partial\phi^2}Y(\theta,\phi)$$

となるが，左辺の {} の中が θ だけ，右辺の { } の中は ϕ だけを含むので，再び両辺を定数として，

$$\left\{\sin\theta\frac{\partial}{\partial\theta}\left(\sin\theta\frac{\partial}{\partial\theta}\right)+\frac{\beta\sin^2\theta}{\hbar^2}\right\}\Theta(\theta)=m_l{}^2\Theta(\theta) \quad (4.27)$$

$$-\frac{\partial^2}{\partial\phi^2}\Phi(\phi)=m_l{}^2\Phi(\phi) \quad (4.28)$$

としてから解く．定数を $m_l{}^2$ としたのは解きやすくするためである．実際 (4.28) の解は規格化定数を A として

$$\Phi(\phi)=A\exp(\mathrm{i}m_l\phi)$$

と得られる．ϕ と $\phi+2\pi$ は同じ位置を指すから，$\Phi(\phi)$ と $\Phi(\phi+2\pi)$ は，同じ値にならなければいけない．このような条件を<u>周期境界条件</u>という．従って

$$\Phi(\phi+2\pi)=A\exp(\mathrm{i}m_l(\phi+2\pi))=\exp(\mathrm{i}2\pi m_l)A\exp(\mathrm{i}m_l\phi)$$
$$=\exp(\mathrm{i}2\pi m_l)\Phi(\phi)$$

これにオイラーの公式を使って，

$$\exp(2\pi\mathrm{i}m_l)=\cos(2\pi m_l)+\mathrm{i}\sin(2\pi m_l)=1$$
$$\therefore m_l=0,\pm 1,\pm 2,\cdots$$

となる．また，規格化定数は，

$$\int_0^{2\pi} (A\exp(im_l\phi))^*(A\exp(im_l\phi))\mathrm{d}\phi$$
$$= \int_0^{2\pi} (A^*\exp(-im_l\phi))(A\exp(im_l\phi))\mathrm{d}\phi$$
$$= \int_0^{2\pi} |A^2|\mathrm{d}\phi = 1$$

より，$A = \dfrac{1}{\sqrt{2\pi}}$ となる．まとめると，

$$\Phi(\phi) = \frac{1}{\sqrt{2\pi}}\exp(im_l\phi) \quad (m_l = 0, \pm 1, \pm 2, \cdots) \tag{4.29}$$

お察しの通り，m_l は磁気量子数である．

次は，式 (4.27) を解く．数学者は，しばしば知りたい関数 $\Theta(\theta)$ を知っている多項式で展開して求める．結果だけ示すと，規格化定数も含めて

$$\Theta(\theta) = \sqrt{\frac{(2l+1)(l-|m_l|)!}{2(l+|m_l|)!}} P_l^{|m_l|}(\cos\theta) \quad (|m_l| < l) \tag{4.30}$$

と複雑な式である．$\Theta(\theta)$ と $\Phi(\phi)$ の積が球面調和関数である．この過程で m_l の制限と式 (4.25), (4.26) の β が

$$\beta = l(l+1)\hbar^2 \tag{4.31}$$

となることが出てくる．l は，方位量子数である．

式 (4.31) を (4.26) に代入して，同様に方程式を解く．結果は規格化定数を

$$N_{n,l} = \left[\frac{(n-l-1)!}{2n\{(n+l)!\}^3}\right]^{\frac{1}{2}} \left(\frac{2}{na_0}\right)^{\frac{l+3}{2}} \tag{4.32}$$

として，

$$R_{n,l}(r) = N_{n,l} r^l \exp\left(-\frac{r}{na_0}\right) L_{n+l}^{2l+1}\left(\frac{2r}{na_0}\right) \tag{4.33}$$

となる．$L_{n+l}^{2l+1}\left(\dfrac{2r}{na_0}\right)$ は，変数にボーア半径と r の比を含む多項式である．式 (4.33) を求める過程で，主量子数 $n = 1, 2, 3, \cdots$，方位量子数 $l = 0, 1, 2, \cdots, n-1$ が出てくる．多項式の詳細は，巻末の参考書に譲る．

4.4.2 角運動量

式 (4.24) の左辺の係数は，前章の角運動量の自乗の演算子

$$\hat{l}^2 = -\hbar^2 \left\{ \frac{1}{\sin\theta}\frac{\partial}{\partial\theta}\left(\sin\theta\frac{\partial}{\partial\theta}\right) + \frac{1}{\sin^2\theta}\frac{\partial^2}{\partial\phi^2} \right\} \tag{4.34}$$

と一致している．球面調和関数は角運動量の自乗の演算子の固有関数である．すなわち，

$$\hat{l}^2 Y_l^{m_l}(\theta,\phi) = l(l+1)\hbar^2 Y_l^{m_l}(\theta,\phi) \tag{4.35}$$

また，$Y_l^{m_l}(\theta,\phi)$ は角運動量の z 成分の演算子，

$$\hat{l}_z = -\mathrm{i}\hbar\frac{\partial}{\partial\phi} \tag{4.36}$$

の固有関数でもあり，

$$\hat{l}_z Y_l^{m_l}(\theta,\phi) = m_l \hbar Y_l^{m_l}(\theta,\phi) \tag{4.37}$$

の関係がある．$Y_l^{m_l}(\theta,\phi)$ に表 4-4 の具体的な式を入れて計算すれば確認できる．

$\hat{l}^2$ でハミルトニアンの角度部分を置き換えると，

$$\hat{H}(r,\theta,\phi) = \left\{-\frac{\hbar^2}{2m_\mathrm{e}}\frac{1}{r^2}\frac{\partial}{\partial r}\left(r^2\frac{\partial}{\partial r}\right)\right\} - \frac{\hbar^2}{2m_\mathrm{e}}\frac{1}{r^2}\hat{l}^2 - \frac{e^2}{4\pi\epsilon_0 r} \tag{4.38}$$

第一項は r だけを含むので，核‐電子の振動の運動エネルギー項，第二項は回転の運動エネルギー項に対応する．$R_{n,l}(r)$ に $\hat{l}^2$ や $\hat{l}_z$ を作用して

も素通りする．従って $\psi_{n,l,m_l}(r,\theta,\phi) = R_{n,l}(r)Y_l^{m_l}(\theta,\phi)$ も，これらの演算子の固有関数で固有値は $Y_l^{m_l}(\theta,\phi)$ で決まる．

さて，1s 原子軌道に $\hat{l}^2$ を作用させてみる．

$$\hat{l}^2 \psi_{1,0,0}(r,\theta,\phi) = \hat{l}^2 (R_{1,0}(r)Y_0^0(\theta,\phi)) = 0(0+1)\hbar^2 R_{1,0}(r)Y_0^0(\theta,\phi)$$
$$= 0\psi_{1,0,0}(r,\theta,\phi)$$

結果は角運動量がゼロになる．

　ある半径で電子が陽子を中心に周回運動しているなら，角運動量はゼロにならないのが，我々の（古典物理の）常識である．陽子を周っているわけではないのに，最大確率密度の半径が，ボーア模型が与える a_0 に一致するのは驚くべきことである．残念ながら，電子を見出す確率も，角運動量の固有値も，水素原子中の電子の運動がオービットの意味の軌道運動でないことを教えてくれるだけで，どんな運動なのか，想像できるようには示してくれない．量子力学を学ぶと古典（日常）からの類推が効かないことに時々出会う．不思議な世界だと，慣れていくしかない．

演習問題

1 以下の問いに答えなさい．
  (1) 次の量子数で指定される波動関数を何軌道というか．
     (i) $n=1, l=0$　　(ii) $n=2, l=0$　　(iii) $n=2, l=1$
  (2) 次の原子軌道を指定する量子数を答えなさい．
     (i) 2p　　(ii) 3s　　(iii) 3d

2 1s 状態の電子について，以下の問いに答えなさい．
  (1) ポテンシャルエネルギーの平均（次式）を求めなさい．
$$\langle V \rangle = \int_0^\infty \int_0^\pi \int_0^{2\pi} (\psi_{1,0,0}(r,\theta,\phi))^* \left(-\frac{e^2}{4\pi\epsilon_0 r}\right)(\psi_{1,0,0}(r,\theta,\phi))r^2 \sin\theta \mathrm{d}r\mathrm{d}\theta\mathrm{d}\phi$$
  (2) 運動エネルギーの平均値 $\langle T \rangle$ と，$\langle T \rangle = E - \langle V \rangle = -\frac{1}{2}\langle V \rangle$ の関係があることを確認しなさい．

3 $Y_1^0(\theta,\phi)$，$Y_1^1(\theta,\phi)$ がそれぞれ規格化されていることを示しなさい．$\frac{1}{\sqrt{2}}\{Y_1^1(\theta,\phi) + Y_1^{-1}(\theta,\phi)\}$ の規格化，$Y_1^1(\theta,\phi)$ と $Y_1^{-1}(\theta,\phi)$ の直交にも挑戦してみるとよい．

5 | 多電子原子とパウリの原理

橋本健朗

《目標＆ポイント》 多電子原子の波動関数と変分法を学習する．多電子原子にも，1s, 2s, 2p, … の原子軌道を考える背景を学ぶ．パウリの原理を波動関数と結びつけて理解する．
《キーワード》 一電子軌道，多電子波動関数，変分法，電子スピン，パウリの原理，スレーター行列式

5.1 原子軌道と多電子波動関数
5.1.1 水素様原子

多電子原子では，原子番号 (Z) が 2, 3, … と増すにつれて，核電荷と電子数が増える．He^+, Li^{2+}, Be^{3+} など電子が一つだけの原子イオンを，**水素様原子**という．これらのハミルトニアンは，

$$\hat{H}(\boldsymbol{r}) = -\frac{\hbar^2}{2m_e}\nabla^2 - \frac{Ze^2}{4\pi\epsilon_0 r} \tag{5.1}$$

となる．$\nabla^2{}_{r,\theta,\phi}$ の添え字は省略した．式 (5.1) は H 原子のハミルトニアンのクーロンポテンシャル項，$-\frac{e^2}{4\pi\epsilon_0 r}$ が $-\frac{Ze^2}{4\pi\epsilon_0 r}$ に変わっただけで，シュレーディンガー方程式は H 原子と同様に正確に解かれている．波動関数は H 原子の原子軌道の動径成分 $R_{n,l}(r)$ の a_0 が $\frac{a_0}{Z}$ に変わるが，角度成分 $Y_l^m(\theta,\phi)$ は変わらない．1s 軌道なら，

$$\phi_{1s}(r) = \frac{1}{\sqrt{\pi}}\left(\frac{Z}{a_0}\right)^{\frac{3}{2}}\exp\left(-\frac{Z}{a_0}r\right) \tag{5.2}$$

である．$Z=1$ の時 H 原子，$Z=2$ の時 He^+ イオンの 1s 軌道に一致し，$Z=3$ では Li^{2+} の 1s と以下同様である．水素様原子の軌道の広がりは H 原子の $\frac{1}{Z}$ に縮む．一方，エネルギーは

$$E_n = Z^2 E_n(\text{H}) = -\frac{Z^2}{2n^2} E_\text{h} \tag{5.3}$$

となる．$E_n(\text{H})$ は H 原子の主量子数が n の状態のエネルギーで，式 (5.3) に $Z=2, n=1$ を代入すれば，He^+ の 1s 軌道のエネルギー $-54.42\,\text{eV}$ となる．この符号を変えれば，He 原子の第 2 イオン化エネルギーで，実験値とも一致している．

5.1.2 1 中心 2 電子問題

電子を二つにしてみよう．電子に 1, 2 の番号を付けると，ハミルトニアンは，

$$\begin{aligned}
\hat{H}(\boldsymbol{r}_1, \boldsymbol{r}_2) &= -\frac{\hbar^2}{2m_\text{e}}\nabla^2_1 - \frac{Ze^2}{4\pi\epsilon_0 r_1} - \frac{\hbar^2}{2m_\text{e}}\nabla^2_2 - \frac{Ze^2}{4\pi\epsilon_0 r_2} + \frac{e^2}{4\pi\epsilon_0 r_{12}} \\
&= \hat{h}(\boldsymbol{r}_1) + \hat{h}(\boldsymbol{r}_2) + \frac{e^2}{4\pi\epsilon_0 r_{12}}
\end{aligned} \tag{5.4}$$

となる．ここで，

$$\hat{h}(\boldsymbol{r}_1) = -\frac{\hbar^2}{2m_\text{e}}\nabla^2_1 - \frac{Ze^2}{4\pi\epsilon_0 r_1},\ \hat{h}(\boldsymbol{r}_2) = -\frac{\hbar^2}{2m_\text{e}}\nabla^2_2 - \frac{Ze^2}{4\pi\epsilon_0 r_2} \tag{5.5}$$

$$r_{12} = |\boldsymbol{r}_1 - \boldsymbol{r}_2| \tag{5.6}$$

である[1]．全体のシュレーディンガー方程式は，

$$\hat{H}(\boldsymbol{r}_1, \boldsymbol{r}_2)\Psi(\boldsymbol{r}_1, \boldsymbol{r}_2) = E\Psi(\boldsymbol{r}_1, \boldsymbol{r}_2) \tag{5.7}$$

となる．

---

1) $\boldsymbol{r}_1 = (r_1, \theta_1, \phi_1)$．電子の番号が変わっても同様である．

式 (5.7) は，ハミルトニアンに電子間反発項 $\dfrac{e^2}{4\pi\epsilon_0 r_{12}}$ があるために厳密に解くのは難しい．しかし，我々の目的は数学ではなくて原子や分子の世界を描くことだから，それに適う近似解を得ることを考えよう．まずは，知っている水素様原子の原子軌道を，できるだけ活かすのがよさそうである．

さて，$\dfrac{e^2}{4\pi\epsilon_0 r_{12}}$ を無視すれば，式 (5.4) は $\hat{h}(\bm{r}_1)$ と $\hat{h}(\bm{r}_2)$ に変数分離される．従って，基底状態の全エネルギーは

$$E_1 = \epsilon_{1s} + \epsilon_{1s} \tag{5.8}$$

全波動関数（多電子波動関数）は，

$$\Phi(\bm{r}_1, \bm{r}_2) = \phi_{1s}(\bm{r}_1)\phi_{1s}(\bm{r}_2) \tag{5.9}$$

と近似される．二電子波動関数が，一電子波動関数（一電子軌道）の積になっている[2]．**ハートリー (Hartree) 積**という．ここで，

$$\hat{h}(\bm{r}_1)\phi_{1s}(\bm{r}_1) = \epsilon_{1s}\phi_{1s}(\bm{r}_1), \quad \hat{h}(\bm{r}_2)\phi_{1s}(\bm{r}_2) = \epsilon_{1s}\phi_{1s}(\bm{r}_2) \tag{5.10}$$

であり，原子軌道 ϕ_{1s} の軌道エネルギーが ϵ_{1s} である．言葉と記号の使い分けに注意しよう．

式 (5.9) は相手の電子がいなければ，二つの電子はそれぞれ水素様原子の軌道に収まると言っているだけである．他の電子との相互作用を無視する近似を，**独立粒子近似**という．実際は，原子核からのクーロン引力場の中を，互いに避けあいながら運動している．

式 (5.4) は，電子の座標（番号）を入れ替えても変わらない．その意味で二つの電子は同等である．電子が互いに反発しながら，核の周りを同

---

[2] 多電子波動関数を，一電子軌道を材料に近似することを一電子軌道近似という．

じ状態で運動するのを，式 (5.9) と似た形で表現できないだろうか．個々の電子にとっては，相手の電子が核からの引力を遮り（遮蔽効果），見かけの核電荷（有効核電荷）が Ze より小さくなっているかのような状況だろう．ヘリウム（He）原子なら $Z=2$ より小さくすれば，式 (5.9) のままでも良い近似波動関数になるかもしれない．

5.1.3 変分原理と変分法

さて真の波動関数を知らないのに，近似波動関数を手に入れられるのか？ 良い近似波動関数の「良い」は，どうやって解るのだろう？ それを教えてくれるのが，**変分原理**と**変分法**である．

シュレーディンガー方程式，

$$\hat{H}\Psi_n = E_n\Psi_n \quad (n=1,2,3,\cdots) \tag{5.11}$$

の最低エネルギーが E_1，その波動関数が Ψ_1 の時，E_1 は

$$E_1 = \frac{\int \Psi_1^* \hat{H}\Psi_1 \mathrm{d}v}{\int \Psi_1^* \Psi_1 \mathrm{d}v} = \frac{\langle \Psi_1|\hat{H}|\Psi_1\rangle}{\langle \Psi_1|\Psi_1\rangle} \tag{5.12}$$

で与えられる．dv は全電子分の体積素片をまとめて表している．

変分原理とは，「シュレーディンガー方程式

$$\hat{H}\Psi_1 = E_1\Psi_1 \tag{5.13}$$

を解くことは，エネルギー期待値

$$\varepsilon = \frac{\int \Phi^* \hat{H}\Phi \mathrm{d}v}{\int \Phi^* \Phi \mathrm{d}v} = \frac{\langle \Phi|\hat{H}|\Phi\rangle}{\langle \Phi|\Phi\rangle} \tag{5.14}$$

を最低にする Φ を探し出すことと等価」というものである．

証明には，$\hat{H}\Psi_i = E_i\Psi_i$ となる真の波動関数 $\{\Psi_i, i=1,2,\cdots\}$ が完全正規直交系を成すことを使う．$E_1 \leq E_2 \leq E_3 \cdots$ としよう．完全系とは，

任意の関数 Φ を

$$\Phi = \sum_{i=1} C_i \Psi_i$$

と展開できる関数の集合のことである．すると，

$$\varepsilon = \frac{\langle \Phi | \hat{H} | \Phi \rangle}{\langle \Phi | \Phi \rangle} = \frac{\sum_{i=1}\sum_{j=1} C_i^* C_j \langle \Psi_i | \hat{H} | \Psi_j \rangle}{\sum_{i=1}\sum_{j=1} C_i^* C_j \langle \Psi_i | \Psi_j \rangle} = \frac{\sum_{i=1} |C_i|^2 E_i}{\sum_{i=1} |C_i|^2}$$

となる．$\{\Psi_i, i=1,2,\cdots\}$ の正規直交性

$$\langle \Psi_i | \Psi_j \rangle = \delta_{i,j} = \begin{cases} 1 & (i=j) \\ 0 & (i \neq j) \end{cases}$$

を使った．式中の E_i を全て E_1 で置き換えると，E_1 は最低のエネルギーだから，

$$\sum_{i=1} |C_i|^2 E_i \geq \sum_{i=1} |C_i|^2 E_1 = E_1 \sum_{i=1} |C_i|^2$$

従って，

$$\varepsilon \geq \frac{E_1 \sum_{i=1} |C_i|^2}{\sum_{i=1} |C_i|^2} = E_1 \qquad \text{（証明終）}$$

次に**変分法**を説明しよう．まず<u>試行関数</u>[3] $\Phi(\tau,\alpha)$ を用意し，Φ の関数形を決める調節パラメーター α （<u>変分パラメーター</u>）を含む期待値

$$\varepsilon(\alpha) = \frac{\int \Phi^*(\tau,\alpha) \hat{H} \Phi(\tau,\alpha) \mathrm{d}v}{\int \Phi^*(\tau,\alpha) \Phi(\tau,\alpha) \mathrm{d}v} = \frac{\langle \Phi(\tau,\alpha) | \hat{H} | \Phi(\tau,\alpha) \rangle}{\langle \Phi(\tau,\alpha) | \Phi(\tau,\alpha) \rangle} \qquad (5.15)$$

---

[3] 変分関数ともいう．

を計算する．τ は，全電子分の座標変数をまとめたものである．次に α を調節し，

$$\frac{d}{d\alpha}\varepsilon(\alpha) = 0 \tag{5.16}$$

を成立させて $\varepsilon(\alpha)$ を最小にする．上式を満足する α を a_{min} とすると，$\varepsilon(a_{min})$, $\Phi(\tau, a_{min})$ が最良の近似エネルギーと近似波動関数になる．「最良の」とは，例えば H 原子の波動関数の関数形を，式 (5.2) で $Z \to \alpha$ とした

$$\phi_{1s}(\boldsymbol{r}, \alpha) = \frac{1}{\sqrt{\pi}}\left(\frac{\alpha}{a_0}\right)^{\frac{3}{2}}\exp\left(-\frac{\alpha}{a_0}r\right) \tag{5.17}$$

に制限した中で，真の値に最も近いエネルギーを与えるという意味である．それでも α を調節すれば，その制限下でいくらでも<u>エネルギーの高い方から</u> E_1 に近づける．

例題 5.1 試行関数を式 (5.17) とする．$\phi_{1s}(\boldsymbol{r}, \alpha)$ は規格化されている．変分法で H 原子のエネルギーと波動関数を求めなさい．

(解答) ハミルトニアンは式 (5.1) で $Z = 1$ としたものだが，以下のように書き換える．

$$\hat{H}(\boldsymbol{r}) = -\frac{\hbar^2}{2m_e}\nabla^2 - \frac{e^2}{4\pi\epsilon_0 r} = -\frac{\hbar^2}{2m_e}\nabla^2 - \frac{\alpha e^2}{4\pi\epsilon_0 r} + \frac{(\alpha-1)e^2}{4\pi\epsilon_0 r}$$
$$= \hat{h}(\boldsymbol{r}, \alpha) + \frac{(\alpha-1)e^2}{4\pi\epsilon_0 r} \tag{5.18}$$

$$\hat{h}(\boldsymbol{r}, \alpha) = -\frac{\hbar^2}{2m_e}\nabla^2 - \frac{\alpha e^2}{4\pi\epsilon_0 r} \tag{5.19}$$

式 (5.19) は，核電荷が αe の仮想的水素様原子のハミルトニアンになっ

ているから,

$$\hat{h}(\boldsymbol{r},\alpha)\phi_{1s}(\boldsymbol{r},\alpha) = E_{1s}(\alpha)\phi_{1s}(\boldsymbol{r},\alpha) \tag{5.20}$$

$$E_{1s}(\alpha) = \alpha^2 E_{1s}(\text{H}) = -\frac{\alpha^2}{2 \cdot 1^2} E_{\text{h}} \tag{5.21}$$

の関係がある. これらを使うと,

$$\begin{aligned}
\varepsilon(\alpha) &= \int \phi_{1s}^*(\boldsymbol{r},\alpha)\hat{H}(\boldsymbol{r})\phi_{1s}(\boldsymbol{r},\alpha)\mathrm{dv} \\
&= \int \phi_{1s}^*(\boldsymbol{r},\alpha)\left(\hat{h}(\boldsymbol{r},\alpha) + \frac{(\alpha-1)e^2}{4\pi\epsilon_0 r}\right)\phi_{1s}(\boldsymbol{r},\alpha)\mathrm{dv} \\
&= \int \phi_{1s}^*(\boldsymbol{r},\alpha)\hat{h}(\boldsymbol{r},\alpha)\phi_{1s}(\boldsymbol{r},\alpha)\mathrm{dv} \\
&\quad + \int \phi_{1s}^*(\boldsymbol{r},\alpha)\left(\frac{(\alpha-1)e^2}{4\pi\epsilon_0 r}\right)\phi_{1s}(\boldsymbol{r},\alpha)\mathrm{dv} \\
&= -\frac{\alpha^2}{2}E_{\text{h}} + \int \phi_{1s}^*(\boldsymbol{r},\alpha)\left(\frac{(\alpha-1)e^2}{4\pi\epsilon_0 r}\right)\phi_{1s}(\boldsymbol{r},\alpha)\mathrm{dv} \tag{5.22}
\end{aligned}$$

第二項は,

$$\begin{aligned}
&\int \phi_{1s}^*(\boldsymbol{r},\alpha)\left(\frac{(\alpha-1)e^2}{4\pi\epsilon_0 r}\right)\phi_{1s}(\boldsymbol{r},\alpha)\mathrm{dv} \\
&= \int_0^\infty \int_0^\pi \int_0^{2\pi} \left(\frac{1}{\sqrt{\pi}}\left(\frac{\alpha}{a_0}\right)^{\frac{3}{2}}\exp\left(-\frac{\alpha}{a_0}r\right)\right)^* \\
&\qquad \left(\frac{(\alpha-1)e^2}{4\pi\epsilon_0 r}\right)\left(\frac{1}{\sqrt{\pi}}\left(\frac{\alpha}{a_0}\right)^{\frac{3}{2}}\exp\left(-\frac{\alpha}{a_0}r\right)\right) r^2 \sin\theta \mathrm{d}r\mathrm{d}\theta\mathrm{d}\phi \\
&= \frac{1}{\pi}\left(\frac{\alpha}{a_0}\right)^3 \left(\frac{(\alpha-1)e^2}{4\pi\epsilon_0}\right) \int_0^\infty r\exp\left(-\frac{2\alpha}{a_0}r\right)\mathrm{d}r \int_0^\pi \int_0^{2\pi} \sin\theta \mathrm{d}\theta\mathrm{d}\phi \\
&= \alpha(\alpha-1)E_{\text{h}}
\end{aligned}$$

となる. 公式 $\int_0^\infty x^n \exp(-ax)\mathrm{d}x = \dfrac{n!}{a^{n+1}}$ 及び $E_{\text{h}} = \dfrac{e^2}{4\pi\epsilon_0 a_0}$ を使った.

結果を式 (5.22) に代入して，

$$\varepsilon(\alpha) = -\frac{\alpha^2}{2}E_h + \alpha(\alpha-1)E_h = \left(\frac{1}{2}\alpha^2 - \alpha\right)E_h$$

が得られる．

$$\frac{d}{d\alpha}\varepsilon(\alpha) = \frac{d}{d\alpha}\left\{\left(\frac{1}{2}\alpha^2 - \alpha\right)E_h\right\} = (\alpha-1)E_h = 0$$

の解 $\alpha = 1$ を，式 (5.17)，(5.21) に代入すれば，H 原子の真のエネルギーと波動関数が得られる．

このように，変分法は試行関数に適切な関数形を選べば，シュレーディンガー方程式の正確な解を与える．

5.1.4 ヘリウム原子

He 原子では，二電子波動関数を (5.9) に，一電子軌道を (5.17) にと二つの制限を付け，

$$\Phi(\boldsymbol{r}_1, \boldsymbol{r}_2) = \frac{1}{\sqrt{\pi}}\left(\frac{\alpha}{a_0}\right)^{\frac{3}{2}}\exp\left(-\frac{\alpha}{a_0}r_1\right)\cdot\frac{1}{\sqrt{\pi}}\left(\frac{\alpha}{a_0}\right)^{\frac{3}{2}}\exp\left(-\frac{\alpha}{a_0}r_2\right) \tag{5.23}$$

を試行関数とする．ハミルトニアンは α とは関係なく

$$\begin{aligned}\hat{H}(\boldsymbol{r}_1, \boldsymbol{r}_2) &= -\frac{\hbar^2}{2m_e}\nabla^2_1 - \frac{2e^2}{4\pi\epsilon_0 r_1} - \frac{\hbar^2}{2m_e}\nabla^2_2 - \frac{2e^2}{4\pi\epsilon_0 r_2} + \frac{e^2}{4\pi\epsilon_0 r_{12}} \\ &= \left\{\left(-\frac{\hbar^2}{2m_e}\nabla^2_1 - \frac{\alpha e^2}{4\pi\epsilon_0 r_1}\right) + \frac{(\alpha-2)e^2}{4\pi\epsilon_0 r_1}\right\} \\ &\quad + \left\{\left(-\frac{\hbar^2}{2m_e}\nabla^2_2 - \frac{\alpha e^2}{4\pi\epsilon_0 r_2}\right) + \frac{(\alpha-2)e^2}{4\pi\epsilon_0 r_2}\right\} + \frac{e^2}{4\pi\epsilon_0 r_{12}}\end{aligned} \tag{5.24}$$

である．例題を参考にすると {} の項の期待値は $-\frac{\alpha}{2}E_h + \alpha(\alpha-2)E_h$ となる．$\frac{e^2}{4\pi\epsilon_0 r_{12}}$ の期待値の計算は専門書に譲るが，$\frac{5\alpha}{8}E_h$ になる．する

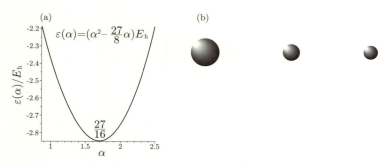

図 5-1 (a) He 原子のエネルギー期待値の 1s 軌道指数因子 (α) 依存性. $\varepsilon(\alpha) = \left(\alpha^2 - \frac{27}{8}\alpha\right) E_\mathrm{h}$. (b) 1s 軌道の平均半径の等値面, 左から $\alpha = 1$ (H), $\frac{27}{16}$ (He), 2 (He$^+$).

と $\varepsilon(\alpha)$ は

$$\varepsilon(\alpha) = \left\{2\left(-\frac{\alpha^2}{2}E_\mathrm{h} + \alpha(\alpha - 2)E_\mathrm{h}\right) + \frac{5}{8}\alpha\right\}E_\mathrm{h}$$
$$= \left\{\alpha^2 - \frac{27}{8}\alpha\right\}E_\mathrm{h} \tag{5.25}$$

と α の二次関数になる (図 5-1(a)). $\frac{\mathrm{d}}{\mathrm{d}\alpha}\varepsilon(\alpha) = 0$, すなわちグラフの勾配が零となる $\alpha = \frac{27}{16}$ が最良のエネルギーと波動関数を与える. 図 5-1(b) には $\alpha = 1$ (H), $\frac{27}{16}$ (He), 2 (He$^+$) の 1s 軌道の平均半径の等値面図を示した. He 原子の 1s 軌道は H 原子より縮み, He$^+$ より広がる. エネルギー期待値は式 (5.25) に $\alpha = \frac{27}{16}$ を代入して, $-2.84766 E_\mathrm{h} = -77.50\,\mathrm{eV}$ である. この値の符号を変えれば, He の第一イオン化エネルギー $(24.60\,\mathrm{eV})$ と第二イオン化エネルギー $(54.42\,\mathrm{eV})$ の和 $79.02\,\mathrm{eV}$ に対応し, 2% 程度の誤差で一致している[4].

---

4) 誤差の原因の一つは, スレーター型関数 $\exp\left(-\frac{\alpha}{a_0}r\right)$ 一つだけで原子軌道を近似したことであろう. さらに正確にするには, α の異なる関数の線形結合で表すことや多

5.1.5 多電子原子の原子軌道

「全波動関数を
$$\Phi(\bm{r}_1, \bm{r}_2) = \phi(\bm{r}_1)\phi(\bm{r}_2) \tag{5.26}$$
とし[5)]，その下で最良の<u>一電子波動関数 ϕ の形を決める方程式</u>を求めよ」という問題を設定すると，答えは
$$\left(-\frac{\hbar^2}{2m_\mathrm{e}}\nabla^2_i - \frac{Ze^2}{4\pi\epsilon_0 r_i} + \hat{\mathrm{v}}_i(\bm{r}_i)\right)\phi(\bm{r}_i) = \varepsilon\phi(\bm{r}_i) \tag{5.27}$$
$$\hat{\mathrm{v}}_i(\bm{r}_i) = \int \frac{(-e)^2|\phi(\bm{r}_j)|^2 \mathrm{d}v_j}{4\pi\epsilon_0 r_{ij}} \tag{5.28}$$
となる．<u>ハートリー方程式</u>という．i,j は電子の番号で 1 か 2 である．この式の意味を掴むことを大事にしよう．距離 r_{ij} を隔てた二つの電子のクーロン相互作用エネルギーは $\dfrac{(-e)(-e)}{4\pi\epsilon_0 r_{ij}}$ である．$\hat{\mathrm{v}}_i(\bm{r}_i)$ は，$\bm{r}_j$ にある微小体積 $\mathrm{d}v_j$ 内に密度 $|\phi(\bm{r}_j)|^2$ で分布する電子 j が $\bm{r}_i$ にある電子 i に及ぼす斥力ポテンシャルを表す（図 5-2）．この相互作用 $\hat{\mathrm{v}}_i(\bm{r}_i)$ が核からの引力ポテンシャルを遮蔽するように働き，水素様原子からの軌道変形をもたらす．

図 5-2　電子間の相互作用

式 (5.27) は $\hat{\mathrm{v}}_i(\bm{r}_i)$ に解になる ϕ が含まれ，普通の固有値方程式とは違う．初めに適当な試行関数 ϕ^0 を仮定して演算子を計算した後，方程式を解く．その解 ϕ^1 を ϕ^0 と比較して異なっていれば，ϕ^1 で演算子を計算した後，再び方程式を解く．その解 ϕ^2 を ϕ^1 と比較する．以下同様で演算子の計算に用いた関数が方程式の解と一致し辻褄が合うまで繰り返す．この方法を，SCF (Self-Consistent Field) 法という．

電子波動関数を精密化する．
5) $\phi_1(\bm{r}_1)\phi_2(\bm{r}_2)$ でもよいが，He では二つの軌道が同じなので $\phi_1 = \phi_2 = \phi$ とした．

一電子軌道を式 (5.17) として式 (5.27) を数値的[6])に解いて ϕ を求め，エネルギー（式 (5.15)）を計算すると $-2.86168E_\text{h}$ となる．

電子が $N(\geq 3)$ 個の原子のハートリー方程式は，

$$\hat{H}_i'\phi_i(\boldsymbol{r_i}) = \epsilon_i\phi_i(\boldsymbol{r_i}) \quad (i=1,2,\cdots,N) \tag{5.29}$$

$$\hat{H}_i' = \hat{h}(\boldsymbol{r_i}) + \hat{v}_i(\boldsymbol{r_i}) \tag{5.30}$$

$$\hat{v}_i(\boldsymbol{r_i}) = \sum_{j\neq i}^{N} \int \frac{(-e)^2|\phi_j(\boldsymbol{r_j})|^2 \mathrm{d}v_j}{4\pi\epsilon_0 r_{ij}} \tag{5.31}$$

と，$\hat{v}_i(\boldsymbol{r_i})$ を通じて相互に依存した N 本の連立方程式になる．

Li 原子の場合を少し覗いてみよう（図 5-3）．全波動関数は 3 軌道の積

$$\Phi(\boldsymbol{r}_1,\boldsymbol{r}_2,\boldsymbol{r}_3) = \phi_1(\boldsymbol{r}_1)\phi_2(\boldsymbol{r}_2)\phi_3(\boldsymbol{r}_3) \tag{5.32}$$

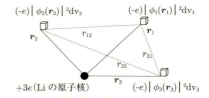

図 5-3　Li 原子内の電子間の相互作用

で，$\hat{h}$ は式 (5.5) で $Z=3$ になる．式 (5.31) から $\phi_1(\boldsymbol{r}_1)$ に対し

$$\hat{v}_1(\boldsymbol{r}_1) = \int \frac{(-e)^2|\phi_2(\boldsymbol{r}_2)|^2 \mathrm{d}v_2}{4\pi\epsilon_0 r_{12}} + \int \frac{(-e)^2|\phi_3(\boldsymbol{r}_3)|^2 \mathrm{d}v_3}{4\pi\epsilon_0 r_{13}}$$

で，連立方程式の一本は，

$$\{\hat{h}(\boldsymbol{r}_1) + \hat{v}_1(\boldsymbol{r}_1)\}\phi_1(\boldsymbol{r}_1) = \epsilon_1\phi_1(\boldsymbol{r}_1)$$

となる．式 (5.31) の $\hat{v}_i(\boldsymbol{r_i})$ は着目する電子と他の電子のクーロン相互作用の総和（有効ポテンシャル）を与える．ハートリー方程式は，核から

---

6) α に数字を代入して $\hat{v}_i(\boldsymbol{r_i})$ を数値化し，固有値方程式を解く．辻褄があうまで α の値を繰り返し調節する．

表 5-1　有効核電荷 (Z^*)

	H	Li	Be	B	C	N	O	F	Ne	He
1s	1.000									1.688
1s		2.691	3.685	4.680	5.673	6.665	7.658	8.650	9.642	
2s		1.279	1.912	2.576	3.217	3.847	4.492	5.128	5.758	
2p				2.421	3.136	3.834	4.453	5.100	5.758	

E.Clementi and D.L.Raimondi, J. Chem. Phys. 38, 2686 (1963) から

の引力場と他の全電子からの平均の斥力場の中を運動する電子に相応しい一電子軌道を求める式と解釈できる．

He で見たように多電子原子の原子軌道も

$$\phi_{n,l,m_l}(r,\theta,\phi) = R'_{n,l}(r) Y_l^{m_l}(\theta,\phi) \tag{5.33}$$

型関数が良い近似になる[7]．同じ原子軌道（例えば $2\mathrm{p}_z$）なら，広がりは元素ごとに違うが，方向は同じである．後述する**パウリの排他原理**[8]から，Li, Be, B, … では 1s, 2s, $2\mathrm{p}_x$, … は最大二個までの電子に占有される．Li なら $\phi_1 = \phi_2 = \phi_{1s}, \phi_3 = \phi_{2s}$ である．より精密には，$\hat{v}_i$ にさらに量子力学的効果を取り込んだ方程式を解く[9]．いずれにせよ肝心な点は，核電荷や電子間の相互作用により，元素ごとに広がりの違う原子軌道となることである．原子軌道が求まると，有効核電荷 (Z^*e) が分かる（表 5-1）．Z^*e は主量子数にも方位量子数にも依存する．

---

7) $R'_{n,l}(r)$ の解説が補遺にある．
8) Pauli's exclusion principle
9) 次章のハートリー・フォック方程式．

5.2 電子スピンとパウリの原理
5.2.1 電子スピンとスピン関数

シュテルン (Stern) とゲルラッハ (Gerlach) は，不均一磁場の中に銀 (Ag) 原子の流れを通すと二つに分かれることを見出した（図 5-4）．詳細は相対論によるが，この事実は，電子が質量や電荷と同じように固有の量として角運動量（スピン角運動量）を持ち，その状態は値が $+\frac{1}{2}$ か $-\frac{1}{2}$ のどちらかのみをとるスピン磁気量子数 (m_s) で指定されると考えると説明できる．上下に分かれた二つの状態を図 5-5 の右回転，左回転に対応づけ，スピンの波動関数（スピン関数）を $\alpha(\sigma), \beta(\sigma)$ と書く．それぞれ α スピン，β スピンや up スピン，down スピンと呼ぶことも多い．σ はスピン座標という．$m_s = +\frac{1}{2}$ が α スピン，$-\frac{1}{2}$ が β スピンに対応する[10]．

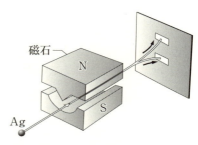

図 5-4 シュテルンとゲルラッハの実験

$$\begin{cases} \displaystyle\int \alpha^*(\sigma)\alpha(\sigma)\mathrm{d}\sigma = \int \beta^*(\sigma)\beta(\sigma)\mathrm{d}\sigma = 1 \\ \displaystyle\int \beta^*(\sigma)\alpha(\sigma)\mathrm{d}\sigma = \int \alpha^*(\sigma)\beta(\sigma)\mathrm{d}\sigma = 0 \end{cases} \quad (5.34)$$

と約束すれば，スピン関数に正規直交性を持たせられる[11]．原子軌道は

---

10) スピンまで考えると，1s 状態は $1\mathrm{s}\alpha \left(m_s = \frac{1}{2}\right)$ と $1\mathrm{s}\beta \left(m_s = -\frac{1}{2}\right)$ の 2 状態が縮重していることになる．空間関数が 2s などでも同様である．

11) σ は空間座標のように積分区間を書けない．抽象的だが，全空間積分とするだけである．式 (5.34) で量子力学の枠組みに沿うようになる．現在まで多数の実験に耐えている．

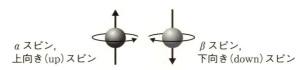

αスピン,　　　　　　　　　βスピン,
上向き(up)スピン　　　下向き(down)スピン

図 5-5　電子のスピン

本来 $\psi(r,\theta,\phi,\sigma)$ と 4 変数で書くべきで，電子は 4 次元の世界にいるらしい．

これまでの空間座標だけを含む関数 ϕ を空間関数と呼ぼう．σ はハミルトニアンに含まれていないので，原子軌道は ϕ とスピン関数の積

$$\psi(r,\theta,\phi,\sigma) = \phi(r,\theta,\phi)\alpha(\sigma) \tag{5.35}$$

あるいは

$$\overline{\psi}(r,\theta,\phi,\sigma) = \phi(r,\theta,\phi)\beta(\sigma) \tag{5.36}$$

と書ける．ψ と $\overline{\psi}$ は<u>スピン軌道</u>という．

5.2.2　スレーター行列式

電子 μ の空間座標 $\boldsymbol{r}_\mu$ とスピン座標 σ_μ をまとめて $\boldsymbol{\xi}_\mu$（グザイ ミュー）と書こう．He の二つの電子の座標を交換しても $\hat{H}$ は変わらなかった．$\hat{H}$ にスピン座標が含まれないので交換するのは空間座標だけだが，多電子系でもどの二つの電子の座標を交換しても $\hat{H}$ は変わらない．電子はどれも同等である（<u>電子の同等性</u>）．古典力学との違いを強調した説明もできる（図 5-6）．古典力学では二つの同種粒子

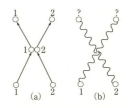

図 5-6　微視的粒子の同等性

(a) 古典物理では二つの粒子のオービットを追跡できる．
(b) 同種の微視的粒子の位置は確率的にしかわからない．

1,2 の位置が各瞬間で正確に分かるので，それぞれのオービットを追跡でき，いつでも粒子 1 と 2 を区別できる．一方，量子力学の対象となる微視的粒子では，粒子 1, 2 の位置が確率的にしか分からないので，ある時刻で粒子を区別したとしても他の時刻にはどちらが粒子 1 か 2 か区別できない．

さて，$\hat{H}$ が電子の座標の交換に関して不変なので，もし $\Psi(\boldsymbol{\xi}_1, \boldsymbol{\xi}_2, \cdots, \boldsymbol{\xi}_\mu, \cdots, \boldsymbol{\xi}_\nu, \cdots, \boldsymbol{\xi}_N)$ が $\hat{H}$ の固有関数なら，$\boldsymbol{\xi}_\mu$ と $\boldsymbol{\xi}_\nu$ を交換した $\Psi(\boldsymbol{\xi}_1, \boldsymbol{\xi}_2, \cdots, \boldsymbol{\xi}_\nu, \cdots, \boldsymbol{\xi}_\mu, \cdots, \boldsymbol{\xi}_N)$ も同じ固有エネルギーの固有関数のはずである．二つの状態の確率密度は同じだから，

$$|\Psi(\boldsymbol{\xi}_1, \boldsymbol{\xi}_2, \cdots, \boldsymbol{\xi}_\nu, \cdots, \boldsymbol{\xi}_\mu, \cdots, \boldsymbol{\xi}_N)|^2 = |\Psi(\boldsymbol{\xi}_1, \boldsymbol{\xi}_2, \cdots, \boldsymbol{\xi}_\mu, \cdots, \boldsymbol{\xi}_\nu, \cdots, \boldsymbol{\xi}_N)|^2$$

従って，

$$\Psi(\boldsymbol{\xi}_1, \boldsymbol{\xi}_2, \cdots, \boldsymbol{\xi}_\nu, \cdots, \boldsymbol{\xi}_\mu, \cdots, \boldsymbol{\xi}_N) = (+1)\,\Psi(\boldsymbol{\xi}_1, \boldsymbol{\xi}_2, \cdots, \boldsymbol{\xi}_\mu, \cdots, \boldsymbol{\xi}_\nu, \cdots, \boldsymbol{\xi}_N)$$

あるいは，

$$\Psi(\boldsymbol{\xi}_1, \boldsymbol{\xi}_2, \cdots, \boldsymbol{\xi}_\nu, \cdots, \boldsymbol{\xi}_\mu, \cdots, \boldsymbol{\xi}_N) = (-1)\,\Psi(\boldsymbol{\xi}_1, \boldsymbol{\xi}_2, \cdots, \boldsymbol{\xi}_\mu, \cdots, \boldsymbol{\xi}_\nu, \cdots, \boldsymbol{\xi}_N)$$

右辺の係数が $+1$ の場合をボーズ粒子，-1 の場合をフェルミ粒子という．電子はフェルミ粒子であることが分っている．

座標の交換で符号を変える波動関数を，座標交換に関して反対称な波動関数という．符号を変えない関数は対称な関数である．一電子軌道を要素にした行列式を使うと，反対称な波動関数を表すことができる．

2 行 2 列の行列 $\begin{pmatrix} a & b \\ c & d \end{pmatrix}$ の行列式の定義は，

$$\begin{vmatrix} a & b \\ c & d \end{vmatrix} = ad - bc \tag{5.37}$$

である．簡単化のために $\psi_{1s}(1) = \psi_{1s}(\boldsymbol{\xi}_1)$, $\phi_{1s}(1) = \phi_{1s}(\boldsymbol{r}_1)$, $\alpha(1) = \alpha(\sigma_1)$ など，電子の座標を電子の番号で表そう．式 (5.37) で，$a = \phi_{1s}(1)\alpha(1)$, $b = \phi_{1s}(1)\beta(1)$, $c = \phi_{1s}(2)\alpha(2)$, $d = \phi_{1s}(2)\beta(2)$ とすると

$$\Phi(1,2) = \begin{vmatrix} \phi_{1s}(1)\alpha(1) & \phi_{1s}(1)\beta(1) \\ \phi_{1s}(2)\alpha(2) & \phi_{1s}(2)\beta(2) \end{vmatrix}$$
$$= \phi_{1s}(1)\alpha(1)\phi_{1s}(2)\beta(2) - \phi_{1s}(1)\beta(1)\phi_{1s}(2)\alpha(2)$$
$$= \phi_{1s}(1)\phi_{1s}(2)\{\alpha(1)\beta(2) - \beta(1)\alpha(2)\} \quad (5.38)$$

となる．行（横）は電子の番号が揃い，列（縦）はスピン軌道が揃っている[12]．電子の座標を交換すると，

$$\Phi(2,1) = \begin{vmatrix} \phi_{1s}(2)\alpha(2) & \phi_{1s}(2)\beta(2) \\ \phi_{1s}(1)\alpha(1) & \phi_{1s}(1)\beta(1) \end{vmatrix}$$
$$= \phi_{1s}(2)\alpha(2)\phi_{1s}(1)\beta(1) - \phi_{1s}(2)\beta(2)\phi_{1s}(1)\alpha(1)$$
$$= -\phi_{1s}(1)\phi_{1s}(2)\{\alpha(1)\beta(2) - \beta(1)\alpha(2)\} = -\Phi(1,2) \quad (5.39)$$

となり，$\Phi(1,2)$ とは符号が変わる．$\Phi(2,1)$ は $\Phi(1,2)$ の 1 行目と 2 行目が入れ替わっている．行列式は，任意の二つの行または列を入れ替えると全体の符号が変わる性質を持っており，フェルミ粒子の波動関数を表すのに都合がよい．$\Phi(1,2)$ を規格化すると，

$$\Psi(1,2) = \frac{1}{\sqrt{2}} \begin{vmatrix} \phi_{1s}(1)\alpha(1) & \phi_{1s}(1)\beta(1) \\ \phi_{1s}(2)\alpha(2) & \phi_{1s}(2)\beta(2) \end{vmatrix}$$
$$= \phi_{1s}(1)\phi_{1s}(2)\frac{\{\alpha(1)\beta(2) - \beta(1)\alpha(2)\}}{\sqrt{2}} \quad (5.40)$$

となる．規格化された行列式は，**スレーター (Slater) 行列式**と呼ばれる．式 (5.40) は，$\Psi(1,2) = \|\phi_{1s}(1)\alpha(1)\phi_{1s}(2)\beta(2)\|$ と書くこともある．

---
[12] 行（横）にスピン軌道を揃え，列（縦）に電子の番号を揃えてもよい．

3行3列の行列 $\begin{pmatrix} a & b & c \\ d & e & f \\ g & h & i \end{pmatrix}$ の行列式は,

$$\begin{vmatrix} a & b & c \\ d & e & f \\ g & h & i \end{vmatrix} = aei + bfg + cdh - gec - hfa - idb \tag{5.41}$$

で定義される．三電子系のスレーター行列式の規格化定数は，$\dfrac{1}{\sqrt{3!}} = \dfrac{1}{\sqrt{6}}$ になる．N 電子系のスレーター行列式の一般形は，

$$\begin{aligned}\Psi(1,2,\cdots,N) &= \frac{1}{\sqrt{N!}} \begin{vmatrix} \Psi_1(1) & \Psi_2(1) & \cdots & \Psi_N(1) \\ \Psi_1(2) & \Psi_2(2) & \cdots & \Psi_N(2) \\ \vdots & \vdots & \ddots & \vdots \\ \Psi_1(N) & \Psi_2(N) & \cdots & \Psi_N(N) \end{vmatrix} \\ &= \|\Psi_1(1)\Psi_2(2)\cdots\Psi_N(N)\| \end{aligned} \tag{5.42}$$

である．Ψ_1 などの下付きの添え字が軌道の番号，括弧の中が電子の番号である．

ところでスピンを考慮せずに $\phi_{1s}(1)\phi_{1s}(2)$ を He の近似波動関数としても，変分法でよいエネルギーが得られた．どんなからくりがあったのだろう？ 式 (5.40) を見ると，対称な空間関数 $\phi_{1s}(1)\phi_{1s}(2)$ に，反対称なスピン関数 $\dfrac{\{\alpha(1)\beta(2) - \beta(1)\alpha(2)\}}{\sqrt{2}}$ が掛かって，全体が反対称になっている．スピン関数に $\hat{H}$ が作用しても素通りすることに注意すると，エネ

ルギー期待値は，

$$\iint \left[\phi_{1s}(1)\phi_{1s}(2) \frac{\{\alpha(1)\beta(2) - \beta(1)\alpha(2)\}}{\sqrt{2}} \right]^*$$
$$\hat{H} \left[\phi_{1s}(1)\phi_{1s}(2) \frac{\{\alpha(1)\beta(2) - \beta(1)\alpha(2)\}}{\sqrt{2}} \right] d\xi_1 d\xi_2$$
$$= \iint \left[\frac{\{\alpha(1)\beta(2) - \beta(1)\alpha(2)\}}{\sqrt{2}} \right]^* \left[\frac{\{\alpha(1)\beta(2) - \beta(1)\alpha(2)\}}{\sqrt{2}} \right] d\sigma_1 d\sigma_2$$
$$\iint [\phi_{1s}(1)\phi_{1s}(2)]^* \hat{H} [\phi_{1s}(1)\phi_{1s}(2)] dv_1 dv_2$$

となるが[13]，

$$\iint \left[\frac{\{\alpha(1)\beta(2) - \beta(1)\alpha(2)\}}{\sqrt{2}} \right]^* \left[\frac{\{\alpha(1)\beta(2) - \beta(1)\alpha(2)\}}{\sqrt{2}} \right] d\sigma_1 d\sigma_2 = 1$$

は，式 (5.34) を使えば簡単に示せる．結局 He 原子のエネルギー期待値は，空間部分

$$\iint (\phi_{1s}(1)\phi_{1s}(2))^* \hat{H} (\phi_{1s}(1)\phi_{1s}(2)) dv_1 dv_2$$

で決まっている．これが，He はハートリー積でもうまくいった理由である．

5.2.3 パウリの原理

行列式は，任意の二つの行または列が等しいと零になる．2 行 2 列なら，式 (5.37) で $b = a, d = c$ とすればわかる．式 (5.40) で，電子 1 も 2 も $\phi_{1s}\alpha$ を占有するとしよう．

$$\Psi(1,2) = \frac{1}{\sqrt{2}} \begin{vmatrix} \phi_{1s}(1)\alpha(1) & \phi_{1s}(1)\alpha(1) \\ \phi_{1s}(2)\alpha(2) & \phi_{1s}(2)\alpha(2) \end{vmatrix}$$
$$= \phi_{1s}(1)\phi_{1s}(2) \frac{\{\alpha(1)\alpha(2) - \alpha(1)\alpha(2)\}}{\sqrt{2}} = 0 \tag{5.43}$$

---

[13] v_1, v_2 は電子 1, 2 に関する微小体積である．

だから，二つの電子が同じスピン軌道を占有すると波動関数がゼロになる．つまり，同じ空間軌道を同じスピンの電子で占有できない．これは，パウリの原理，電子が軌道を占有する際の規則を表している．例えば，Li で三つの電子が，$\phi_{1s}\alpha$，$\phi_{1s}\beta$，$\phi_{1s}\alpha$ を占有すると，式 (5.42) から，

$$\Psi(1,2,3) = \frac{1}{\sqrt{3!}} \begin{vmatrix} \phi_{1s}(1)\alpha(1) & \phi_{1s}(1)\beta(1) & \phi_{1s}(1)\alpha(1) \\ \phi_{1s}(2)\alpha(2) & \phi_{1s}(2)\beta(2) & \phi_{1s}(2)\alpha(2) \\ \phi_{1s}(3)\alpha(3) & \phi_{1s}(3)\alpha(3) & \phi_{1s}(3)\alpha(3) \end{vmatrix} = 0$$

となる．1 列目と 3 列目が同じだからである．最初の二つの軌道が $\phi_{1s}\alpha$，$\phi_{1s}\beta$ とすると，スピンが α か β しかないので三つ目のスピン軌道は空間部分が ϕ_{1s} 以外でないといけない．さもないと全体の波動関数が零になる．パウリの原理は，「一つの軌道は異なるスピンで一つずつ，最大二個までの電子に占有される」とも言える[14]．

パウリの原理を考慮せずに Li 原子の波動関数を三つの 1s 軌道の積として変分法を適用すると，エネルギーは $-230.2\,\mathrm{eV}$ となる．実験から Li の第 1，第 2，第 3 イオン化エネルギーの和は $203.5\,\mathrm{eV}$ なので，エネルギー期待値は変分原理を満たさず下に突き抜けてしまう．また 3 電子共通の平均半径（核からの距離）は $0.63a_0$ と計算される．H 原子の $\frac{3}{2}a_0$ より小さい．一方，パウリの原理を考慮して半径を計算すると 1s が $0.57a_0$，2s が $3.87a_0$ である（図 5-7）．パウリの原理は，それがなかっ

図 5-7　Li 原子内の電子の平均半径

（左）1s に三つの電子，（右）パウリの原理に従って 1s に 2 個，2s に 1 個の電子．

---

14)　座標交換でフェルミ粒子は波動関数の符号を変え，ボーズ粒子は変えないというのが一般的なパウリの原理である．ここでの電子の軌道占有状況に絞った言い方は，排他原理ということもある．本教材では排他原理の場合でもしばしばパウリの原理という．

たら原子の姿が変わってしまうほどの厳しい制限だとわかる．パウリの原理，恐るべし！

演習問題

1 水素様原子の 1s 状態

$$\phi_{1s}(\boldsymbol{r}) = \frac{1}{\sqrt{\pi}} \left(\frac{Z}{a_0}\right)^{\frac{3}{2}} \exp\left(-\frac{Z}{a_0}r\right), E_{1s} = -\frac{Z^2}{2} E_h$$

について，以下の問いに答えなさい．
 (1) 電子を見出す確率が最も高い半径を求めなさい．
 (2) 電子の平均の半径を求めなさい．
 (3) 試行関数を式 (5.17) とする．変分法で，最良の近似波動関数とエネルギーを求めなさい．

2 $\psi_-(1,2) = \phi_{1s}(1)\phi_{1s}(2)\frac{1}{\sqrt{2}}\{\alpha(1)\beta(2) - \beta(1)\alpha(2)\}$ が規格化されていることを示しなさい．ϕ_{1s} は規格化され，α, β は正規直交系をなすとする．

6 周期律と周期表

橋本健朗

《目標&ポイント》 多電子原子の電子配置を基に,周期律と周期表を読み解く.電子間の相互作用の理解を深める.
《キーワード》 周期律,周期表,電子配置,構成原理,不対電子,電子対,電子殻,価電子

6.1 周期表を読み解く

6.1.1 周期表

元素を原子番号の順に並べると性質が次第に変わり,しかも性質のよく似た元素が周期的に現れる.元素の**周期律**という.この法則に従い,化学的に似た元素が現れる周期がよく分かるように元素を配列した表が,元素の**周期表**である.原子番号は原子核の中の陽子の数だが原子の電子数にも等しいので,電子数の順に元素を並べた表ともいえる.

巻末に,現在広く使われている周期表を載せてある.横7行縦18列の表で,6行3列の位置にある57から71番の15元素(ランタノイド)と7行3列の位置にある89から103番の元素(アクチノイド)は別枠になっている[1].113番のニホニウム Nh は,日本の研究で発見され,2016年に正式に命名された元素である.

行を上から,第1周期,第2周期,第3周期,…という.一方,列は**族**と呼ばれる.同じ族の元素は,性質が似ている.1族の元素をアルカリ

---

[1] ランタノイドから57番の La を除くこともあるが,今日では含めることが多い.またアクチノイドから89番の Ac を除くこともある.

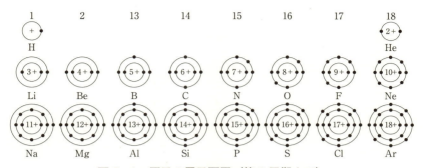

図 6-1 原子の電子配置(第 3 周期まで)
中心の数字は原子核中の陽子数(原子番号).黒点は電子を表す.

元素,第 4 周期以降の 2 族の元素をアルカリ土類元素[2],17,18 族の元素をそれぞれハロゲン元素,貴ガス(希ガス)元素と呼ぶ[3].元素を大きく分類すると,**典型元素**と**遷移元素**に分けられる.遷移元素とは 3〜12(または 3〜11)族元素の総称で[4],そのほかの元素が典型元素である.

周期表の第 1 から 3 周期には,空いているマスがある.何か意味はあるのだろうか? 同族元素は,どうして性質が似ているのだろう? 図 6-1 の原子の電子配置図を知っている人もいるだろう.原子核を中心に内側の円から二個まで,八個まで,…と,各原子の電子を粒で配置している.周期表での原子の位置と電子配置は対応しているようだが,電子スピンは見えない.オービットを連想させる円は何だろうか? まずは,原子軌道に基づいた<u>量子力学的な電子配置</u>を考えよう.

---

2) Be と Mg をアルカリ土類元素に含めることもある.
3) 日本化学会では貴ガスを推奨している.
4) 12 族元素は,遷移元素に含める場合と含めない場合がある.

6.1.2 構成原理と周期表の構造

原子軌道の占有状況を基に，基底状態の原子の量子力学的電子配置を知る指針は，以下の**構成原理**[5]である．
(1) 電子はエネルギーの低い軌道から順に収容される．
(2) 各軌道は最大二個まで互いに逆スピンの電子に占有される（**パウリの排他原理**）．
(3) 電子が縮重した軌道を占有する場合，できるだけ同じスピンで異なる軌道にばらばらに配置される（**フントの規則**[6]）．

原子の軌道エネルギーの順番は，およそ図 6-2 の矢印の順になる．主量子数と方位量子数の和 $n+l$ が小さいほど先に占有され，この値が等しい場合は n の小さい軌道が先に占有される（**マーデルング（Madelung）の規則**）．例外もあるが，ほとんどの原子にこの規則が当てはまる．

電子に占有された軌道を総称して**被占軌道（占有軌道）**，されていない軌道を**空軌道**という．各軌道を占有する電子数を**占有数**という．一つだけの電子が軌道を占有する場合，その電子を**不対電子**，二つの場合**電子対**という．図 6-3 に，H から Ar までの量子力学的電子配置を示した．今後は，電子配置図といったらこの図である．原子軌道の右肩に占有数を記し，$(1s)^1, (1s)^2, (1s)^2(2s)^1, \cdots$ などで原子の電子配置を示す．これらは順に，H, He, Li の電子配置である．Be なら $(1s)^2(2s)^2$ となる[7]．B には，$(1s)^2(2s)^2(2p_x)^1$, $(1s)^2(2s)^2(2p_y)^1$, $(1s)^2(2s)^2(2p_z)^1$

図 6-2 マーデルングの規則

---

5) Aufbau principle. 組み立て原理 (building-up principle) ということもある.
6) Hund's rule
7) 占有数がゼロの軌道は書かない.

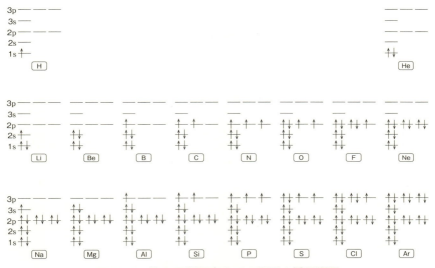

図 6-3　第 3 周期元素までの原子の電子配置

が考えられるが，どれでもよい．不対電子のスピンは α でも β でもよい．C では，$2p_x\alpha, 2p_x\beta, \cdots, 2p_z\beta$ のうち二つが占有されるから $_6C_2 = 15$ 通りが考えられる．フントの規則から基底状態には，$(2p_x\alpha)^1(2p_y\alpha)^1$，$(2p_y\alpha)^1(2p_z\alpha)^1$，$(2p_x\alpha)^1(2p_z\alpha)^1$ ないしスピンを $\beta\beta$ に代えた合計六個の可能性がある．図 6-3 にはそのうちの一つを示してある．N はフントの規則に従って，$(2p_x\alpha)^1(2p_y\alpha)^1(2p_z\alpha)^1$ か $(2p_x\beta)^1(2p_y\beta)^1(2p_z\beta)^1$ である．O では，一つの 2p 軌道が電子対に占有され，他の 2p 軌道は $\alpha\alpha$ または $\beta\beta$ のスピンの電子に占有される．以下同様で F，Ne の電子配置が決まる．次の Na から Ar までは，2s, 2p が 3s, 3p に変わるが，同じ考え方で電子配置が決まる．K，Ca ではマーデルングの規則に従って 3d より先に 4s が占有され，Sc から 3d に電子が詰まっていく．ランタノイドは 4f が，アクチノイドは 5f が順に占有される．周期表は，原子の電子配

置を元素記号で表して並べたものとも言える．

表6-1に各原子の電子配置をまとめた．周期が変わると，被占軌道の中で最も高い主量子数 n が一つ増える．第2周期以降の原子では，$n-1$ 以下の軌道の占有状況は前周期の18族原子と同じで，例えばCの電子配置を (He) $(2s)^2(2p)^2$，Si の配置を (Ne) $(3s)^2(3p)^2$ と略すこともある．

遷移元素は被占軌道の最も高い主量子数が4以上で，d 軌道が埋まっていく系列（主遷移元素）とf 軌道が埋まっていく系列（副遷移元素）がある．

図6-3で14族のCとその下の Si の電子配置をみると，エネルギーの高い軌道の占有状況は $(2s)^2(2p)^2$ と $(3s)^2(3p)^2$ で主量子数を除いて同じである．OとSなどにも同様なことが言える．元素の化学的性質は，すぐ後で説明する最外殻の軌道の占有状況を反映する．同族の典型元素は，最外殻の電子配置が主量子数以外同じため，化学的性質が類似する．一方遷移元素は，主量子数の高い d 軌道，f 軌道が不完全に（不対電子で）占有される．同周期内で原子番号が増しても最外殻の s 軌道の占有数は1ないし2で類似するため，横に並ぶ元素にも化学的類似性が見られる．

電子数が増すにつれて規則性をもって次々と電子配置ができることが，化学の豊かさの源になっていることが分かる．

6.1.3 電子殻

図6-4に水素原子の動径分布関数を示した．多電子原子でも，動径分布関数の重要な性質はH原子と同じと考えてよい．この図は，同じ主量子数でも方位量子数が小さいほどエネルギーが低いことの定性的な説明を与える．2s は 2p と比べると核の近くに小さな山を持ち，1s の山の内側への浸透が大きい．このため，2s 電子は 2p 電子より 1s 電子による核電荷の遮蔽が小さくより強く核電荷に引かれる．その結果，2s 軌道は 2p

表 6-1 原子の電子配置

元素	K	L		M			N				O				P			Q
	1s	2s	2p	3s	3p	3d	4s	4p	4d	4f	5s	5p	5d	5f	6s	6p	6d	7s
1 H	1																	
2 He	2																	
3 Li	2	1																
4 Be	2	2																
5 B	2	2	1															
6 C	2	2	2															
7 N	2	2	3															
8 O	2	2	4															
9 F	2	2	5															
10 Ne	2	2	6															
11 Na	2	2	6	1														
12 Mg	2	2	6	2														
13 Al	2	2	6	2	1													
14 Si	2	2	6	2	2													
15 P	2	2	6	2	3													
16 S	2	2	6	2	4													
17 Cl	2	2	6	2	5													
18 Ar	2	2	6	2	6													
19 K	2	2	6	2	6		1											
20 Ca	2	2	6	2	6		2											
21 Sc	2	2	6	2	6	1	2											
22 Ti	2	2	6	2	6	2	2											
23 V	2	2	6	2	6	3	2											
24 Cr	2	2	6	2	6	5	1											
25 Mn	2	2	6	2	6	5	2											
26 Fe	2	2	6	2	6	6	2											
27 Co	2	2	6	2	6	7	2											
28 Ni	2	2	6	2	6	8	2											
29 Cu	2	2	6	2	6	10	1											
30 Zn	2	2	6	2	6	10	2											
31 Ga	2	2	6	2	6	10	2	1										
32 Ge	2	2	6	2	6	10	2	2										
33 As	2	2	6	2	6	10	2	3										
34 Se	2	2	6	2	6	10	2	4										
35 Br	2	2	6	2	6	10	2	5										
36 Kr	2	2	6	2	6	10	2	6										
37 Rb	2	2	6	2	6	10	2	6			1							
38 Sr	2	2	6	2	6	10	2	6			2							
39 Y	2	2	6	2	6	10	2	6	1		2							
40 Zr	2	2	6	2	6	10	2	6	2		2							
41 Nb	2	2	6	2	6	10	2	6	4		1							
42 Mo	2	2	6	2	6	10	2	6	5		1							
43 Tc	2	2	6	2	6	10	2	6	5		2							
44 Ru	2	2	6	2	6	10	2	6	7		1							
45 Rh	2	2	6	2	6	10	2	6	8		1							
46 Pd	2	2	6	2	6	10	2	6	10									
47 Ag	2	2	6	2	6	10	2	6	10		1							
48 Cd	2	2	6	2	6	10	2	6	10		2							
49 In	2	2	6	2	6	10	2	6	10		2	1						
50 Sn	2	2	6	2	6	10	2	6	10		2	2						
51 Sb	2	2	6	2	6	10	2	6	10		2	3						
52 Te	2	2	6	2	6	10	2	6	10		2	4						
53 I	2	2	6	2	6	10	2	6	10		2	5						
54 Xe	2	2	6	2	6	10	2	6	10		2	6						
55 Cs	2	8		18			2	6	10		2	6			1			
56 Ba	2	8		18			2	6	10		2	6			2			
57 La	2	8		18			2	6	10		2	6	1		2			
58 Ce	2	8		18			2	6	10	1	2	6	1		2			
59 Pr	2	8		18			2	6	10	3	2	6			2			
60 Nd	2	8		18			2	6	10	4	2	6			2			
61 Pm	2	8		18			2	6	10	5	2	6			2			
62 Sm	2	8		18			2	6	10	6	2	6			2			
63 Eu	2	8		18			2	6	10	7	2	6			2			
64 Gd	2	8		18			2	6	10	7	2	6	1		2			
65 Tb	2	8		18			2	6	10	9	2	6			2			
66 Dy	2	8		18			2	6	10	10	2	6			2			
67 Ho	2	8		18			2	6	10	11	2	6			2			
68 Er	2	8		18			2	6	10	12	2	6			2			
69 Tm	2	8		18			2	6	10	13	2	6			2			
70 Yb	2	8		18			2	6	10	14	2	6			2			
71 Lu	2	8		18			2	6	10	14	2	6	1		2			
72 Hf	2	8		18			2	6	10	14	2	6	2		2			
73 Ta	2	8		18			2	6	10	14	2	6	3		2			
74 W	2	8		18			2	6	10	14	2	6	4		2			
75 Re	2	8		18			2	6	10	14	2	6	5		2			
76 Os	2	8		18			2	6	10	14	2	6	6		2			
77 Ir	2	8		18			2	6	10	14	2	6	7		2			
78 Pt	2	8		18			2	6	10	14	2	6	9		1			
79 Au	2	8		18			2	6	10	14	2	6	10		1			
80 Hg	2	8		18			2	6	10	14	2	6	10		2			
81 Tl	2	8		18			2	6	10	14	2	6	10		2	1		
82 Pb	2	8		18			2	6	10	14	2	6	10		2	2		
83 Bi	2	8		18			2	6	10	14	2	6	10		2	3		
84 Po	2	8		18			2	6	10	14	2	6	10		2	4		
85 At	2	8		18			2	6	10	14	2	6	10		2	5		
86 Rn	2	8		18			2	6	10	14	2	6	10		2	6		
87 Fr	2	8		18			2	6	10	14	2	6	10		2	6		1
88 Ra	2	8		18			2	6	10	14	2	6	10		2	6		2
89 Ac	2	8		18			2	6	10	14	2	6	10		2	6	1	2
90 Th	2	8		18			2	6	10	14	2	6	10		2	6	2	2
91 Pa	2	8		18			2	6	10	14	2	6	10	2	2	6	1	2
92 U	2	8		18			2	6	10	14	2	6	10	3	2	6	1	2
93 Np	2	8		18			2	6	10	14	2	6	10	4	2	6	1	2
94 Pu	2	8		18			2	6	10	14	2	6	10	6	2	6		2
95 Am	2	8		18			2	6	10	14	2	6	10	7	2	6		2
96 Cm	2	8		18			2	6	10	14	2	6	10	7	2	6	1	2
97 Bk	2	8		18			2	6	10	14	2	6	10	9	2	6		2
98 Cf	2	8		18			2	6	10	14	2	6	10	10	2	6		2
99 Es	2	8		18			2	6	10	14	2	6	10	11	2	6		2
100 Fm	2	8		18			2	6	10	14	2	6	10	12	2	6		2
101 Md	2	8		18			2	6	10	14	2	6	10	13	2	6		2
102 No	2	8		18			2	6	10	14	2	6	10	14	2	6		2
103 Lr	2	8		18			2	6	10	14	2	6	10	14	2	6	1	2
104 Rf	2	8		18			2	6	10	14	2	6	10	14	2	6	2	2
105 Db	2	8		18			2	6	10	14	2	6	10	14	2	6	3	2
106 Sg	2	8		18			2	6	10	14	2	6	10	14	2	6	4	2

実験的に電子配置がまだ定まっていない原子もある.

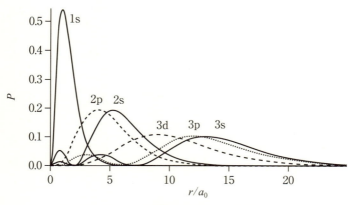

図 6-4　水素原子の動径分布関数

軌道よりエネルギーが低くなる．主量子数が高い軌道も同様である．

　図から電子の運動する空間が主量子数に応じて，階層化されていることもわかる．これを**電子殻**という．主量子数 $n = 1, 2, 3, \cdots$ に対して K, L, M, N, O, P, Q 殻と呼ばれている．図 6-1 の円に内側から対応している．第 1 周期では K 殻，第 2 周期では L 殻の軌道が順に占有される．主量子数 n と方位量子数 l で指定される軌道群を**副殻**という．副殻の軌道が電子でいっぱいのとき**閉殻**という．Be は $(1s)^2(2s)^2$ で閉殻である．不対電子があると，**開殻**である．一つの電子殻に収容できる最大電子数は，その殻の軌道数の 2 倍だから $2n^2$ になる．K, L, M 殻では 2, 8, 18 である．図 6-1 の Ar は一番外側の円は 3p の副殻が閉殻になる電子数，8 個までの電子を描いている．

　被占軌道の電子殻のうち，主量子数 n が最大のものを**最外殻**，それより小さい主量子数の電子殻を**内殻**と呼ぶ．Li – Ne では，K 殻 (1s) が内殻，L 殻 (2s,2p) が最外殻である．動径分布関数は，主量子数の大きい軌道の電子ほど核から離れたところを主に運動することを示している．最

外殻の「外」あるいは内殻の「内」の由縁である．

最外殻を原子価殻ということもある．最外殻に属する軌道の電子を**価電子**という[8]．価電子が，結合や反応で重要な役割を果たす．

6.1.4 イオン化エネルギーと電子親和力

イオン化エネルギー，電子親和力などの物性は，電子配置の規則性に従って変化する．図 6-5 に，各元素の第一イオン化エネルギー (I)，電子親和力 (A) を原子番号に対してプロットした[9]．原子 M のエネルギーを $E(M)$ とし，次式で求める．

$$I = E(\mathrm{M}^+) - E(\mathrm{M}), \quad A = -\{E(\mathrm{M}^-) - E(\mathrm{M})\} \tag{6.1}$$

第一イオン化エネルギー I は，基底状態の原子から電子を一つ取り出すのに要するエネルギー，電子親和力 A は，電子を一つ付着した時に放出されるエネルギーである．作ってきた理論で実験結果を説明，解釈できるだろうか．

典型元素を見ると，I の値は同周期で周期表の左から右へは増加し，周期が変わる度に大きく減少する．原子番号とともに有効核電荷も増加するので，同一周期ではだいたい周期表の右の元素ほど I が大きくなる．一方，遷移元素では同周期内の原子番号依存性が小さく，緩やかに増加する．周期が変わると内殻が前周期の 18 族の電子配置と同じ閉殻となり最外殻電子に対して核電荷をよく遮蔽し I が急減少する．

第 3 周期までを詳しく見ると 2 族から 13 族，また 15 族から 16 族へ

---

[8] 結合の本数を説明するため最外殻の不対電子を価電子ということもある．最外殻電子数がちょうどその電子殻の最大収容数の場合，または最外殻内の副殻がいっぱいの場合，価電子数を 0 とすることもある．

[9] 1 eV（エレクトロンボルト，電子ボルト）は，電気素量 e の電荷を持つ粒子が真空中で電位差 1 V の二点間で加速されるときに得るエネルギー．$1\,\mathrm{eV} = 1.602 \times 10^{-19}\,\mathrm{J}$．

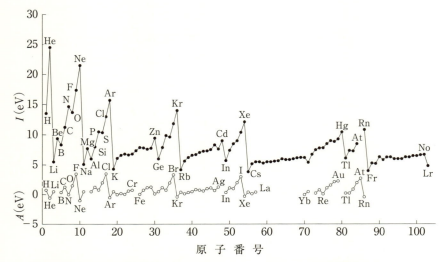

図 6-5 原子の第一イオン化エネルギー（黒丸）と電子親和力（白丸）

移る際に小さく減少している．2 族で ns 軌道の副殻が閉殻となり大きな遮蔽効果が得られるため，次の np 軌道を占有する電子への有効核電荷は小さくなる．15 族で最外殻の三つの p 軌道は全てが一つずつの電子に占有される．そこに電子がさらに加わる際には，先客の電子と互いに反発しイオン化エネルギーが一旦減少する．

電子親和力は，イオン化エネルギーのグラフが原子番号一つ分左にずれたようなグラフになる．陰イオンからの電子脱離を考えれば説明できる．

6.2 多電子原子の中の電子
6.2.1 電子間の相互作用

Be 原子のエネルギーを調べよう．ハミルトニアンは

$$\hat{H} = \sum_{\mu=1}^{4} \hat{h}(\boldsymbol{r}_\mu) + \sum_{\mu=1}^{\mu<\nu} \sum_{\nu=2}^{4} \frac{e^2}{4\pi\epsilon_0 r_{\mu\nu}} \tag{6.2}$$

$$\hat{h}(\boldsymbol{r}_\mu) = -\frac{\hbar^2}{2m_\mathrm{e}}\nabla_\mu^2 - \frac{4e^2}{4\pi\epsilon_0 r_\mu} \tag{6.3}$$

原子軌道を，

$$\psi_{1\mathrm{s}} = \phi_{1\mathrm{s}}\alpha,\ \overline{\psi}_{1\mathrm{s}} = \phi_{1\mathrm{s}}\beta,\ \psi_{2\mathrm{s}} = \phi_{2\mathrm{s}}\alpha,\ \overline{\psi}_{2\mathrm{s}} = \phi_{2\mathrm{s}}\beta \tag{6.4}$$

と書くと，スレーター行列式の全波動関数は，

$$\Psi = \left\|\psi_{1\mathrm{s}}(\xi_1)\overline{\psi}_{1\mathrm{s}}(\xi_2)\psi_{2\mathrm{s}}(\xi_3)\overline{\psi}_{2\mathrm{s}}(\xi_4)\right\| \tag{6.5}$$

となる．ξ_μ は空間座標 $\boldsymbol{r}_\mu$ とスピン座標 σ_μ を合わせたものである．スピン関数が $\alpha(\sigma_\mu)$ と $\beta(\sigma_\mu)$ のどちらでもよい場合には，$\gamma(\sigma_\mu)$ と記すことにする．

エネルギー期待値 ε は面倒な $\langle\Psi|\hat{H}|\Psi\rangle$ の計算の代わりに，図 6–7 で説明しよう．ε には，一電子演算子 $\hat{h}(\boldsymbol{r}_\mu)$ を ψ_i^* と ψ_i で挟んだ積分

$$\begin{aligned}H_i &= \int \psi_i^*(\boldsymbol{r}_\mu)\hat{h}(\boldsymbol{r}_\mu)\psi_i(\boldsymbol{r}_\mu)\mathrm{d}\xi_\mu \\ &= \int \gamma_i^*(\sigma_\mu)\gamma_i(\sigma_\mu)\mathrm{d}\sigma_\mu \int \phi_i^*(\boldsymbol{r}_\mu)\hat{h}(\boldsymbol{r}_\mu)\phi_i(\boldsymbol{r}_\mu)\mathrm{d}v_\mu\end{aligned} \tag{6.6}$$

が含まれる (図 6–7(a))．$\hat{h}(\boldsymbol{r}_\mu)$ を素通りしたスピン関数 γ_i が α でも β でも $\int \gamma_i^*(\sigma_\mu)\gamma_i(\sigma_\mu)\mathrm{d}\sigma_\mu$ は規格化条件で 1 になる．$H_{1\mathrm{s}} = H_{\overline{1\mathrm{s}}}$, $H_{2\mathrm{s}} = H_{\overline{2\mathrm{s}}}$ だから合計は $2H_{1\mathrm{s}} + 2H_{2\mathrm{s}}$ となる．

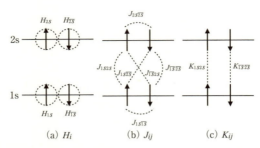

図 6-6 Be 原子の (a) 一電子エネルギー，(b) クーロン相互作用，(c) 交換相互作用

ε には，二電子演算子 $\dfrac{e^2}{4\pi\epsilon_0 r_{\mu\nu}}$ を ψ_i,ψ_j とその複素共役な関数で挟んだ**クーロン積分** J_{ij} と**交換積分** K_{ij} も現れる．クーロン積分の一つ，J_{1s2s} は，

$$\begin{aligned}
J_{1s2s} &= \int\int \psi_{1s}^*(\xi_\mu)\psi_{2s}^*(\xi_\nu)\left(\frac{e^2}{4\pi\epsilon_0 r_{\mu\nu}}\right)\psi_{1s}(\xi_\mu)\psi_{2s}(\xi_\nu)\mathrm{d}\xi_\mu\mathrm{d}\xi_\nu \\
&= \int \alpha^*(\sigma_\mu)\alpha(\sigma_\mu)\mathrm{d}\sigma_\mu \int \alpha^*(\sigma_\nu)\alpha(\sigma_\nu)\mathrm{d}\sigma_\nu \\
&\quad \times \int\int \phi_{1s}^*(\boldsymbol{r}_\mu)\phi_{2s}^*(\boldsymbol{r}_\nu)\left(\frac{e^2}{4\pi\epsilon_0 r_{\mu\nu}}\right)\phi_{1s}(\boldsymbol{r}_\mu)\phi_{2s}(\boldsymbol{r}_\nu)\mathrm{dv}_\mu\mathrm{dv}_\nu \\
&= \int\int \frac{(-e)\,|\phi_{1s}(\boldsymbol{r}_\mu)|^2 \times (-e)\,|\phi_{2s}(\boldsymbol{r}_\nu)|^2}{4\pi\epsilon_0 r_{\mu\nu}}\mathrm{dv}_\mu\mathrm{dv}_\nu
\end{aligned}$$

で，$\phi_{1s}\alpha$ の電子と $\phi_{2s}\alpha$ の電子のクーロン相互作用エネルギーを表す（図 6-7(b)）．$\phi_{1s}\beta$ と $\phi_{2s}\beta$ の電子間も同様で $J_{\overline{1s}\,\overline{2s}} = J_{1s2s}$ の関係がある．他も同様である．軌道の番号を i,j として，$J_{ij} = J_{ji}$ でもある．二つの電子の組み合わせを全部足すと，$J_{1s\overline{1s}}+J_{1s2s}+J_{1s\overline{2s}}+J_{\overline{1s}2s}+J_{\overline{1s}\,\overline{2s}}+J_{2s\overline{2s}} = J_{1s1s}+2J_{1s2s}+2J_{2s1s}+J_{2s2s}$ となる．クーロン積分の値は，電子のスピンにはよらない．

交換積分の一つは，

$$K_{1\mathrm{s}2\mathrm{s}} = \int\int \psi_{1\mathrm{s}}^*(\xi_\mu)\psi_{2\mathrm{s}}^*(\xi_\nu)\left(\frac{e^2}{4\pi\epsilon_0 r_{\mu\nu}}\right)\psi_{1\mathrm{s}}(\xi_\nu)\psi_{2\mathrm{s}}(\xi_\mu)\mathrm{d}\xi_\mu\mathrm{d}\xi_\nu$$

$$= \int \alpha^*(\sigma_\mu)\alpha(\sigma_\mu)\mathrm{d}\sigma_\mu \int \alpha^*(\sigma_\nu)\alpha(\sigma_\nu)\mathrm{d}\sigma_\nu$$

$$\times \int\int \phi_{1\mathrm{s}}^*(\boldsymbol{r}_\mu)\phi_{2\mathrm{s}}^*(\boldsymbol{r}_\nu)\left(\frac{e^2}{4\pi\epsilon_0 r_{\mu\nu}}\right)\phi_{1\mathrm{s}}(\boldsymbol{r}_\nu)\phi_{2\mathrm{s}}(\boldsymbol{r}_\mu)\mathrm{dv}_\mu\mathrm{dv}_\nu$$

である (図 6 - 7(c))．軌道の括弧の中，電子の座標が入れ替わっている．この積分は全波動関数が反対称化されていることによる項である[10]．$\phi_{1\mathrm{s}}^*(\boldsymbol{r}_\mu)\phi_{2\mathrm{s}}(\boldsymbol{r}_\mu)$ と $\phi_{2\mathrm{s}}^*(\boldsymbol{r}_\nu)\phi_{1\mathrm{s}}(\boldsymbol{r}_\nu)$ は，原子軌道の干渉を表す．このような電子間相互作用は交換相互作用と呼ばれるが，古典からの類推は効かない．交換相互作用は同じスピンの電子間にだけ働き，異なるスピンの電子間には働かない．例えば，

$$K_{1\mathrm{s}\overline{2\mathrm{s}}} = \int\int \psi_{1\mathrm{s}}^*(\xi_\mu)\psi_{\overline{2\mathrm{s}}}^*(\xi_\nu)\left(\frac{e^2}{4\pi\epsilon_0 r_{\mu\nu}}\right)\psi_{1\mathrm{s}}(\xi_\nu)\psi_{\overline{2\mathrm{s}}}(\xi_\mu)\mathrm{d}\xi_\mu\mathrm{d}\xi_\nu$$

$$= \int \alpha^*(\sigma_\mu)\beta(\sigma_\mu)\mathrm{d}\sigma_\mu \int \beta^*(\sigma_\nu)\alpha(\sigma_\nu)\mathrm{d}\sigma_\nu$$

$$\times \int\int \phi_{1\mathrm{s}}^*(\boldsymbol{r}_\mu)\phi_{2\mathrm{s}}^*(\boldsymbol{r}_\nu)\left(\frac{e^2}{4\pi\epsilon_0 r_{\mu\nu}}\right)\phi_{1\mathrm{s}}(\boldsymbol{r}_\nu)\phi_{2\mathrm{s}}(\boldsymbol{r}_\mu)\mathrm{dv}_\mu\mathrm{dv}_\nu = 0$$

となる．スピン関数の積分が，直交条件からゼロだからである．Be では，$K_{1\mathrm{s}2\mathrm{s}}$, $K_{\overline{1\mathrm{s}}\,\overline{2\mathrm{s}}}$ がゼロでない．非ゼロの交換積分の値もスピンには依らず，また $K_{ij} = K_{ji}$ でもある．全エネルギーの期待値は，

$$\varepsilon = 2H_{1\mathrm{s}} + 2H_{2\mathrm{s}} + J_{1\mathrm{s}1\mathrm{s}} + 2J_{1\mathrm{s}2\mathrm{s}} - K_{1\mathrm{s}2\mathrm{s}} + 2J_{2\mathrm{s}1\mathrm{s}} - K_{2\mathrm{s}1\mathrm{s}} + J_{2\mathrm{s}2\mathrm{s}} \quad (6.7)$$

となる．交換積分の係数は負になる．全波動関数を表す行列式の性質を反映している．

---

[10] 例えば，行列式 $|a(1)b(2)| = a(1)b(2) - a(2)b(1)$ でハミルトニアンを挟むと $a(1)b(2)\left(\frac{e^2}{4\pi\epsilon_0 r_{12}}\right)a(2)b(1)$ の項が出てくる．

全波動関数を一つのスレーター行列式にとり，最良の一電子軌道の形を決める方程式は，

$$\hat{F}\phi_i(\boldsymbol{r_\mu}) = \epsilon_i \phi_i(\boldsymbol{r_\mu}) \tag{6.8}$$

型のハートリー・フォック (Hartree-Fock) 方程式として知られている．詳細は専門書に譲るが，Be 原子なら $\hat{F}$ は $\hat{h}(\boldsymbol{r_\mu}) = \hat{h}$ として

$$\hat{F} = \hat{h} + 2\hat{J}_{1s} - \hat{K}_{1s} + 2\hat{J}_{2s} - \hat{K}_{2s} \tag{6.9}$$

と書ける．右辺のクーロン演算子 $\hat{J}_j$ と交換演算子 $\hat{K}_j$ の定義は，

$$\hat{J}_j \phi_i(\boldsymbol{r_\mu}) = \left\{ \int \phi_j^*(\boldsymbol{r_\nu}) \left(\frac{e^2}{4\pi\epsilon_0 r_{\mu\nu}} \right) \phi_j(\boldsymbol{r_\nu}) \mathrm{dv}_\nu \right\} \phi_i(\boldsymbol{r_\mu}) \tag{6.10}$$

$$\hat{K}_j \phi_i(\boldsymbol{r_\mu}) = \left\{ \int \phi_j^*(\boldsymbol{r_\nu}) \left(\frac{e^2}{4\pi\epsilon_0 r_{\mu\nu}} \right) \phi_i(\boldsymbol{r_\nu}) \mathrm{dv}_\nu \right\} \phi_j(\boldsymbol{r_\mu}) \tag{6.11}$$

で，左から $\phi_i^*(\boldsymbol{r_\mu})$ を掛けて積分すればクーロン積分，交換積分になる．クーロン演算子は積分してしまえば，ϕ_j の電子が他の軌道の電子に及ぼすクーロンポテンシャル場だから，

$$\hat{J}_j \equiv \hat{\mathrm{v}}_j = \mathrm{v}_j \tag{6.12}$$

と書こう．フォック演算子 $\hat{F}$ をハートリー方程式のハミルトニアンと比べると，有効ポテンシャルにあたるのは，

$$\hat{\mathrm{v}}'(\boldsymbol{r_\mu}) = 2\hat{J}_{1s} - \hat{K}_{1s} + 2\hat{J}_{2s} - \hat{K}_{2s} \tag{6.13}$$

になる．これを $\phi_{1s}(\boldsymbol{r_\mu}), \phi_{2s}(\boldsymbol{r_\mu})$ に左からかけてみる．途中，$\hat{J}_{1s}\phi_{1s}(\boldsymbol{r_\mu}) = \hat{K}_{1s}\phi_{1s}(\boldsymbol{r_\mu})$, $\hat{J}_{2s}\phi_{2s}(\boldsymbol{r_\mu}) = \hat{K}_{2s}\phi_{2s}(\boldsymbol{r_\mu})$ と式 (6.12) も使って，

$$\begin{aligned}\hat{\mathrm{v}}'\phi_{1s}(\boldsymbol{r_\mu}) &= 2\hat{J}_{1s}\phi_{1s}(\boldsymbol{r_\mu}) - \hat{K}_{1s}\phi_{1s}(\boldsymbol{r_\mu}) + 2\hat{J}_{2s}\phi_{1s}(\boldsymbol{r_\mu}) - \hat{K}_{2s}\phi_{1s}(\boldsymbol{r_\mu}) \\ &= [\mathrm{v}_{1s} + 2\mathrm{v}_{2s}]\phi_{1s}(\boldsymbol{r_\mu}) - \hat{K}_{2s}\phi_{1s}(\boldsymbol{r_\mu}) \end{aligned} \tag{6.14}$$

$$\hat{v}'\phi_{2s}(\boldsymbol{r}_\mu) = 2\hat{J}_{1s}\phi_{2s}(\boldsymbol{r}_\mu) - \hat{K}_{1s}\phi_{2s}(\boldsymbol{r}_\mu) + 2\hat{J}_{2s}\phi_{2s}(\boldsymbol{r}_\mu) - \hat{K}_{2s}\phi_{2s}(\boldsymbol{r}_\mu)$$
$$= [2v_{1s} + v_{2s}]\phi_{2s}(\boldsymbol{r}_\mu) - \hat{K}_{1s}(\boldsymbol{r}_\mu)\phi_{2s}(\boldsymbol{r}_\mu) \tag{6.15}$$

式 (6.14) から,一つの 1s 電子がもう一つの 1s 電子及び二つの 2s 電子とクーロン相互作用し,さらにスピンの同じ 2s 電子と交換相互作用している.同様に式 (6.15) から,2s 電子が二つの 1s 電子及びもう一つの 2s 電子とクーロン相互作用し,加えてスピンの同じ 1s 電子と交換相互作用している.これが Be 原子中の電子の運動の姿である.古典的クーロン相互作用だけでなく,量子力学的な交換相互作用も取り込んで最良の一電子軌道を求める方程式が,ハートリー・フォック方程式になっている.

交換積分 K_{ij} の値は一般に正である.スピンが同じ電子同士は,パウリの原理により同じ軌道を占めない.スピンが異なる電子同士の場合より反発が小さくなる.

軌道エネルギー ϵ_i は,式 (6.8) に左から $\phi_i^*(\boldsymbol{r}_\mu)$ を掛けて積分すれば得られる.Be 原子なら,

$$\epsilon_{1s} = H_{1s} + 2J_{1s1s} - K_{1s1s} + 2J_{1s2s} - K_{1s2s} \tag{6.16}$$

$$\epsilon_{2s} = H_{2s} + 2J_{2s1s} - K_{2s1s} + 2J_{2s2s} - K_{2s2s} \tag{6.17}$$

4 電子分を足すと,$J_{ii} = K_{ii}$ も使って,

$$2\epsilon_{1s} + 2\epsilon_{2s}$$
$$= 2(H_{1s} + 2J_{1s1s} - K_{1s1s} + 2J_{1s2s} - K_{1s2s})$$
$$\quad + 2(H_{2s} + 2J_{2s1s} - K_{2s1s} + 2J_{2s2s} - K_{2s2s})$$
$$= (2H_{1s} + 2H_{2s} + J_{1s1s} + 2J_{1s2s} - K_{1s2s} + 2J_{2s1s} - K_{2s1s} + J_{2s2s})$$
$$\quad + (3J_{1s1s} - 2K_{1s1s}) + (2J_{1s2s} - K_{1s2s}) + (2J_{2s1s} - K_{2s1s})$$
$$\quad + (3J_{2s2s} - 2K_{2s2s})$$

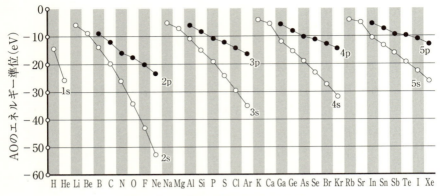

図6-7 典型元素の軌道エネルギー

$$= \varepsilon + (2J_{1s1s} - K_{1s1s}) + (2J_{1s2s} - K_{1s2s}) + (2J_{2s1s} - K_{2s1s})$$
$$+ (2J_{2s2s} - K_{2s2s})$$

ε は，式 (6.7) の全電子エネルギーである．軌道エネルギーの和は電子間の相互作用を数えすぎて，全電子エネルギーに一致しない．Be だけを取り上げたが，重要な結論は他の原子でも，また分子でも当てはまる．

6.2.2 軌道エネルギーと軌道半径

ϵ_i は，電子の運動エネルギー，核からの引力エネルギー，他の電子との相互作用エネルギーの和だから，その軌道を占有する電子が安定に存在するために持つエネルギーと見ることができる．原子から電子が無限に離れた時のエネルギーをゼロとし，負の値を持つ．

図 6-7 に，典型元素の外殻軌道のエネルギーの原子番号依存性を示した．最も高い被占軌道（最高被占軌道）のエネルギーの絶対値は，第一イオン化エネルギーと似た原子番号依存性を示す．図 6-5 は実験値，図 6-7 は計算値だが，最高被占軌道のエネルギーの符号を代えると第一

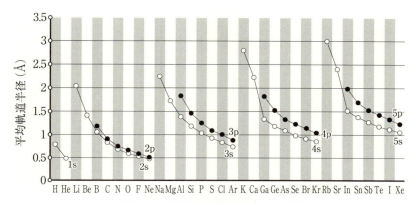

図 6-8　典型元素の平均軌道半径

イオン化エネルギーのよい近似値になることは軌道エネルギーの意味から理解できる．理論的にも説明でき，クープマンス (Koopmans) の定理という．原子の外殻軌道のエネルギーと占有数は，化学結合，分子の構造に効いてくる．

　図 6-8 は，典型元素の外殻軌道を占有する電子の平均半径である．最高被占軌道の半径は原子の大きさの目安になる．同一周期では原子番号が増すと半径が小さくなり，周期が変わると急増大する．これも電子配置と有効核電荷を考えれば，第一イオン化エネルギーと同じ考え方で説明できる．第 2 周期以降，周期ごとに似た二本の曲線が並んでいる．周期が高くなる（周期の番号が増す）と線は全体に右上に移り，同周期の s 軌道と p 軌道の線の開きが広くなる．同族元素を比べると，原子番号が増すほど半径が大きい．

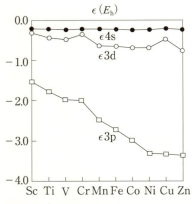

図 6-9　遷移元素の軌道エネルギー

6.2.3　周期表を振り返る

　表 6-1 の電子配置をよく見ると，$_{23}$V から $_{24}$Cr，$_{28}$Ni から $_{29}$Cu など で異変が起こっている．図 6-9 はこれらと原子番号の近い原子の軌道エネルギーである．3d の方が 4s より低い．電子スピンを考えると，軌道エネルギーの和が全エネルギーにならないことを思い出そう．第 4 周期で 3d より先に 4s が占有されるのは 4s の軌道エネルギーが 3d より下がるためというより，その方が全体のエネルギーが低くなるからと考えられる．

　さらに高周期を見ると，例えば第 6 族の第 5 周期 $_{42}$Mo は $(5s)^1(4d)^5$，第 6 周期の $_{74}$W は $(6s)^2(5d)^4$ になっている．第 10 族では，$_{46}$Pd が $(4d)^{10}$，$_{78}$Pt が $(6s)^1(5d)^9$ で同じ族でも基底状態の電子配置は異なる．重い元素では，内殻電子の速度は光速に近づいて相対論の効果が強まり，その影響が最外殻電子にも及ぶ．一般に相対論的効果で s, p 軌道は収縮しエネルギーは安定化する．逆に d, f 軌道は膨張し不安定化する．そのため，第 6 周期元素は第 5 周期元素より s 軌道により多くの電子を収容する．相

対論的効果の研究は，近年急速に進展している．

フントの規則は経験則である．C の基底状態には，不対電子が $(2{\rm p}_x\alpha)^1(2{\rm p}_y\alpha)^1$, $(2{\rm p}_x\beta)^1(2{\rm p}_y\beta)^1$ をはじめ六つの配置の可能性があった．電子は互いに反発を小さくするように避けあうだろうから，フントの規則の「出来るだけ異なる軌道にばらばらに」は，三つの p 軌道の広がる方向の違いを考えれば納得できる．一方，スピンが異なる $(2{\rm p}_x\alpha)^1(2{\rm p}_y\alpha)^1$ と $(2{\rm p}_x\alpha)^1(2{\rm p}_y\beta)^1$ とで，前者になる理由は明確でない．$(1{\rm s})^2(2{\rm s})^2$ を除いて簡単にしこの二つの配置のエネルギーを比べてみよう[11]．一電子演算子からくる分 (H_i) とクーロン相互作用分 (J_{ij}) は同じになる．量子力学的効果の交換相互作用分が，$-K_{2{\rm P}x2{\rm P}y}$ だけ前者が低い．なるほど．

---

[11] 複数の不対電子を持つ系の全波動関数はスレーター行列式の線形結合（電子配置の重ね合わせ）になることがある．ここでは，一つのスレーター行列式で表される電子配置のエネルギーを議論している．詳細は専門書に譲る．

演習問題

O^+ イオンの基底状態の電子配置として考えられるものを全て示しなさい．

7 水素分子イオン

橋本健朗

《目標＆ポイント》 一電子系で化学結合ができる仕組みを，量子力学に基づき解き明かす．分子軌道法の考え方，結合性軌道，反結合性軌道を理解する．
《キーワード》 ボルン・オッペンハイマー近似，分子軌道法，軌道相互作用，結合性軌道，反結合性軌道，ポテンシャルエネルギー曲線，軌道相関図

7.1 問題と予想

7.1.1 一電子結合？

水素分子 H_2（H–H）はルイス式で H:H と書かれ，二つの H 原子が一つずつ電子を出し合い共有結合する（という）．では，1 電子しかない水素分子イオン H_2^+ はどうか？ $H^+ \cdot H^+$ としてよいのか？ 電子 2 個で一本の結合（–）の約束なので，$(H \cdots H)^{(+)}$ としようか．かえってなんだかわからない．一電子の共有，いわば一電子結合はできるのか？できるなら，どんな仕組みなのだろう．

H_2^+ の結合エネルギー（H と H^+ がばらばらな時からの安定化エネルギー）は実験的に分かっていて，2.65 eV である．H_2^+ の考察は，電子の波動性が化学結合の鍵であることを教えてくれる．

7.1.2 ボルン・オッペンハイマー近似

図 7-1 に H_2^+ を構成する陽子 A,B と電子の位置関係を示した．ハミルトニアンは，

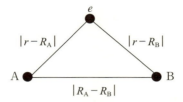

図 7-1 核 A, B, 電子 e の位置と距離

$$\hat{H} = -\frac{\hbar^2}{2M_A}\nabla_A^2 - \frac{\hbar^2}{2M_B}\nabla_B^2 - \frac{\hbar^2}{2m_e}\nabla^2 - \frac{e^2}{4\pi\epsilon_0|r-R_A|}$$
$$- \frac{e^2}{4\pi\epsilon_0|r-R_B|} + \frac{e^2}{4\pi\epsilon_0|R_A-R_B|} \tag{7.1}$$

となる．M_A と M_B は核 A,B の質量，m_e は電子の質量である．右辺の最初の二項は核の，第三項は電子の運動エネルギーを表す．第四，五項は電子と核の，最終項は核と核のクーロンポテンシャルエネルギーである．

最も軽い原子核の陽子でさえ質量は電子より 1830 倍以上大きいため，核は電子よりずっとゆっくり運動する．言い換えると，電子は核の運動にほとんど時間差なく追随して運動状態を変えるから，核が止まっていると近似して，電子の運動を抜き出して考えてよいだろう．これを**ボルン・オッペンハイマー（Born-Oppenheimer）近似**という．具体的には，式 (7.1) の最初の二項をゼロ，$|R_A - R_B|$ を定数とする．この近似で得られる<u>電子だけのハミルトニアン</u>は

$$\hat{H}_e(x,y,z;\boldsymbol{R}) = -\frac{\hbar^2}{2m_e}\nabla^2 - \frac{e^2}{4\pi\epsilon_0|r-R_A|} - \frac{e^2}{4\pi\epsilon_0|r-R_B|}$$
$$+ \frac{e^2}{4\pi\epsilon_0|R_A-R_B|} \tag{7.2}$$

となる．カッコの中に；$\boldsymbol{R}$ と書いたのは，$\hat{H}_e$ が原子核の座標ごとに変わることを示す．つまり，$\hat{H}_e$ は $\boldsymbol{R}$ の関数となる．$\boldsymbol{R}$ はすべての原子核の

座標（配置）をまとめて表した記号で，二原子なら核間距離である．しばらくは，核間距離が 1 Å（オングストローム，$1\,\text{Å} = 10^{-10}\,\text{m}$）など具体的な距離の場合に集中していると思えばよい．

7.1.3 結合領域と反結合領域

図 7-2(a) のように，二つの核 A，B の間に電子があり $\text{A}-e-\text{B}$ の位置関係なら，核は互いに近づこうとする．電子が A-B の線から少しずれると，核にかかるクーロン力の合力の向きは A でも B でも直線 AB 方向からずれるが，やはり A と B は近づく．もっとずれて極端な場合には (b) のように $\text{A}-\text{B}-e$ の並びになると，B は A より強く電子に引かれ A-B は伸びようとする．電子が核を結合させるように働く領域（**結合領域**）と遠ざけるように働く領域（**反結合領域**）がある（図 7-2(c)）．電子の存在確率が結合領域で高い波動関数なら，$\text{A}-e-\text{B}$ の状況になり

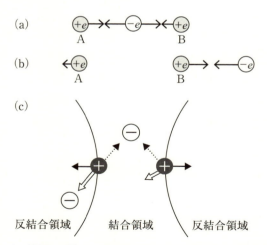

図 7-2　陽子 - 電子 - 陽子の配置と結合領域，反結合領域

結合しそうである．一方，エネルギーは，H 原子と H^+ とがばらばらに存在する場合より低ければ，H_2^+ ができそうである．

7.2 水素分子イオン H_2^+
7.2.1 分子軌道法

H_2^+ の中の電子は，両方の核を巡って運動する．分子全体に渡る電子の一電子軌道を，原子軌道 (AO) に対して**分子軌道**（Molecular Orbital, MO）という．MO を基に多電子波動関数も得ていこうとする理論，方法を**分子軌道法**という．

ここでは MO の記号に ϕ を用いる．空間関数を表す．A,B を中心とする規格化された 1s 軌道を χ_A, χ_B としよう[1]．A と B の距離が長い場合を考えると，電子が A 付近にあれば B からの影響は小さく，ϕ は χ_A に近いだろう．逆に電子が B 付近にあれば，ϕ は χ_B に近いはずである．そこで，AB が長くない領域でも

$$\phi(\boldsymbol{r}) = (c_A \chi_A + c_B \chi_B)(\boldsymbol{r}) \tag{7.3}$$

と，分子軌道を原子軌道の重ね合わせで表現する．この近似は，**LCAO**[2]**近似**と呼ばれている[3]．c_A, c_B は線形結合係数である[4]．

この方法は，分子は原子からできていることを積極的に利用している．分子軌道は，原子軌道からできているという考え方である．水素分子イオンは二核一電子の問題だが，この考え方ならさらに多核多電子の分子

---
[1] χ はカイと読む．
[2] Linear Combination of Atomic Orbital
[3] MO は LCAO で記述しなくともよいが，現代ではもっぱら LCAO が使われる．LCAO に基づく MO 法と分子軌道法はほぼ同義になっている．
[4] χ_A と核 A に中心があるから $\chi_A(\boldsymbol{r}) = \dfrac{1}{\sqrt{\pi}} \left(\dfrac{1}{a_0}\right)^{\frac{3}{2}} \exp\left(-\dfrac{1}{a_0}|r - R_A|\right)$．$\chi_B$ は R_A が R_B に変わる．

にも適用できる．知りたい関数を知っている関数の線形結合で表し，それらの係数を決めるのは数学，物理でよく使われる方法である．知っている関数に原子軌道を使うところが，化学者の知恵ということになる．

1sは実数の関数だから，複素共役の印*は省略しよう．ϕを占有する電子の存在確率密度は，AO，MOの(r)も省略して，

$$|\phi|^2 = (c_A{}^2 \chi_A{}^2 + 2c_A c_B \chi_A \chi_B + c_B{}^2 \chi_B{}^2)$$

になる．χ_A と χ_B は等価だから $c_A^2 = c_B^2$ である．従って $c_B = c_A$ または $c_B = -c_A$ の関係となる．分子軌道の式 (7.3) に代入すると，

$$\phi_+ = c_A \chi_A + c_A \chi_B \quad \text{または} \quad \phi_- = c_A \chi_A - c_A \chi_B$$

規格化条件 $\int \phi_+{}^2 \mathrm{d}v = 1, \int \phi_-{}^2 \mathrm{d}v = 1$ から

$$\phi_+ = \frac{1}{\sqrt{2(1+S)}} (\chi_A + \chi_B) \tag{7.4}$$

$$\phi_- = \frac{1}{\sqrt{2(1-S)}} (\chi_A - \chi_B) \tag{7.5}$$

となる．ここで，

$$S = \int \chi_A \chi_B \mathrm{d}v = \int \chi_B \chi_A \mathrm{d}v \tag{7.6}$$

は**重なり積分**と呼ばれる．原子軌道は規格化されているから，$\int \chi_A \chi_A \mathrm{d}v = \int \chi_B \chi_B \mathrm{d}v = 1$ である．

軌道エネルギーは，式 (7.4), (7.5) で $\hat{H}_e$ を挟んで積分すれば得られる．ϕ_+ のエネルギー ϵ_+ を，ϕ_- のエネルギーを ϵ_- として

$$\epsilon_+ = \frac{\alpha + \beta}{1 + S} \tag{7.7}$$

$$\epsilon_- = \frac{\alpha - \beta}{1 - S} \tag{7.8}$$

ここで,

$$\alpha = \int \chi_A \hat{H}_e \chi_A \mathrm{d}v = \int \chi_B \hat{H}_e \chi_B \mathrm{d}v \tag{7.9}$$

$$\beta = \int \chi_A \hat{H}_e \chi_B \mathrm{d}v = \int \chi_B \hat{H}_e \chi_A \mathrm{d}v \tag{7.10}$$

で,α は**クーロン積分**,β は**共鳴積分**という.クーロン積分は前章で出てきた電子同士の相互作用を表すものとは,名前は同じでも内容が異なるので注意しよう.

7.2.2 電子の存在確率密度とエネルギー

結論を先に言うと,電子の存在確率密度の点でも,エネルギーの点でも,電子が ϕ_+ を占有する状態なら H_2^+ はでき,ϕ_- を占有する状態なら H_2^+ はできない.

図 7-3 に ϕ_+ と ϕ_- を示した.ϕ_+ では二つの原子軌道が位相(符号)を揃えて重なり強め合う.このような軌道は,**結合性軌道**と呼ばれる.一方,ϕ_- では原子軌道が逆位相で重なり弱め合い,AB 間に節ができる.このような軌道を**反結合性軌道**という.

ϕ_+ の電子の存在確率密度

$$\rho_+ = \phi_+^2 = \frac{1}{2(1+S)}(\chi_A^2 + \chi_B^2 + 2\chi_A\chi_B) \tag{7.11}$$

を考えよう.$\chi_A\chi_B$ は,AO の重ね合わせ(線形結合)に由来する干渉項,S はその積分である.図 7-4 (a) に,A−B 軸上での ρ_+ をプロットした.$\chi_A\chi_B$ が干渉しないでただ互いに傍に来たと仮定した確率密度,

$$\rho_0 = \frac{1}{2}(\chi_A^2 + \chi_B^2) \tag{7.12}$$

も描いている.両者のずれが重要である.このずれは,核がばらばらな時から近くに来た時,密度がどこでどう変化するかを表す.図から AO

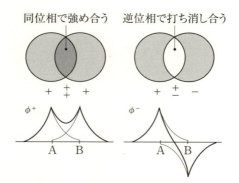

図7-3 H$_2^+$の結合性軌道と反結合性軌道

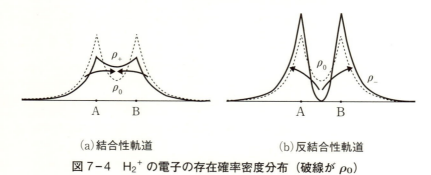

(a) 結合性軌道　　(b) 反結合性軌道

図7-4 H$_2^+$の電子の存在確率密度分布（破線がρ_0）

の干渉により核の周辺及び，AとBの外側の密度が減り，結合領域でρ_+がρ_0より増えている．つまり，核周辺と反結合領域から原子間の結合領域へと密度が移っている．

一方，図7-4 (b)のϕ_-の確率密度

$$\rho_- = \phi_-^2 = \frac{1}{2(1-S)}(\chi_A^2 + \chi_B^2 - 2\chi_A\chi_B) \tag{7.13}$$

は，結合領域で減り，反結合領域で増える．最初の予想通りなら，結合性軌道が占有される状態ならH$_2^+$はでき，反結合性軌道が占有される状

態ではできないと考えられる.

前に説明した通り $\hat{H}_e$ は核 A, B の距離 R に依存するから,$R = \cdots, 1.1, 1.2, 1.3\,\text{Å}, \cdots$ などと変えて ϵ_+ と ϵ_- を計算し R に対してプロットすると,図 7-5 のグラフが得られる.**ポテンシャルエネルギー曲線**と呼ばれる.H_2^+ では,軌道エネルギー曲線と同じである.A と B が無限に離れた状態を**解離極限**という.H と H^+ がばらばらな状態で,ϵ_+ も ϵ_- も H 原子の 1s 軌道のエネルギーに一致する.ϵ_+ は解離極限から A と B が近づくと減少して

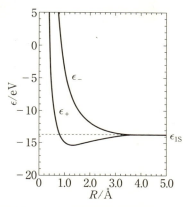

図7-5　H_2^+ の電子のポテンシャルエネルギー曲線

極小値をとる.H と H^+ が近づいて結合ができ,最も安定な距離が 1.32 Å であることを意味している.**平衡核間距離**と呼ぶ.さらに距離が短くなると ϵ_+ は増加し,ある距離以下では解離極限より高くなる.H 原子と H^+ は,どこまでも近づくわけではない.ϵ_- は A と B が離れるほどエネルギーが下がる解離型ポテンシャルエネルギー曲線で,結合しないことを示している.確率密度もエネルギーも予想通りである.

H_2^+ は電子が一つだけだから,干渉は電子間の相互作用によるものではない.一つの電子が波だからこその効果である.LCAO の結果だが,「分子は原子からできている」という化学の常識を理論に持ち込んだことで,結合の理解を深めることができた.特に結合性軌道 ϕ_+ から二つの陽子が一つの電子を共有して結合することを量子力学で説明できたことに気を付けよう.

7.2.3 重なり積分, クーロン積分, 共鳴積分

核 A,B 上の 1s 軌道の重なり積分 S は, A と B の距離 R がゼロの時に値が 1 で, 距離の伸びとともに急速に減少する. エネルギーの中身を考察しよう. 簡単化のため $r_A = |r - R_A|, r_B = |r - R_B|, R_{AB} = |R_A - R_B|$ とおく.

クーロン積分 α は,

$$\begin{aligned}
\alpha &= \int \chi_A \hat{H}_e \chi_A \mathrm{d}v \\
&= \int \chi_A \left(-\frac{\hbar^2}{2m_e}\nabla^2 - \frac{e^2}{4\pi\epsilon_0 r_A} - \frac{e^2}{4\pi\epsilon_0 r_B} + \frac{e^2}{4\pi\epsilon_0 R_{AB}} \right) \chi_A \mathrm{d}v \\
&= \int \chi_A \left(-\frac{\hbar^2}{2m_e}\nabla^2 - \frac{e^2}{4\pi\epsilon_0 r_A} \right) \chi_A \mathrm{d}v + \int \chi_A \left(-\frac{e^2}{4\pi\epsilon_0 r_B} \right) \chi_A \mathrm{d}v \\
&\quad + \int \chi_A \left(\frac{e^2}{4\pi\epsilon_0 R_{AB}} \right) \chi_A \mathrm{d}v
\end{aligned} \tag{7.14}$$

第 1 項は, H の 1s 軌道のエネルギー

$$\epsilon_{1s} = \int \chi_A \left(-\frac{\hbar^2}{2m_e}\nabla^2 - \frac{e^2}{4\pi\epsilon_0 r_A} \right) \chi_A \mathrm{d}v \tag{7.15}$$

に等しい. これから,

$$\alpha = \epsilon_{1s} + \int \left(-\frac{\chi_A{}^2 e^2}{4\pi\epsilon_0 r_B} \right) \mathrm{d}v + \frac{e^2}{4\pi\epsilon_0 R_{AB}} \tag{7.16}$$

である. 第二項は核 A の周りにある微小空間 $\mathrm{d}v$ の電荷 $-(\chi_A{}^2 \mathrm{d}v)e$ とそこから r_B 離れた核 B の電荷 $(+1e)$ 間の, 第三項は核 A と B の間のクーロンポテンシャルエネルギーである. 第二, 三項は A と B が離れればゼロに近づく (図 7-6(a)).

同様に共鳴積分 β を計算すると,

$$\beta = \epsilon_{1s} S + \int \left(-\frac{\chi_A \chi_B e^2}{4\pi\epsilon_0 r_B} \right) \mathrm{d}v + \left(\frac{e^2}{4\pi\epsilon_0 R_{AB}} \right) S \tag{7.17}$$

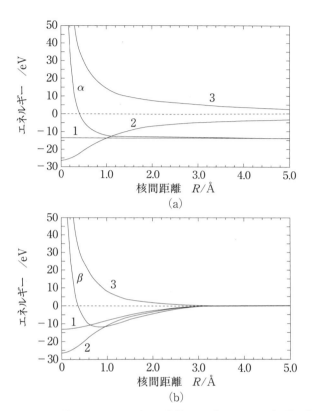

図 7-6 (a) クーロン積分 α. 1, 2, 3 の番号は，式 (7.16) の各項に対応．(b) 共鳴積分 β. 1, 2, 3 の番号は，式 (7.17) の各項に対応．

が得られる．干渉項 $\chi_A \chi_B$ とその積分 S がかかった量子力学的な式である．第二項は原子軌道の重なり部分と核 B とのクーロンポテンシャルエネルギーになっているが，ここでも古典からの類推は効かない．β は平衡に近い核間距離では負で，核間距離が伸びるとゼロになる（図 7-6(b)）．

図 7-6 の右端，A, B が遠く離れていて $S = 0$ と近似でき，$\alpha = \epsilon_{1s}$ と見なしてよい距離で考えると，結合ができると何が起きるかが見えてく

る．MO の式 (7.4), (7.5) の右辺は $S = 0$ としない場合からは係数が $\frac{1}{\sqrt{2}}$ となってわずかにずれるが，ϕ_+ は χ_A と χ_B の同位相の重なり，ϕ_- は逆位相の重なりという重要な性質に変わりはない．一方，エネルギーの式 (7.7), (7.8) は，正確な値からのずれは極わずかなまま分母が 1 となって，

$$\epsilon_+ = \alpha + \beta = \epsilon_{1s} + \beta, \quad \epsilon_- = \alpha - \beta = \epsilon_{1s} - \beta, \quad \beta < 0$$

と簡単になる．軌道が干渉することを**軌道相互作用**という．その結果のエネルギー変化を表したのが図 7-7 である．**軌道相関図**や**軌道エネルギーダイアグラム**などという．A と B が近づいて 1s 軌道が干渉して強め合い，エネルギーも安定化する結合性軌道と，節ができて弱めあい不安定化する反結合性軌道ができる．基底状態では，結合性軌道が一つの電子に占有され H_2^+，一電子結合ができる．

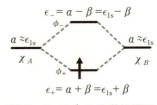

図 7-7　H_2^+ の軌道相関図

7.2.4 正確な波動関数と基底関数

　結合距離や結合エネルギーの計算値と実験値との一致という意味では，水素の 1s 軌道を各原子に置いただけの重ね合わせで分子軌道を表現しても貧しい結果しか得られない．核間距離が短い場合の極限として H と H^+ が合体した He^+ を考えてみよう．もちろん頭の中でしかできない．適切な 1s 軌道は $\chi_{1s}(r) = \frac{1}{\sqrt{\pi}} \left(\frac{\alpha}{a_0} \right)^{3/2} \exp\left(-\frac{\alpha}{a_0} r \right)$ の指数因子 α が He^+ に適した 2 になるだろう．一方，解離極限では H の $\alpha = 1$ が適切なはずである．また，結合をなす距離の波動関数は，必ずしも各原子に一つの関数を置くだけでは適切に表現できないかもしれない．

そこで H_2^+ に限らず，一般に分子を構成する原子の 1s, 2s, 2p, … に対して指数因子の値が違う<u>基底関数</u>を多数用意し，それらの線形結合で MO を表す方法が広く使われている[5]．線形結合係数は次章で学ぶ方法で決める．H_2^+ ではこの方法で，結合エネルギーの誤差が 0.04 eV の非常に良い結果が得られる[6]．計算値の良し悪しの議論は，原子分子や化学結合の姿を描くという本教材の本筋からは外れている．しかし，理論が信頼できるかは，実験値と計算値の一致で評価される．理論の枠組みは残したまま精度良い計算を行う努力は続いている．最近では多電子系のシュレーディンガー方程式を正確に解くことも可能となってきている．

7.3 暴れる電子，抑え込む核

さてもう随分と前の話になってしまったが，二つのことを思い出してほしい．一つは，電子は狭い空間に閉じ込めただけで運動エネルギーが高くなること，もう一つは水素原子中の電子の運動エネルギーの平均値 $\langle T \rangle$ とポテンシャルエネルギーの平均値 $\langle V \rangle$ に

$$\langle T \rangle = -\frac{1}{2}\langle V \rangle \tag{7.18}$$

の関係があること（第 4 章演習問題）．

核電荷が Ze の水素様原子でも，$\langle T \rangle$ も $\langle V \rangle$ も水素原子の Z^2 倍になるだけで，この関係は成り立つ．Z が大きくなれば，核が電子をひきつけるポテンシャルは深くなり，ポテンシャルエネルギー $-\dfrac{Ze^2}{4\pi\epsilon_0 r}$ は低下するが，同時に式 (7.18) に従って運動エネルギーは増加する．<u>運動エネルギーとポテンシャルエネルギーは同時に低下することはできない</u>．電子は狭い空間に押し込められると運動エネルギーを高めて，核からのクー

---

[5] 補遺参照．
[6] H_2^+ は正確な波動関数とエネルギーが数値的に計算されている．

ロンポテンシャルの深みにはまらないようにしている.

H$_2^+$ に進もう.冒頭で考えた A−e−B の直線配置で陽子 A と B の距離を R とし,電子がちょうど AB の真ん中にあるとする.AB の反発のエネルギーは $\dfrac{e^2}{4\pi\epsilon_0 R}$,A−$e$ 及び e−B の引力によるエネルギーは $-\dfrac{e^2}{4\pi\epsilon_0\left(\dfrac{R}{2}\right)} - \dfrac{e^2}{4\pi\epsilon_0\left(\dfrac{R}{2}\right)} = -\dfrac{4e^2}{4\pi\epsilon_0 R}$ なので,合計は $-\dfrac{3e^2}{4\pi\epsilon_0 R}$ となる.R が短くなるほどエネルギーは下がり,いくらでも低くなる.

図 7-8(a) には精度良い波動関数による H$_2^+$ の全エネルギー E,運動エネルギーの期待値 $\langle T \rangle$,ポテンシャルエネルギーの期待値 $\langle V \rangle$ が核間距離 R に対してプロットされている.図 7-8(b) には,$\langle V \rangle$ とその内訳である電子と核の相互作用エネルギー $\langle V \rangle_{\text{eN}}$ と,核と核の相互作用エネルギー $\langle V \rangle_{\text{NN}}$ を示した.図 7-8(a) を詳しく見よう.核が無限に離れた解離極限 R_∞ では H$_2^+$ → H + H$^+$ だから E,$\langle T \rangle$,$\langle V \rangle$ はそれぞれ H 原子のものと一致する.面白いことに,平衡核間距離 R_e での運動エネルギー $\langle T \rangle_{R_e}$ が解離極限 R_∞ での $\langle T \rangle_{R_\infty}$ を<u>上回っている</u>.式で書けば,

$$\Delta \langle T \rangle = \langle T \rangle_{R_e} - \langle T \rangle_{R_\infty} > 0 \tag{7.19}$$

である.高い運動エネルギーを持つ電子を,核がそれを上回る深いポテンシャルエネルギーで抑え込んで結合が生じている.

式 (7.18) から

$$2\langle T \rangle + \langle V \rangle = 0 \tag{7.20}$$

である.この関係は**ビリアル定理**と呼ばれる定理の一つの表現で,一般の二原子分子の平衡核間距離でもまたそれらが解離した多電子原子でも成り立つことが分かっている.つまり,どの二原子分子でも,

$$2\langle T \rangle_{R_e} + \langle V \rangle_{R_e} = 0, \quad 2\langle T \rangle_{R_\infty} + \langle V \rangle_{R_\infty} = 0$$

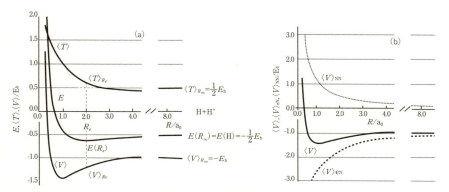

図7-8 (a) H_2^+ の電子の平均運動エネルギー $\langle T \rangle$, 平均ポテンシャルエネルギー $\langle V \rangle$, 全エネルギー E. (b) ポテンシャルエネルギーの内訳

となる. また,

$$E(R_e) = \langle T \rangle_{R_e} + \langle V \rangle_{R_e}, \quad E(R_\infty) = \langle T \rangle_{R_\infty} + \langle V \rangle_{R_\infty}$$

なので, これらから,

$$E(R_e) = -\langle T \rangle_{R_e} = \frac{1}{2}\langle V \rangle_{R_e}, \quad E(R_\infty) = -\langle T \rangle_{R_\infty} = \frac{1}{2}\langle V \rangle_{R_\infty}$$

となる. 結合エネルギー D_e の定義は $D_e = -\{E(R_e) - E(R_\infty)\}$ だから,

$$D_e = \langle T \rangle_{R_e} - \langle T \rangle_{R_\infty} = -\frac{1}{2}\{\langle V \rangle_{R_e} - \langle V \rangle_{R_\infty}\} \tag{7.21}$$

つまり, 式 (7.19) は結合する条件 $D_e > 0$ と同じである. H_2^+ に限らず, 結合はポテンシャルエネルギーが多少不利になっても, 原子の時より運動空間が広くなって電子の運動エネルギーが下がるおかげでできるわけではなく, ポテンシャルエネルギーと運動エネルギーの両方が下がってできるわけでもない.

水素分子 H_2 も正確な波動関数とエネルギーが求まっている．もちろん，ハミルトニアンは，H_2^+ のハミルトニアン二つ分ではない．電子間の相互作用も含まれる．H_2 の結合距離 ($1.4\,a_0$) は H_2^+ の距離 ($2.0\,a_0$) より短くなる．結合エネルギーは $4.75\,\mathrm{eV}$ になり，H_2^+ より結合エネルギーは約 $2\,\mathrm{eV}$ 大きい．二つの電子は互いをうまく避けあいながら，二つの陽子の作るポテンシャル場の中を運動している．上で述べたように，H_2 でも H_2^+ と同じ議論ができるから，H_2 と H_2^+ の結合は本質的に同じである．平衡核間距離が短くなり核同士のクーロンポテンシャルエネルギーが大きくなることと，電子の運動エネルギーが高まる分の両方を打ち消すように二電子分合計のポテンシャルエネルギーが下がり，大きな結合エネルギーを生み出している．

電子が核を繋ぐ接着剤のように働くだけでなく，核も暴れる電子を繋ぎとめているのが，化学結合の姿ということになる．そうなのか．

演習問題

1 H_2^+ の結合性軌道が占有される状態について，以下の問いに答えなさい．

(1) 核間距離が十分に長い ($S = 0$, $\alpha = \epsilon_{1s}$, $\beta < 0$) として，この状態で結合ができる理由をエネルギーの点から説明しなさい．

(2) 式 (7.11) と (7.12) を参考に，二つの核の間の領域での電子の存在確率密度は，H と H^+ がばらばらな場合よりどれだけ増加しているか．

(3) 核に近い領域では，H と H^+ がばらばらな場合よりどれだけ電子の存在確率密度が減少しているか．

2 H_2^+ の反結合性軌道が占有される状態について，以下の問いに答えなさい．

(1) 核間距離が十分に長いとして，この状態で結合ができない理由をエネルギーの点から説明しなさい．

(2) 式 (7.12) と (7.13) を参考に，核に近い領域では，H と H^+ がばらばらな場合より電子の存在確率密度はどれだけ増加しているか．

(3) 二つの核の間の領域の電子の存在確率密度は，H と H^+ がばらばらな場合よりどれだけ減少しているか．

8 軌道相互作用

橋本健朗

《目標&ポイント》 軌道相互作用の原理,分子軌道の組み立て方を理解する.二原子分子の電子配置と極性,多重結合を学ぶ.
《キーワード》 永年方程式,軌道相互作用,σ 結合,π 結合,多重結合,結合次数,極性,非共有電子対

8.1 定性的分子軌道法

8.1.1 概要

現在では,コンピューターの発達により,100 原子以上を含む分子の計算も可能になっている.一方,高性能なコンピューターを活用出来なかった時代にも,難しい計算を避けながら,分子軌道法を化学に活かす努力がなされてきた.本章では,定性的な分子軌道法を活用して,軌道相互作用の原理を導く.

一般の分子のハミルトニアンは,電子に μ, ν,原子核に α, β の記号を使って,

$$\hat{H}(\bm{r}_1, \bm{r}_2, \cdots, \bm{r}_{N_e}) = \sum_{\mu=1}^{N_e} \hat{h}(\bm{r}_\mu) + \sum_{\mu=1}^{\mu<\nu} \sum_{\nu=2}^{N_e} \frac{e^2}{4\pi\epsilon_0 r_{\mu\nu}} + \sum_{\alpha=1}^{\alpha<\beta} \sum_{\beta=2}^{N_N} \frac{Z_\alpha Z_\beta e^2}{4\pi\epsilon_0 R_{\alpha\beta}} \tag{8.1}$$

$$\hat{h}(\bm{r}_\mu) = -\frac{\hbar^2}{2m_e}\nabla_\mu^2 - \sum_{\alpha=1}^{N_N} \frac{Z_\alpha e^2}{4\pi\epsilon_0 r_{\mu\alpha}} \quad (\mu = 1, 2, \cdots, N_e) \tag{8.2}$$

となる.電子の総数を N_e,原子核の総数を N_N とした.また,$r_{\mu\nu} = |\bm{r}_\mu - \bm{r}_\nu|, R_{\alpha\beta} = |\bm{R}_\alpha - \bm{R}_\beta|,\ r_{\mu\alpha} = |\bm{r}_\mu - \bm{R}_\alpha|$ である.$\hat{h}(\bm{r}_\mu)$ は電子 μ

の運動エネルギー項と電子－核のポテンシャルエネルギー項の和である．式 (8.1) の右辺第二，第三項はそれぞれ電子間，核間のクーロン相互作用の総和である．第三項は，ボルン・オッペンハイマー近似で定数となる．今後は，

$$\hat{H}(\boldsymbol{r}_1, \boldsymbol{r}_2, \cdots, \boldsymbol{r}_{N_e}) = \sum_{\mu=1}^{N_e} \hat{h}(\boldsymbol{r}_\mu) + \sum_{\mu=1}^{\mu<\nu} \sum_{\nu=2}^{N_e} \frac{e^2}{4\pi\epsilon_0 r_{\mu\nu}} \quad (8.3)$$

とする．
$\frac{e^2}{4\pi\epsilon_0 r_{\mu\nu}}$ をまともに扱うと，ハートリー方程式でもハートリー・フォック方程式でも

$$\{\hat{h}(\boldsymbol{r}_\mu) + \hat{v}(\boldsymbol{r}_\mu)\}\phi(\boldsymbol{r}_\mu) = \epsilon\phi(\boldsymbol{r}_\mu) \quad (8.4)$$

型の式に行き着いた．しかし，$\phi(\boldsymbol{r}_\mu)$ は電子ごとに違ってよく，有効ポテンシャル $\hat{v}(\boldsymbol{r}_\mu)$ を通じて相互に依存するので，解くのは難しい．そこで大胆に $\hat{v}$ はどの電子でも同じと仮定する．式 (8.3) で $\sum_{\mu=1}^{\mu<\nu}\sum_{\nu=2}^{N_e}\frac{e^2}{4\pi\epsilon_0 r_{\mu\nu}} \to \sum_{\mu=1}^{N_e}\hat{v}(\boldsymbol{r}_\mu)$ としたと考えてもよい．$\{\hat{h}(\boldsymbol{r}_\mu) + \hat{v}(\boldsymbol{r}_\mu)\}$ は共通になるので $\hat{H}$ と置いて

$$\hat{H}\phi = \epsilon\phi \quad (8.5)$$

が，各電子が満たす一電子のシュレーディンガー方程式となる．$\hat{v}$ の中身が問題だが，この章の学習はその詳細に踏み込まずに進めることができる．

8.1.2 分子軌道の決定

まず原子軌道が二つからできる分子軌道を考えよう．LCAO で

$$\phi = c_1\chi_1 + c_2\chi_2 \quad (8.6)$$

エネルギーの期待値 ϵ は,

$$\epsilon = \frac{\int \phi^* \hat{H} \phi \mathrm{d}v}{\int \phi^* \phi \mathrm{d}v} = \frac{\int (c_1\chi_1 + c_2\chi_2)^* \hat{H}(c_1\chi_1 + c_2\chi_2)\mathrm{d}v}{\int (c_1\chi_1 + c_2\chi_2)^*(c_1\chi_1 + c_2\chi_2)\mathrm{d}v} \tag{8.7}$$

となる[1]. ここで

$$S_{pq} \equiv \int \chi_p^* \chi_q \mathrm{d}v, \quad H_{pq} \equiv \int \chi_p^* \hat{H} \chi_q \mathrm{d}v \tag{8.8}$$

と定義すれば,

$$\epsilon = \frac{c_1^* c_1 H_{11} + c_1^* c_2 H_{12} + c_2^* c_1 H_{21} + c_2^* c_2 H_{22}}{c_1^* c_1 S_{11} + c_1^* c_2 S_{12} + c_2^* c_1 S_{21} + c_2^* c_2 S_{22}} \tag{8.9}$$

となる. p, q は今は 1 か 2 だけだが,AO の数が増えた時も考えて定義しておく.S_{pq} は,H_2^+ で登場した重なり積分の一般形である.H_{pq} は $p = q$ ならクーロン積分,$p \neq q$ なら共鳴積分である.

最良の MO ϕ を得るのに,原子軌道は変えずに係数を変分パラメーターとする[2].計算しやすいように式 (8.9) の分母を払うと,

$$\epsilon\{c_1^* c_1 S_{11} + c_1^* c_2 S_{12} + c_2^* c_1 S_{21} + c_2^* c_2 S_{22}\}$$
$$= c_1^* c_1 H_{11} + c_1^* c_2 H_{12} + c_2^* c_1 H_{21} + c_2^* c_2 H_{22} \tag{8.10}$$

となる. 求めたいのは,

$$\frac{\partial \epsilon}{\partial c_1^*} = 0, \quad \frac{\partial \epsilon}{\partial c_1} = 0, \quad \frac{\partial \epsilon}{\partial c_2^*} = 0, \quad \frac{\partial \epsilon}{\partial c_2} = 0 \tag{8.11}$$

を満たす係数である.式 (8.10) の両辺を c_1^* で偏微分する.積分や c_1, c_2, c_2^* は,c_1^* の関数ではないことに注意して,

$$\frac{\partial \epsilon}{\partial c_1^*}\{c_1^* c_1 S_{11} + c_1^* c_2 S_{12} + c_2^* c_1 S_{21} + c_2^* c_2 S_{22}\} + \epsilon\{c_1 S_{11} + c_2 S_{12}\}$$
$$= c_1 H_{11} + c_2 H_{12} \tag{8.12}$$

---

1) 軌道エネルギーになるので,ε とせず ϵ の記号を使った.
2) リッツ (Ritz) の変分法.

となる．これに，式 (8.11) の一本目の式を代入すると式 (8.12) の左辺第一項が消えて，整理すると，

$$(H_{11} - \epsilon S_{11})c_1 + (H_{12} - \epsilon S_{12})c_2 = 0 \tag{8.13}$$

同様に式 (8.10) を c_2^* で偏微分し式 (8.11) の三本目の式を代入すると，

$$(H_{21} - \epsilon S_{21})c_1 + (H_{22} - \epsilon S_{22})c_2 = 0 \tag{8.14}$$

が得られる．式 (8.10) を c_1 で偏微分して式 (8.11) の二本目の式を使うと，また c_2 で偏微分して式 (8.11) の四本目の式を使うと，式 (8.13), (8.14) の複素共役の式が得られるので，今後は (8.13), (8.14) の二本の式だけ考えればよい．

これらの式は c_1, c_2 の連立方程式で，行列を使うと

$$\begin{pmatrix} H_{11} - \epsilon S_{11} & H_{12} - \epsilon S_{12} \\ H_{21} - \epsilon S_{21} & H_{22} - \epsilon S_{22} \end{pmatrix} \begin{pmatrix} c_1 \\ c_2 \end{pmatrix} = 0 \tag{8.15}$$

と表される．要領が分かれば，MO が N_{AO} 個の AO の線形結合の場合に一般化するのはさほど難しくない．演習問題で挑戦しよう．

一般的な式は N_{AO} 本の連立方程式

$$\begin{pmatrix} H_{11} - \epsilon S_{11} & H_{12} - \epsilon S_{12} & \cdots & H_{1n_{AO}} - \epsilon S_{1N_{AO}} \\ H_{21} - \epsilon S_{21} & H_{22} - \epsilon S_{22} & \cdots & H_{2n_{AO}} - \epsilon S_{2N_{AO}} \\ \vdots & \vdots & \ddots & \vdots \\ H_{N_{AO}1} - \epsilon S_{N_{AO}1} & H_{N_{AO}2} - \epsilon S_{N_{AO}2} & \cdots & H_{N_{AO}N_{AO}} - \epsilon S_{N_{AO}N_{AO}} \end{pmatrix} \begin{pmatrix} c_1 \\ c_2 \\ \vdots \\ c_{N_{AO}} \end{pmatrix} = 0 \tag{8.16}$$

になる．式 (8.16) の解として $c_1 = c_2 = \cdots = c_{N_{AO}} = 0$ があるが，それでは ϕ が場所に拠らずゼロで波にならないので，考察対象から外す．式

(8.16) が全ての係数がゼロ以外の解を持つ必要十分条件は，行列式がゼロ

$$\begin{vmatrix} H_{11} - \epsilon S_{11} & H_{12} - \epsilon S_{12} & \cdots & H_{1n_{AO}} - \epsilon S_{1N_{AO}} \\ H_{21} - \epsilon S_{21} & H_{22} - \epsilon S_{22} & \cdots & H_{2n_{AO}} - \epsilon S_{2N_{AO}} \\ \vdots & \vdots & \ddots & \vdots \\ H_{N_{AO}1} - \epsilon S_{N_{AO}1} & H_{N_{AO}2} - \epsilon S_{N_{AO}2} & \cdots & H_{N_{AO}N_{AO}} - \epsilon S_{N_{AO}N_{AO}} \end{vmatrix} = 0 \quad (8.17)$$

である．この式は**永年方程式**と呼ばれる．

永年方程式を解いて N_{AO} 個の ϵ，つまり $\epsilon_1, \epsilon_2, \cdots, \epsilon_{N_{AO}}$ を求め，式 (8.16) 及び MO の規格化条件から，係数が決定される．

例題 1 水素原子 A, B の規格化された 1s 軌道（実関数）をそれぞれ χ_A, χ_B として，H_2 の分子軌道は

$$\phi = c_A \chi_A + c_B \chi_B \quad \text{①}$$

と表される．

$$\int \chi_A \chi_B \mathrm{d}v = \int \chi_B \chi_A \mathrm{d}v = S,$$
$$\int \chi_A \hat{H} \chi_A \mathrm{d}v = \int \chi_B \hat{H} \chi_B \mathrm{d}v = \alpha,$$
$$\int \chi_A \hat{H} \chi_B \mathrm{d}v = \int \chi_B \hat{H} \chi_A \mathrm{d}v = \beta$$

を用いると，変分法で c_A, c_B を定める連立方程式は，

$$\begin{pmatrix} \alpha - \epsilon & \beta - \epsilon S \\ \beta - \epsilon S & \alpha - \epsilon \end{pmatrix} \begin{pmatrix} c_A \\ c_B \end{pmatrix} = 0$$
$$\iff \begin{array}{l} (\alpha - \epsilon)c_A + (\beta - \epsilon S)c_B = 0 \\ (\beta - \epsilon S)c_A + (\alpha - \epsilon)c_B = 0 \end{array} \quad \text{②}$$

永年方程式は,
$$\begin{vmatrix} \alpha - \epsilon & \beta - \epsilon S \\ \beta - \epsilon S & \alpha - \epsilon \end{vmatrix} = 0 \quad \text{③}$$
となる．軌道エネルギーと分子軌道を求めなさい．

(**解答**) 永年方程式を展開すれば,
$$(\alpha - \epsilon)^2 - (\beta - \epsilon S)^2 = 0 \quad \text{④}$$
この ϵ の二次方程式を解いて，軌道エネルギーが
$$\epsilon_+ = \frac{\alpha + \beta}{1 + S} \quad \text{⑤}$$
$$\epsilon_- = \frac{\alpha - \beta}{1 - S} \quad \text{⑥}$$
と求まる．式⑤を連立方程式②の片方の式に代入すると,
$$\left(\alpha - \frac{\alpha + \beta}{1 + S}\right) c_A + \left(\beta - \frac{\alpha + \beta}{1 + S} S\right) c_B = \frac{(\alpha S - \beta)(c_A - c_B)}{1 + S} = 0$$
$(\alpha S - \beta)$ はゼロとは限らないから，$c_B = c_A$ である．元の式①に戻ると $\phi_+ = c_A \chi_A + c_A \chi_B$ の規格化条件から，$c_A = \pm \dfrac{1}{\sqrt{2(1+S)}}$ となるが，符号はどちらを選んでもよいので正をとると
$$\phi_+ = \frac{1}{\sqrt{2(1+S)}} (\chi_A + \chi_B) \quad \text{⑦}$$
同様に，ϵ_- を式②の片方の式に代入すると，今度は $c_B = -c_A$ が得られる．$\phi_- = c_A \chi_A - c_A \chi_B$ の規格化条件から $c_A = \pm \dfrac{1}{\sqrt{2(1-S)}}$ となるので，正をとって
$$\phi_- = \frac{1}{\sqrt{2(1-S)}} (\chi_A - \chi_B) \quad \text{⑧}$$
となる．エネルギーも MO も原子軌道の等価性から求めた結果と同じになる．

8.2 二原子分子の分子軌道と軌道相互作用
8.2.1 分子軌道の成分とエネルギー

O_2 の分子軌道を LCAO で表すと,一つの O 原子に 1s, 2s, $2p_x$, $2p_y$, $2p_z$ の五つの AO があるから,合計 10 個の AO の線形結合になる.MO も 10 個できる.10 行 10 列,一般には N_{AO} 行 N_{AO} 列の永年方程式を解けばよい.しかしその数学より,各 MO の主成分,LCAO の係数の絶対値が大きい AO はどれで,結合性か反結合性か,エネルギーは AO からどう変わるかを知ることが重要である.

上の例題から,MO の形成には共鳴積分 β が鍵だと分かる.β は原子 A の一つの原子軌道 (χ_A) と原子 B の一つの原子軌道 (χ_B) の軌道相互作用,干渉に依っている.すると,まずは相手原子側に広がった最外殻の AO の中で重要そうな AO を各原子から一つずつ取り出して考えるのがよさそうである.また AO のエネルギーの高い方から考えると軌道相関図を描く上で便利である.O_2 なら分子軸を z 軸として $2p_z$ 同士になる.この方針で,残りの $2p_x$, $2p_y$ さらに 2s から一つずつ組み合わせてできる MO を考える.対になるのは後に述べる対称性の議論から,$2p_x$ 同士,$2p_y$ 同士,2s 同士になる.残りは,内殻の 1s 同士である.$2p_z$ 同士など一組の AO の相互作用は,α や β の値が変わるだけで,考え方は例題と全く同じである.つまり,等核二原子分子では,同じ AO 同士から 1 対 1 で重なった結合性 MO と反結合性 MO が,軌道対の数だけできる.

異核二原子分子でも,各原子のエネルギーの高い最外殻原子軌道から一つずつ取り出してできる MO から考える.異なる軌道なので,

$$\int \chi_A{}^* \hat{H} \chi_A \mathrm{d}v = \alpha_A, \int \chi_B{}^* \hat{H} \chi_B \mathrm{d}v = \alpha_B, \int \chi_A{}^* \hat{H} \chi_B \mathrm{d}v$$
$$= \int \chi_B{}^* \hat{H} \chi_A \mathrm{d}v = \beta \tag{8.18}$$

とおく．永年方程式は，

$$\begin{vmatrix} \alpha_A - \epsilon & \beta - S\epsilon \\ \beta - S\epsilon & \alpha_B - \epsilon \end{vmatrix} = (\alpha_A - \epsilon)(\alpha_B - \epsilon) - (\beta - S\epsilon)^2 = 0 \quad (8.19)$$

である．原子 A,B の距離が長く $S = 0$ と近似できる場合を考えよう．式 (8.19) で $S\epsilon = 0$ とすれば，

$$(\alpha_A - \epsilon)(\alpha_B - \epsilon) - (\beta)^2 = 0 \quad (8.20)$$

で，鍵である共鳴積分を残したまま簡単にできる．解は

$$\epsilon_\pm = \frac{\alpha_A + \alpha_B}{2} \mp \frac{\sqrt{(\alpha_A - \alpha_B)^2 + 4\beta^2}}{2} \quad (8.21)$$

になる．α_A と α_B の平均に比べてエネルギーの下がる軌道のエネルギーを ϵ_+，上がる軌道のエネルギーを ϵ_- としている．

$\alpha_A < \alpha_B$，また β が小さく $\alpha_B - \alpha_A \gg |\beta|$ としよう[3]．$x \ll 1$ のとき，$(1+x)^{\frac{1}{2}} \approx 1 + \frac{1}{2}x$ という公式を使って

$$\frac{\sqrt{(\alpha_A - \alpha_B)^2 + 4\beta^2}}{2} = \frac{1}{2}\sqrt{(\alpha_B - \alpha_A)^2 \left\{1 + 4\left(\frac{\beta}{\alpha_B - \alpha_A}\right)^2\right\}}$$

$$= \left(\frac{\alpha_B - \alpha_A}{2}\right)\sqrt{\left\{1 + 4\left(\frac{\beta}{\alpha_B - \alpha_A}\right)^2\right\}}$$

$$\approx \left(\frac{\alpha_B - \alpha_A}{2}\right)\left\{1 + 2\left(\frac{\beta}{\alpha_B - \alpha_A}\right)^2\right\}$$

から[4]，

---
[3] 後述するが $|S|$ が小さいと $|\beta|$ も小さい．
[4] α_A, α_B は共に負でかつ $\alpha_A < \alpha_B$ なので，$\alpha_A - \alpha_B$ は負．途中 $\alpha_A - \alpha_B$ を $\alpha_B - \alpha_A$ に取り換えているのは，根号を開いたときに正の量を出すため．

$$\epsilon_+ = \alpha_A - \frac{\beta^2}{\alpha_B - \alpha_A} \tag{8.22}$$

$$\epsilon_- = \alpha_B + \frac{\beta^2}{\alpha_B - \alpha_A} \tag{8.23}$$

となる．H_2^+ で見たように α_A, α_B は χ_A, χ_B の軌道エネルギーに近い値となる．結合性軌道のエネルギーは，元の低い方の AO より $\frac{\beta^2}{\alpha_B - \alpha_A}$ だけ安定化し，反結合性軌道のエネルギーは元の高い方の軌道より $\frac{\beta^2}{\alpha_B - \alpha_A}$ だけ不安定化する．分母が近似的に原子軌道のエネルギー差なので，エネルギーの近い AO からできる分子軌道の安定化（不安定化）が大きい．ϵ_+ と ϵ_- の差，すなわち MO のエネルギー分裂の大きさは，β^2 が大きい場合，また原子軌道のエネルギー差が小さい場合に大きくなる．

分子軌道 $\phi = C_A \chi_A + C_B \chi_B$ の C_A, C_B の関係を調べよう．再び核間距離が長く $S = 0$ と近似できるとすると，C_A, C_B に関する方程式は，

$$(\alpha_A - \epsilon)C_A + \beta C_B = 0 \tag{8.24}$$

$$\beta C_A + (\alpha_B - \epsilon)C_B = 0 \tag{8.25}$$

である．共通の β を消すと，

$$\frac{\epsilon - \alpha_A}{\epsilon - \alpha_B} = \frac{C_B{}^2}{C_A{}^2} \tag{8.26}$$

を得る．結合性軌道のエネルギーは，元の低い方（今の場合 A）の原子軌道のエネルギーよりさらに下がるから，

$$|\epsilon_+ - \alpha_A| < |\epsilon_+ - \alpha_B| \tag{8.27}$$

である．$\epsilon_+ < \alpha_A < \alpha_B < 0$ と式 (8.26) から

$$C_A{}^2 > C_B{}^2 \tag{8.28}$$

となり，結合性の分子軌道には元のエネルギーの低い原子軌道の寄与が大きいことを示している．一方，反結合性軌道のエネルギーは，元の高い方の原子軌道のエネルギーよりさらに高くなるから，式 (8.27) とは逆で，

$$|\epsilon_- - \alpha_A| > |\epsilon_- - \alpha_B| \tag{8.29}$$

である．従って

$$C_A{}^2 < C_B{}^2 \tag{8.30}$$

となる．反結合性 MO では元の軌道エネルギーの高い AO の寄与が大きい．

等核でも異核でも，原子軌道の干渉が全くなく S も β もゼロの場合には，元の AO がそのまま MO になる．

8.2.2 原子軌道の対称性と重なり積分，共鳴積分

図 8-1 を基に軌道の対称性を考えよう．A と B が同じ種類の原子なら，分子の中心に対して原子 A と B の入れ替え（反転）をしても，元と重なって区別がつかない．このように図形を移動させる操作で，移動後に元の図形と重なる操作を対称操作という[5]．yz 面に対して分子の鏡像をとっても元と重なるから，この操作も対称操作の仲間で鏡映という[6]．

図 8-1(b) は原子軌道の図である．原子は A でも B でもよい．yz 面での鏡像をとると，前と重なるが符号を変える軌道と変えない軌道があることがわかる．p_x は符号を変え，他は変えない．前者を反対称な関数，後者を対称な関数と呼ぶ[7]．x 方向に関して p_x は奇関数的，他は偶関数的性質を持つ．すると原子 A の s 軌道と B の p_x 軌道の重なり積分は，

---

5) A と B が異なれば，反転しても元とは重ならない．
6) 対称操作はほかにもある．例えば，直線分子なら分子軸周りの回転．
7) 二つの電子の座標交換に関する対称，反対称とは意味が違うので注意．

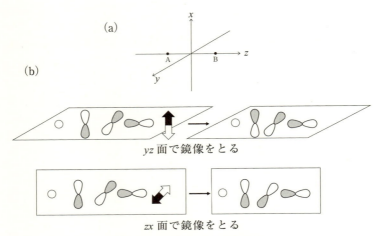

図 8-1 原子軌道の対称性

全体が x 方向に奇関数的な反対称関数の積分で計算しなくともゼロとわかる．他の原子軌道の組み合わせも同様で，対称な関数と反対称な関数の積，または反対称な関数と対称な関数の積の重なり積分はゼロになる．

原子，分子のハミルトニアンは対称操作で不変で，対称な関数の仲間である．従って共鳴積分も，ハミルトニアンを挟む原子軌道が対称と反対称の組み合わせならゼロになる[8]．原子軌道が干渉し，重なり積分 S がゼロでないときに共鳴積分 β もゼロでない値を持つ．一般に，結合を考えるような核間距離では $|S|$ が大きいほど相互作用（$|\beta|$）も大きい[9]．

---

[8] 反対称 × 対称（ハミルトニアン）× 対称は反対称．
[9] こう見ると，ハミルトニアンの有効ポテンシャル $\hat{v}$ より共鳴積分 β を知ることが大事そうである．第 10 章で考察する．

8.2.3 軌道相互作用の原理

図 8-2 に軌道相関図を示した．ここまでを，**軌道相互作用の原理**としてまとめよう．

(i) 二つの原子の対称の合う AO が相互作用する．相互作用しないと軌道エネルギーも軌道の形も AO から変わらない．

(ii) 同じ AO 同士から，1 対 1 で重なった結合性 MO と反結合性 MO ができる．結合性 MO では（結合領域で）AO が同位相（同符号）で重なって強め合い，元の AO より安定化する．反結合性 MO は AO が逆位相（逆符号）で重なって弱め合い，不安定化する．

(iii) 異なる AO の相互作用で，元の低い AO より安定化した結合性 MO と，元の高い AO より不安定化した反結合性 MO ができる．結合性 MO は低い AO が主成分で，高い AO が同位相で副成分として重なる．反結合性 MO は，高い AO が主成分で，低い AO が逆位相で副成分として重なる．結合性 MO の安定化，反結合性 MO の不安定化は，MO を構成する AO のエネルギー差が小さいほど大きく（<u>エネルギー差の原理</u>），また重なりが大きいほど大きい（<u>重なりの原理</u>）．

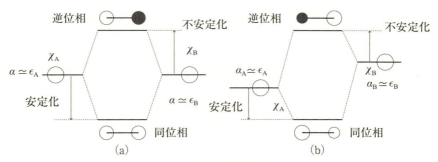

図 8-2　軌道相関図

(a) 元の原子軌道のエネルギーが同じ場合　(b) 元の原子軌道のエネルギーが異なる場合

8.3 分子軌道，電子配置と結合の性質
8.3.1 電荷分布

表 8-1 に，第二周期までの原子の軌道エネルギーをまとめた．

図 8-3 は H_2 の軌道相関図である．結合軸に沿って広がる MO を **σ 軌道**，それを占有する電子を **σ 電子**と言う．分子軸を z 軸としよう．等核二原子分子の MO は，分子の中心を原点として座標を反転させると，$\phi(-x,-y,-z) = (+1)\phi(x,y,z)$ となる偶関数か，$\phi(-x,-y,-z) = (-1)\phi(x,y,z)$ となる奇関数のどちらかになる．偶関数に g(gerade, ゲラーデ)，奇関数に u(ungerade, ウンゲラーデ) を添える．一方の 1s と他方の 1s が重なり，1s より安定化した結合性の $1\sigma_g$ 軌道と，不安定化した反結合性の $1\sigma_u$ 軌道ができる．σ の前の 1 は，同じ記号の軌道にエネルギーの低い方から付けた番号である．

表 8-1 第二周期までの原子の軌道エネルギー (eV)

	H	He	Li	Be	B	C	N	O	F	Ne
1s	−13.6	−25.0	−67.4	−128.8	−209.4	−308.2	−425.3	−562.4	−717.9	−891.8
2s			−5.3	−8.4	−13.5	−19.2	−25.7	−33.9	−42.8	−52.3
2p					−8.4	−11.8	−15.4	−17.2	−19.9	−23.1

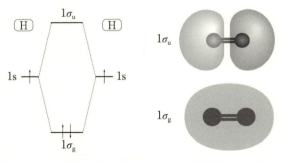

図 8-3 水素分子の軌道相関図，電子配置，分子軌道

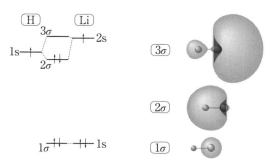

図 8-4 水素化リチウムの軌道相関図，電子配置，分子軌道

　構成原理で分子の電子配置を考えよう．H_2 の基底状態は $(1\sigma_g)^2$ となる．結合性軌道が二個の電子に占有され，反結合性の軌道は空なので二個の H 原子より安定化し化学結合ができる．He_2 にも同様な軌道相関図が描ける．基底状態の電子配置は，$(1\sigma_g)^2(1\sigma_u)^2$ となる．結合性軌道，反結合性軌道とも二個の電子に占有され，合計で安定化が得られず強い結合を作らない．

　図 8-4 は LiH の図である．左に H を置いている．Li の 1s は H の 1s よりずっと低く，2s は H の 1s より上になる．2p はさらに上なので，図には含まれていない．Li の 1s と H の 1s の相互作用は，ほとんどない．エネルギーが大きく違い，Li の 1s の分布が核に近い領域にほぼ限られて重なり積分も小さいからである．そのため Li の 1s はほぼそのまま 1σ 軌道となる．対称中心がないので，g,u は付かない．H の 1s と Li の 2s のエネルギーは，前者が下，後者 2s が上の関係である．LiH の 2σ は H の 1s が主成分でそれに Li の 2s が副成分として同位相で重なった結合性軌道で，エネルギーは H の 1s より下がる．Li の 2s に，低い H の 1s が逆位相で重なって不安定化した反結合性軌道 3σ ができる．電子配置は $(1\sigma)^2(2\sigma)^2$ となる．2σ を占有する二つの電子が安定化エネルギーを稼

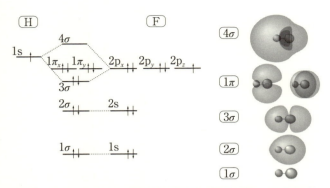

図 8-5 フッ化水素の軌道相関図，電子配置，分子軌道

ぎ，結合ができる．1σ を占有する二つの電子は Li の核付近に分布する．1σ はほぼ Li の 1s のため結合にほとんど寄与しない．一般に，内殻軌道は化学結合では重要な役割を果たさない．一方，2σ は H 側に広がった軌道である．ばらばらの原子の時 Li の 2s を占有していた電子も H 側に偏り，$\text{Li}^{\delta+}-\text{H}^{\delta-}$ の電荷分布となる．分子内で電荷が偏ることを**極性**という．最もエネルギーの高い被占軌道を HOMO[10]，最も低い空軌道を LUMO[11] という．LiH の HOMO は 2σ，LUMO は 3σ である．

図 8-5 は，HF の図である．F の 1s はエネルギーが特に低く H の 1s から大きく離れているため，HF の 1σ はほぼ F の 1s からなる．F の 2s も H の 1s より比較的大きく離れたエネルギーの低い軌道なので，2σ 軌道は主に F の 2s からなる．F の 2p は，H の 1s よりエネルギーは低いが近い．H の 1s 軌道と相互作用する F の 2p 軌道は，三つのうち対称の合う $2p_z$ 軌道のみとなる．F の $2p_z$ 軌道に H の 1s が同位相で重なり，F の $2p_z$ 軌道より安定化した結合性の 3σ ができる．3σ 軌道の主成分はエ

---

10) Highest Occupied Molecular Orbital
11) Lowest Unoccupied Molecular Orbital

ネルギーの低い F の $2p_z$ 軌道であり，この軌道を占有する電子は F 側に偏る．一方，F の $2p_z$ と H の 1s が逆位相で重なり，反結合性の 4σ が形成される．エネルギーは H の 1s よりも高くなり，主成分は H の 1s である．分子軸に垂直な p 軌道を成分とする MO は **π軌道**，それを占有する電子は **π電子** と呼ばれる．F の $2p_x$ と $2p_y$ は，そのまま縮重した 1π 軌道となる．従って電子は F に偏る．結合に関与しない分子軌道を**非結合性軌道**という．HF の電子配置は，$(1\sigma)^2(2\sigma)^2(3\sigma)^2(1\pi_x)^2(1\pi_y)^2$ である．$1\sigma, 2\sigma, 1\pi_x, 1\pi_y$ は F の原子軌道と考えてよいので 10 個のうち 8 個の電子は F 原子の時と同じ分布をしている．全体として 3σ を占有する電子が安定化エネルギーを稼ぎ結合する．F 側に主に分布する 3σ を占有する電子のうち一つは，もとは H 原子の 1s 軌道の電子なので，HF の電荷分布は $H^{\delta+}-F^{\delta-}$ と書ける．

LiH, HF の極性は，経験的な電気陰性度からの予想と一致する．ポーリング (Pauling) の電気陰性度の値は，F を 4.0 とすると H が 2.1，Li が 1.0 である．

8.3.2 多重結合と結合距離

図 8-6 は O_2 の軌道相関図である．1s の広がりが小さく，重なりも小さいため $1\sigma_g$ と $1\sigma_u$ のエネルギー差はほとんどない．1s 同士より 2s 同士の重なりが大きく $2\sigma_g$ と $2\sigma_u$ のエネルギー差は $1\sigma_g$ と $1\sigma_u$ より大きい．2p 軌道の相互作用は，σ 型の重なりの $2p_z$ 同士，π 型の重なりの $2p_x$ 同士及び $2p_y$ 同士の組み合わせとなる．$2p_z$ は互いに相手の方向に広がる軌道で重なりが大きく，結合性の $3\sigma_g$ と反結合性の $3\sigma_u$ のエネルギー分裂は，$1\sigma_g$ と $1\sigma_u$，$2\sigma_g$ と $2\sigma_u$ より大きくなる．二つの $2p_x$ 軌道から結合性の $1\pi_{ux}$ 軌道と反結合性の $1\pi_{gx}$ 軌道ができる．結合性が u，反結合性が g で σ 軌道とは gu が逆になる．$2p_x$ は結合軸に垂直な方向に広が

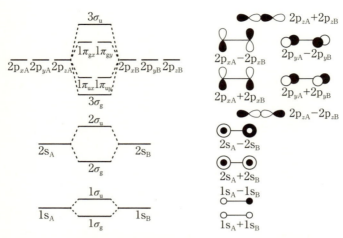

図8-6　酸素分子の軌道相関図と分子軌道の概略図

るので重なりが小さく，$1\pi_{ux}$ と $1\pi_{gx}$ の分裂は $3\sigma_g$ と $3\sigma_u$ の分裂より狭い．$2p_y$ 軌道同士から $1\pi_{uy}, 1\pi_{gy}$ 軌道ができる過程も同様に考えることができる．$1\pi_{ux}$ と $1\pi_{uy}$ は縮重し，$1\pi_{gx}$ と $1\pi_{gy}$ も縮重する．

F_2 にも O_2 と同様な相関図が描ける．一方，B_2, C_2, N_2 では，$3\sigma_g$ と $1\pi_u$ の順番が変わる．等核二原子分子でも，異なる AO 間の相互作用はある．しかし，一般に電子殻が違う軌道間はエネルギー差が大きく相互作用が小さいので，1s と 2s, 2p の間はこれを無視して分けて扱うことができる．O_2, F_2 では，2s と 2p もエネルギー差が大きいので，分けて考えてよい．一方，B, C, N は 2s と 2p のエネルギーが近く，同じ軌道同士の相互作用に加え，片方の 2s と相手の $2p_z$ との相互作用も比較的大きくなる．2s が下，$2p_z$ が上のエネルギー関係なので，2s と $3\sigma_g$ の中の相手の $2p_z$ の反結合的重なりで $3\sigma_g$ のエネルギーは少し上がり，$1\pi_{ux}$ と $1\pi_{uy}$ を追い越す．一方，片方の $2p_z$ は $2\sigma_u$ 軌道中の相手の 2s に対して同位相で重なり，$2\sigma_u$ を少し安定化させる．

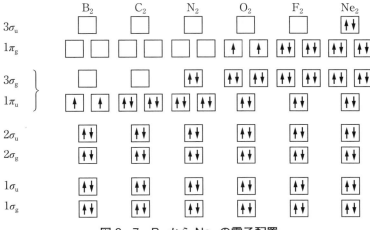

図 8-7 B$_2$ から Ne$_2$ の電子配置

図 8-7 に B$_2$ から Ne$_2$ の電子配置を示した．O$_2$ は縮重した $1\pi_{gx}$ と $1\pi_{gy}$ が同スピンの不対電子に占有される．不対電子を持つ分子は，**常磁性**（強力な磁石にくっつく性質）を示す．不対電子を持たず，磁石にくっつかない分子は，**反磁性分子**という．

安定な二原子分子ができるかを知るうえで，**結合次数**という指標がある．定義は，

$$結合次数 = \left(\frac{1}{2}\right) \times (結合性軌道の電子数 - 反結合性軌道の電子数) \tag{8.31}$$

である．図 8-8 に，B$_2$ から F$_2$ の結合次数，結合エネルギー，結合距離をまとめた．結合次数が高いと結合距離は短くなり，結合エネルギーは大きくなっている．これらの分子では，$1\sigma_g$ から $2\sigma_u$ までは 2 個の電子に占有され，結合性と反結合性が相殺しているので，$2\sigma_u$ より高い軌道の占有状況が，結合の強さを決める．結合次数が 1 の場合を**単結合**，2 以上

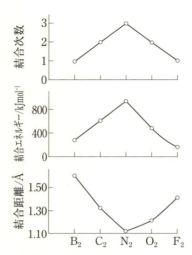

図 8-8　B_2 から F_2 の結合次数, 結合エネルギー, 結合距離

の場合を総称して**多重結合**という. 多重結合はさらに結合次数に応じ**二重結合, 三重結合**という. Ne_2 は結合次数がゼロで, 強い化学結合ができない.

単結合では結合性の σ 軌道が結合に重要な役割を担っている. 多重結合では, π 軌道も重要である. N_2 では, 結合性の $3\sigma_g$, $1\pi_{ux}$ と $1\pi_{uy}$ が合計 6 個の電子に占有されている. 対応する反結合性軌道, $3\sigma_u$, $1\pi_{gx}$ と $1\pi_{gy}$ の占有数はゼロである. 結合次数は 3 で強い結合となる. C_2 と O_2 では電子配置が異なるのに, 結合次数はともに 2 となる. C_2 では結合性の $1\pi_u$ までが占有されている. 一方, O_2 ではさらに結合性の $3\sigma_g$ が 2 個の電子に占有されるものの, 反結合性の $1\pi_{gx}$ と $1\pi_{gy}$ も一つずつの電子に占有され, 結合次数への寄与を打ち消す. 電子数が多ければ結合が強いわけではなく, 何重結合かは必ずしも共有される電子対の数ではない.

演習問題

1. $\phi = \sum_{q=1}^{N_{AO}} c_q \chi_q$ と書こう．エネルギーの期待値 ϵ は，

$$\epsilon = \frac{\int \phi^* \hat{H} \phi \, \mathrm{d}v}{\int \phi^* \phi \, \mathrm{d}v} = \frac{\int \left(\sum_{p=1}^{N_{AO}} c_p \chi_p\right)^* \hat{H} \left(\sum_{q=1}^{N_{AO}} c_q \chi_q\right) \mathrm{d}v}{\int \left(\sum_{p=1}^{N_{AO}} c_p \chi_p\right)^* \left(\sum_{q=1}^{N_{AO}} c_q \chi_q\right) \mathrm{d}v}$$

となる．求めるのは，

$$\frac{\partial \epsilon}{\partial c_p^*} = 0, \quad \frac{\partial \epsilon}{\partial c_p} = 0 \quad (p = 1, 2, \cdots, N_{AO})$$

を満たす係数である．式 (8.13), (8.14) にあたる式が，

$$\sum_{q=1}^{N_{AO}} \{H_{pq} - \epsilon S_{pq}\} c_q = 0 \quad (q = 1, 2, \cdots, N_{AO})$$

となることを示しなさい．

2. Li_2 と Be_2 の軌道相関図を描き，電子を矢印で記しなさい．それぞれ安定な分子となるか，考察しなさい．

3. H_2 の電子配置は，$(1\sigma_g)^2$ と書かれる．これに倣い，次の分子の電子配置を記しなさい．（CO は 5σ が 1π より低い）

    (a) C_2 (b) O_2 (c) CO

4. 第二周期元素の等核二原子分子の中で，常磁性であるものをすべて挙げなさい．

9 化学結合と分子構造

橋本健朗

《目標&ポイント》 電子密度を基に，化学結合の姿を掴む．軌道相互作用を活用し，簡単な多原子分子の構造を導く．混成軌道の考え方を基に多原子分子の構造を理解する．
《キーワード》 電子密度，共有結合，イオン結合，ウォルシュダイアグラム，原子価，混成軌道

9.1 電子密度

9.1.1 水素分子とヘリウム分子

図9-1にH$_2$分子とHe$_2$の差電子密度を示した．電子密度$\rho(\bm{r})$は

$$\rho(\bm{r}) = \sum_{i=1} n_i |\phi_i(\bm{r})|^2 \tag{9.1}$$

で定義され，単位体積あたりの電子数を表す[1]．n_iはMO$\phi_i(\bm{r})$の占有数である．差電子密度は結合前の原子の電子密度を分子の電子密度から引いたものである．

H$_2$では，相手の原子が$8\,a_0$の距離に来ると電子は結合領域に移動する．さらに近づくと，結合領域の電子密度が一層高まっている．

一方，He$_2$では二つの原子が近づくにつれ，反結合領域に電子密度が移る．He–Heが強い結合を作らない理由は，結合性と反結合性軌道を占有する電子のエネルギーがキャンセルするからというだけでなく，同

---
[1] 全電子密度．電気素量を掛ける場合もある．その場合電荷密度ともいう．

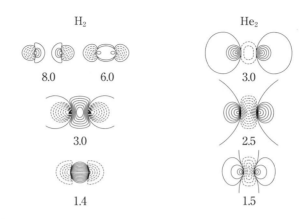

図 9–1 H_2 と He_2 の差電子密度
実線は電子密度が増．破線が減．数字は核間距離 (a_0).

時に電子の反結合領域への移動で He 原子同士が反発しあうからというのが相応しい．

9.1.2 共有結合

　一般に**共有結合**は，二つの原子が電子を出し合い電子対を共有する結合と説明される．Li–Li, N≡N などはその簡便な表現法である．図 9–2 は，Li_2 と N_2 の全電子密度と差電子密度である．全電子密度を見ても単結合の一本線や三重結合の三本線が見えるわけではない．N_2 は，核電荷が大きく電子数も多いので核に近い領域の密度は高く等高線の間隔も狭い．一方，差電子密度からは Li_2 では分子になると電子密度が結合領域で増え，反結合領域で減っているが，N_2 では π 電子も加わって複雑になる．単純に結合領域で増，反結合領域で減ではなく，反結合領域にも電

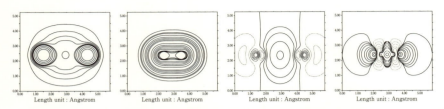

図 9-2 Li_2 と N_2 の全電子密度(左)と差電子密度(右).

左の二つは全電子密度(Li_2, N_2 の順),右の二つは差電子密度(同).実線は正(増),破線は負(減).核に近い領域での全電子密度の等高線は省略.枠線の目盛はÅ.

子が増えている.2s と $2p_z$ の相互作用で $3\sigma_g$ は分子の外側にも広がりを持つからである.量子力学で描く結合の姿には,結合を線にしたのでは表せない分子の個性が見られる.

9.1.3 イオン結合

表 9-1 に Li_2, F_2, LiF の結合エネルギーと結合距離を示した.Li_2 と F_2 は単結合で,結合エネルギーは 1.05 eV と 1.69 eV である.一方 LiF の結合エネルギーは 5.95 eV で,Li_2 と F_2 の結合エネルギーよりずっと大きい.Li と F のように電気陰性度の差が大きい原子同士の結合は**イオン結合**という.

図 9-3 に Li-F の電子密度を示した.一番外側の線の電子密度,また等高線の密度間隔はどの図でも同じである.上段は,核間距離が長く二

表 9-1 Li_2, F_2, LiF の結合エネルギー (eV) と結合距離 (Å)

分子	結合エネルギー	結合距離
Li_2	1.05	2.67
F_2	1.69	1.42
LiF	5.95	1.53

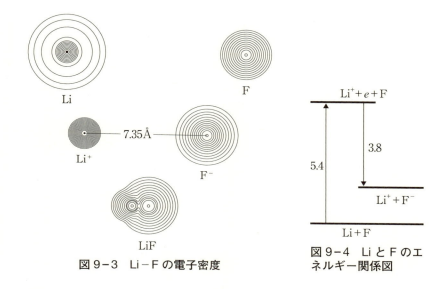

図9-3 Li−Fの電子密度

図9-4 LiとFのエネルギー関係図

つの原子の状態を示す．Liは核電荷が小さく，電子数も少ないので外側の等高線の間隔は際立って広く，電子分布は非常に大きく広がる．もちろん，一番外側の等高線のさらに外側にも電子は低密度で分布している．一方，FはLiと比べ核電荷は大きく電子数も多いので，等高線の間隔は狭くコンパクトな分布になる．中段の7.35Åに近づいた時の密度分布では，電子がLiからFに移りLi$^+$…F$^-$型になっている．原子の分布と広がりを比べるとLi$^+$は小さく，F$^-$は大きい．陽イオンが小さく，陰イオンが大きくなるのは一般的なことなので覚えておくとよい．面白いことに，Li$^+$はFに電子を渡す前の原子より値の高い等高線が密に集まっている．電子の避けあいが減って，原子では薄く広く分布していた電子密度が集まったと考えられる．一方，F$^-$は逆に原子より少し線間隔の広い等高線が外側に広がっている．電子数とともに，互いの避けあいの効果も増している．一番下の平衡距離では，大小二つの球状の分布が接触

するイオン対型ではなく，核の間で原子軌道が重なり合った量子力学的効果が表れる．中段の図と比べると Li 側の等高線間隔は Li^+ より広く，F 側の広がりは F^- より狭い．LiF 分子は，完全なイオン対とまではいかないが，電子は大きく偏っている．

図 9-4 は，Li と F のエネルギー関係図である．Li のイオン化エネルギーは 5.4 eV，F の電子親和力は 3.8 eV である．Li のイオン化に要するエネルギーは，F の電子付着による安定化で賄いきれず，1.6 eV 不足する．距離が R (Å) 離れた正負の電荷間のクーロン相互作用による安定化は $E = -14.4/R$ (eV)[2] となる．LiF の平衡距離で正負の一価イオン間のクーロン相互作用は -9.4 eV となり，不足分を補ってもなお 7.8 eV の安定化が得られる．両原子とも完全に一価イオンになっているわけではないが，クーロン相互作用が結合エネルギーに重要な役割を担っている．

9.2 基本的分子の構造

9.2.1 H_3^+

軌道相互作用の原理は，三原子以上にも応用できる．H の AO と H_2 の MO から H_3^+ の MO を組み立てよう．図 9-5 (a) のように，H_A と $H_B - H_C$ の中点を通る線を z 軸とし，原子を yz 面に配置する．原子軌道と分子軌道，あるいは分子軌道と分子軌道の相互作用にも対称性が利用できる．図 9-5 (b) で相互作用前の軌道を見ると，H_A の 1s と $H_B - H_C$ の $1\sigma_g$ は，紙面に垂直な zx 面の左右で符号が同じ，対称な関数である．対称，symmetric の頭文字をとって s のグループに入れる．一方，$1\sigma_u$ は zx 面の左右で符号が逆，反対称になる．antisymmetric の頭文字から，a

---

[2] $E = -\dfrac{e^2}{4\pi\epsilon_0 R}$ に $e = 1.60218 \times 10^{-19}$ C, $\epsilon_0 = 8.85419 \times 10^{-12}$ C^2/(Jm) を代入し，1J $= 6.24151 \times 10^{18}$ eV で eV 単位に換算．

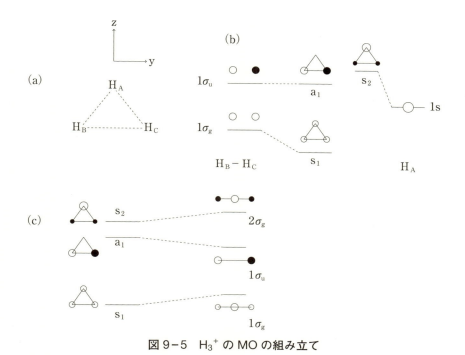

図 9-5　H$_3^+$ の MO の組み立て

(a) 座標軸 (b) 曲がった構造での H$_2$ の MO と H の 1s の相互作用 (c) 曲がった構造から直線構造への MO の相関

のグループに分類する．対称が同じ s の 1s と $1\sigma_g$ が同位相で相互作用して $1\sigma_g$ より安定化した軌道 (s$_1$) と，逆位相の相互作用で不安定化した軌道 (s$_2$) ができる．$1\sigma_u$ は 1s とは対称が合わず相互作用がないのでそのまま a$_1$ になる．(c) のように曲がった構造から直線構造へ変形すると，H$_B$ と H$_C$ の 1s 軌道の同位相の重なりが弱まるため，s$_1$, s$_2$ 軌道のエネルギーは上がる[3]．直線型への変形で H$_B$ と H$_C$ の距離が長くなり，H$_B$, H$_C$ の 1s 軌道の反結合的な相互作用が弱まるので，a$_1$ 軌道のエネルギー

---

3) H$_A$ の 1s と H$_B$, H$_C$ の 1s の重なりは丸い軌道同士なので ∠H$_B$H$_A$H$_C$ に依らない．

は下がる．H_3^+ は基底状態では s_1 だけが二つの電子に占有され，曲がった構造と予想される．この分子イオンは，星間分子として知られており，実験から三つの水素が等価な正三角形型とされている．

9.2.2 AH_2 型分子

第二周期の原子 A を含む AH_2 型分子の MO を組み立てよう．A が酸素なら水，H_2O である．図 9-6 では H_3^+ の H_A が原子 A に変わった．原子の配置は直角二等辺三角形である．今度は，yz 面に関する対称性も考えよう．zx 面，yz 面に関して s か a かで軌道を分類すると，$1\sigma_g$ は zx 面，yz 面に関しともに対称なので ss と書ける．$1\sigma_u$ は as になる．原子

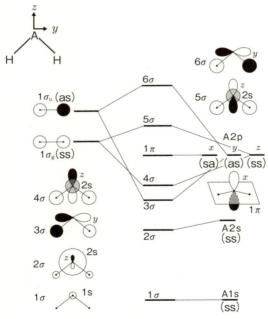

図 9-6 AH_2 型分子の MO の組み立て

A で考慮する軌道は 1s から $2p_z$ である．その中で ss は 1s, 2s, $2p_z$, as は $2p_y$ で，残りの $2p_x$ は sa になる．aa の軌道はない．$1\sigma_g$ と対称が合うのは 1s, 2s, $2p_z$, $1\sigma_u$ と対称が合うのは $2p_y$，両方合わないのが $2p_x$ である．

$1\sigma_g$ と $1\sigma_u$ のエネルギーは A の 2p より高い．ss グループには四つの材料軌道（H_2 の $1\sigma_g$，A の 1s, 2s, $2p_z$）が属するので，4 つの軌道ができる．1s はエネルギーが大きく離れた軌道で，ほぼそのまま 1σ となる．2s も同様で 2σ の主成分となる．$1\sigma_g$ が 2s 軌道に結合的に相互作用するがやはりエネルギー差が大きいので，2σ の 2s からの安定化は小さい．$2p_z$ は 2s 軌道と直交し原子の時に重なりはないが，$1\sigma_g$ との相互作用を通じて 2σ に混ざり得る．2σ の中の $1\sigma_g$ 成分と同位相の重なりとなるが，エネルギーが高いのでこの効果は小さい．ss グループの中で最も相互作用が大きいのは，$2p_z$ と $1\sigma_g$ で，エネルギーの低い $2p_z$ に $1\sigma_g$ が結合的に重なった 4σ と $1\sigma_g$ に $2p_z$ が反結合的に重なった 5σ ができる．4σ と 5σ の中の $1\sigma_g$ 成分に対し，エネルギーの低い 2s が反結合的に少し重なり，これらの MO のエネルギーを上げる．as グループでは，$2p_y$ にエネルギーの高い $1\sigma_u$ が結合的に重なり，$2p_y$ が主成分，$1\sigma_u$ が副成分で，$2p_y$ より安定化した 3σ 軌道ができる．$2p_z$ と $1\sigma_g$ より重なりが大きく，3σ は 4σ よりエネルギーが低くなる．この軌道は AH の σ 結合を担う．また $1\sigma_u$ が主成分でそれには $2p_y$ が反結合的に副成分で重なり $1\sigma_u$ よりエネルギーが上がった 6σ ができる．$2p_x$ は対称の合う軌道がないので，非結合性の 1π 軌道になる．MO の記号は 2 原子分子からの拡張である．

9.2.3 電子配置と結合角

図 9-7 は AH_2 型分子の AH 距離を一定にして HAH 角度を変化させたときの軌道エネルギーの変化を表し，**ウォルシュ (Walsh) ダイアグラム**という．図 9-6 も合わせて見てほしい．ほぼ A1s の 1σ のエネルギー

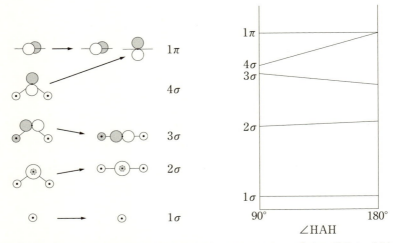

図 9-7 AH$_2$ 型分子の MO の概略（左）とウォルシュダイアグラム（右）

は，角度にほとんどよらない．2σ は角度が開くにつれて二つの H の 1s の同位相の重なりが減り，直線では 2σ に少し混ざっている A2p$_z$ と対称が合わなくなるのでわずかに右上がりになる．3σ は直線に近づくほど H1s と A2p$_y$ の重なりが大きくなり，エネルギーが下がる．4σ は角度が開くと H1s 同士及び H1s と A2p$_z$ の同位相の重なりが減り，直線では対称性から主成分である純粋な A2p$_z$ になるため，大きくエネルギーが上がる．直線では 1π（A2p$_x$）と縮重する．

分子中の電子の全エネルギーを近似的に各電子が占有する軌道のエネルギーの和と考え，その和が最低の構造として分子構造が予想できるというのが**ウォルシュ則**である．右下がりの線の準位が占有されると角度が開くほど安定で，右上がりの線の準位が占有される場合は角度が狭いほど安定になる．また，$90°$ から $180°$ への 4σ の上がり方は，3σ の下がり方の倍程度ある．どこまで占有されるかは，原子 A の種類による．表 9-2

表 9-2　AH$_2$ 型分子の電子配置と分子構造

AH$_2$	価電子数	電子配置					結合角	結合距離
		1σ	2σ	3σ	4σ	1π	$\theta°$	R_{AH}(Å)
BeH$_2$	4	↑↓	↑↓	↑↓			180	1.33
BH$_2$	5	↑↓	↑↓	↑↓	↑		131	1.18
CH$_2$	6	↑↓	↑↓	↑↓	↑	↑	136	1.08
CH$_2$	6	↑↓	↑↓	↑↓	↑↓		102.4	1.11
NH$_2$	7	↑↓	↑↓	↑↓	↑↓	↑	103.4	1.02
H$_2$O	8	↑↓	↑↓	↑↓	↑↓	↑↓	104.5	0.96

にいくつかの AH$_2$ 型分子の電子配置と構造をまとめた．BeH$_2$ の価電子数は 4 で 3σ まで占有され直線が安定と予想されるが，実験でも確かめられている．BH$_2$ では一つ増えた価電子が 4σ を占有する．この電子一つ分の不安定化と 3σ 電子二つ分の安定化がだいたい釣り合う 135° 程度が安定と予想される．CH$_2$ には不対電子を二つ持つ状態と，持たない状態がある．前者では追加された価電子が 1π を占有し，この軌道のエネルギーは角度に依存しないので，結果的に BH$_2$ と同程度の角度になると予想される．実験値は 136° で予想通りである．一方，不対電子を持たない状態は 4σ まで電子対に占有されるから，角度は 90° に近くなるはずである．実験値は 102° である．NH$_2$, H$_2$O ではこれに加わる価電子が 1π を占有するため，結合角は不対電子のない CH$_2$ と近くなるはずだが，実験と一致している．H と比べて A 原子の電気陰性度が大きくなると電荷の偏りが大きくなり結合のイオン性が増して結合は強くなる．その結果 AH 距離は短くなる．H$_2$O の 1π 軌道を占有する電子は，非共有電子対（孤立電子対）である．

9.3 混成軌道
9.3.1 炭素化合物

原子の持つ不対電子の数が，**原子価**，その原子が作る共有結合の本数を決めている．いわゆる手の数である．第 8 章で学んだ等核二原子分子では，各原子の原子価と基底状態の原子の持つ不対電子の数は一致している．一方で，メタン CH_4 は四本の CH 結合を持ち，炭素を中心とする四面体の頂点に水素が位置する構造であることがわかっている．

炭素の 2s 電子の一つが空の 2p 軌道に励起して 2s [↑] 2p [↑|↑|↑] の配置になり，励起エネルギーを上回る安定化を H との結合で得ていると考えれば，結合の数を説明できる．しかし，2s と 2p の空間的広がり方は違うので，4 つの CH 結合は等価にならないはずである．

二原子分子の結合を，二つの AO を抜き出した軌道相互作用と MO の占有状況で理解できた．多原子分子の MO は，一つの原子内の AO も，異なる原子の AO も多数重なって分子全体に広がり，各 MO を一本一本の結合，二つの AO の相互作用に対応させて理解することは難しくなる．そこで一つの原子内の軌道，例えば 2s と 2p をばらばらに扱うのでなく，それらの線形結合で分子中の原子価を理解するのに適した軌道（**混成軌道**）を表し，それと結合する相手の原子の軌道との軌道相互作用を考察することがしばしば行われる．予め原子内の AO を組み合わせて，軌道相互作用する片方の軌道にして考えようというのである．

図 9-8 は，2s と 2p 軌道からなる sp（エスピー），sp^2（エスピーツー），sp3（エスピースリー）混成軌道を示す．これらは，広がる方向が重要である．各混成軌道中の 2s, 2p 軌道の係数は正規直交条件から決まる．sp 混成軌道は，s 軌道と 2p 軌道の 1 対 1 の組み合わせで，等価な軌道が二つできる．2p 軌道は，$2p_x, 2p_y, 2p_z$ のどれでもよい．二つの sp 混成軌

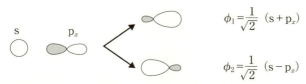

(a) sp 混成軌道は一つの s 軌道と一つの p 軌道の線形結合.

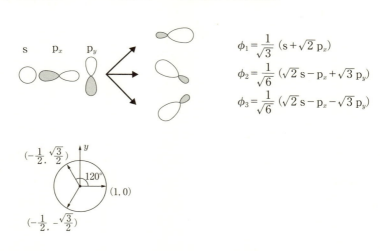

(b) sp^2 混成軌道は一つの s 軌道と二つの p 軌道の線形結合.

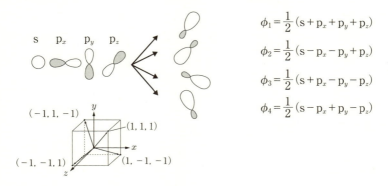

(c) sp^3 混成軌道は一つの s 軌道と三つの p 軌道の線形結合.

図 9-8　sp, sp^2, sp^3 混成軌道

道は，向きが逆になる．s 軌道が一つと p 軌道二つから，三つの sp^2 混成軌道ができる．$2p_x, 2p_y, 2p_z$ のどの組み合わせでもよい．三つの軌道は互いに正三角形の中心から頂点に向かい，同じ平面に広がる．sp^3 混成軌道は一つの s 軌道と三つの p 軌道の線形結合で，四面体の中心から頂点に向かう四つの等価な軌道になる．

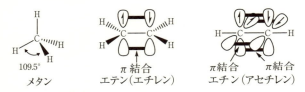

炭素の sp^3 混成軌道は四つあるから，四つの H の 1s と相互作用し，四本の CH 結合を持つメタン CH$_4$ ができる．エテン（エチレン），C$_2$H$_4$ を考えよう．二つの CH$_2$ が CC 結合を作っている．各 CH$_2$ の炭素が sp^2 混成軌道のうち二つで H と結合する．残る一つの sp^2 混成軌道を使って CC の σ 軌道ができる．余っている 2p 軌道が重なって π 軌道ができる．これらはそれぞれ電子対に占有される．従って全体は H$_2$C＝CH$_2$ 型の二重結合で，全体は平面型分子となる．C＝C 二重結合のうち一本は分子軸方向の σ 結合，一本は分子面外に広がった π 結合である．同様な考え方で，エチン（アセチレン）は，sp 混成軌道で H と結合した炭素が残りの sp 混成軌道で相手炭素と σ 結合し，直線分子となる．分子軸に垂直で対称の合う 2p 軌道が二組の π 結合を作る．CC は一本の σ 結合，二本の π 結合を持つ三重結合となる．

9.3.2 等電子体と配位結合

メタン CH$_4$ とアンモニア NH$_3$ は，いずれも全部で 10 個の電子を持つ，**等電子体**である．NH$_3$ は，N が sp^3 混成軌道で 3 つの H と結合し，

残る一つのsp³混成軌道は非共有電子対に占有されている．もし混成がなければ，NH₃のH−N−H角は二つのp軌道のなす角90度近くになるはずだが，実際の角度はCH₄のHCHに近い106.7度である．

またアンモニウムイオンNH₄⁺は正四面体構造となる．NH₃が非共有電子対をH⁺に供与し，H⁺の空の1s軌道と相互作用した軌道を占有すると考えると説明できる．一方の原子（今の場合N）の非共有電子対が提供され，もう一方の空の軌道との相互作用で形成される結合を，**配位結合**という．

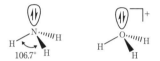

H₃O⁺は原子配置だけを見れば三つのHを底面とする三角錐型である．Oがsp³混成軌道を使って二つのHと結合し，二つの非共有電子対のうちの一つを，H⁺に供与すると考えると，残った非共有電子対も含めて四面体型で，NH₃と同様に構造を説明できる．H₃O⁺の三つのOHは等価になっている．

9.3.3 多様な化合物

d軌道を含む混成軌道もある．図9−9に代表例を示した．三角両錐型dsp³混成軌道はd軌道，s軌道一つずつと三つのp軌道からなる．構造の理解には非共有電子対まで含めて考えることが重要である．二つのd軌道，一つのs軌道，三つのp軌道からなるd²sp³混成軌道で八面体構造が組みあがる．SF₆のイオウSは原子価が6でd²sp³混成と考えることができる．

配位する原子や分子，イオンを配位子，その数を配位数という．電子対受容体が金属で配位結合をもつ化合物は，金属錯体と呼ばれる．その

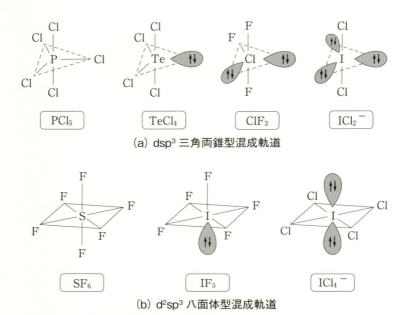

図 9-9 (a) dsp^3 三角両錐型混成軌道と (b) d^{2}sp^3 八面体型混成軌道

一例である $[Co(NH_3)_6]^{3+}$ は，実験から反磁性で不対電子を持たないことが分かっている．Co （[Ne]$(3s)^2(3p)^6(4s)^2(3d)^7$）の 4s と 3d 軌道から三つの電子が抜けた Co^{3+} が，3d に不対電子が残らないように電子を詰め替える[4]．残りの六つの空軌道，二つの 3d，一つの 4s，三つの 4p からなる d^{2}sp^3 混成軌道に NH_3 から非共有電子対を受け取って，配位結合の安定化エネルギーが電子を詰め替える（励起）エネルギーを上回っていると考えれば説明できる．組みあがる構造は正八面体型になる．

---

4) Co^{3+} の電子数は Cr と同じ．Cr では電子配置の異常が起こる（第 6 章）．裸の Co^{3+} の電子配置には精密な議論が必要になる．ここでは $[Co(NH_3)_6]^{3+}$ の電子配置（構造）を説明できる Co^{3+} の電子配置になっている．多くの遷移元素のイオンでは，最外殻の s 軌道の電子が放出される．

第9章 化学結合と分子構造 | 171

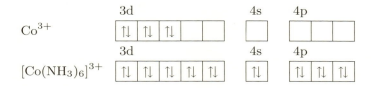

　図9-10にはs, p, d軌道を含む混成軌道による代表的化合物をまとめてある．最外殻の主量子数が増すと，属する軌道数が増え，それらのエネルギーは互いに近くなる．多数の方位量子数の高い軌道が重なって結合を成すことが，分子の構造を多様にし，化学を豊かにしている．金属錯体の構造の理解には，配位子がついて金属の原子軌道の縮重が解けること，電子スピンを揃えることの安定化，同じ軌道を占有する電子の反発などを考慮した専門的な議論が必要なので本書では深入りしない．
　さて，この章では実験でわかっている分子構造や磁性が先にあって，その説明に混成軌道を登場させた．つまり，混成軌道は後付けである．ご都合主義と感じたかもしれない．しかし，多様な分子構造を説明する考え方として，今でも広く使われている．
　一方，タンパク質など分子が大きくなると，直接結合する原子同士ばかり見ていては木を見て森を見ないことにもなる．通常の分子軌道法に基づく全エネルギーが最低になる構造を決めることが，盛んに行われている．
　研究の現場では，計算に頼るばかりでなく化学を抜き出そうとすることも，コンピューターを上手に活用することも大事になる．
　通常の有効ポテンシャル（平均場近似）に基づく分子軌道は，<u>正準軌道</u>と呼ばれる．正準軌道を数学的に変換すると，混成軌道に相当する軌道が得られる[5]．

---

5) 結合する原子間に局在化するような変換．局在化軌道という．

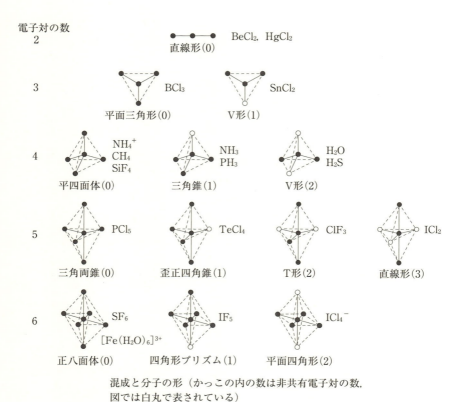

混成と分子の形（かっこの内の数は非共有電子対の数，図では白丸で表されている）

図 9-10　s, p, d 軌道を含む混成軌道による代表的化合物

演習問題

1 Ne の第一イオン化エネルギーは 21.6 eV，F の電子親和力は 3.6 eV である．F^- のイオン半径は 1.36 Å である．NeF はできるか否か，予想しなさい．

2 次の分子の構造を予想しなさい．
  (1) CO_2　(2) O_3　(3) BeF_2　(4) BH_3

10 | π共役系分子

橋本健朗

《目標＆ポイント》 ヒュッケル法の考え方を学ぶ．鎖状ポリエン，環状ポリエンのエネルギー準位構造とπ分子軌道の特徴を押さえる．ヒュッケル法を通じて，分子の機能を理解する．
《キーワード》 ヒュッケル法，共鳴，π共役系，非局在化エネルギー，フロンティア軌道，芳香族性，HOMO－LUMO ギャップ

10.1 ヒュッケル法
10.1.1 ヒュッケル法の考え方

H_2^+ イオンや H_2 分子の永年方程式は

$$\begin{vmatrix} H_{11} - \epsilon S_{11} & H_{12} - \epsilon S_{12} \\ H_{21} - \epsilon S_{21} & H_{22} - \epsilon S_{22} \end{vmatrix} = 0 \tag{10.1}$$

である．第7，8章を思い出せば，核間距離が長い場合を考えて，これを簡略化した

$$\begin{vmatrix} \alpha - \epsilon & \beta \\ \beta & \alpha - \epsilon \end{vmatrix} = 0 \tag{10.2}$$

を解いた結果でも軌道相関図が描け，軌道相互作用の本質を抜き出せる．ここで，$H_{11} = H_{22} = \alpha$，$H_{12} = H_{21} = \beta$ である．AO の規格化条件から $S_{11} = S_{22} = 1$，一方 $S_{12} = S_{21}$ はゼロと近似している．二式を比べると，式 (10.2) は各 AO の自分自身との重なり積分は 1，異なる原子の AO 間の重なりは無視（ゼロ），結合する原子の AO 間の共鳴積分は残す

という近似と見ることもできる.

　ヒュッケル (Hückel) 法では，これらをクーロン積分 α は原子軌道のエネルギー，結合する同種原子の AO 間の共鳴積分 β は共通の値，結合していない原子の AO 間の共鳴積分はゼロの規則にする．重なり積分も共鳴積分も AO の干渉によるから，離れた原子の軌道間では小さいだろう．結合する原子間で重なり積分は無視するのに，共鳴積分は残すのはズルいのだが，本質を失わずに面倒な計算を避けるアイディアである．主に π 軌道に使う理論だが，まず直線（結合二本）と三角形（三本）の H_3^+ から始めよう．

10.1.2　H_3^+

　直線構造の H_3^+ の水素原子に左端から 1, 2, 3 の番号を付ける．永年方程式は，水素 1 と 2，2 と 3 が結合しているので，下の矢印の左の式から規則に従って右の式になる．

$$\begin{vmatrix} H_{11} - \epsilon S_{11} & H_{12} - \epsilon S_{12} & H_{13} - \epsilon S_{13} \\ H_{21} - \epsilon S_{21} & H_{22} - \epsilon S_{22} & H_{23} - \epsilon S_{23} \\ H_{31} - \epsilon S_{31} & H_{32} - \epsilon S_{32} & H_{33} - \epsilon S_{33} \end{vmatrix} = 0$$

$$\rightarrow \begin{vmatrix} \alpha - \epsilon & \beta & 0 \\ \beta & \alpha - \epsilon & \beta \\ 0 & \beta & \alpha - \epsilon \end{vmatrix} = 0 \tag{10.3}$$

水素 1 と 3 は繋がっていないので, (1,3), (3,1) 要素はゼロになる. 全体を β で割って

$$\begin{vmatrix} \dfrac{\alpha-\epsilon}{\beta} & 1 & 0 \\ 1 & \dfrac{\alpha-\epsilon}{\beta} & 1 \\ 0 & 1 & \dfrac{\alpha-\epsilon}{\beta} \end{vmatrix} = 0$$

ここで,

$$-\lambda = \frac{\alpha-\epsilon}{\beta} \tag{10.4}$$

とおくと, 行列式は,

$$\begin{vmatrix} -\lambda & 1 & 0 \\ 1 & -\lambda & 1 \\ 0 & 1 & -\lambda \end{vmatrix} = 0 \tag{10.5}$$

と書き換えられる. これを解くと,

$$\lambda = 0, \pm\sqrt{2} \tag{10.6}$$

一方, 三角形構造の永年方程式は, 1 番と 3 番が繋がって, (1,3), (3,1) 要素が β になり, さらに式 (10.4) も使って,

$$\begin{vmatrix} \alpha-\epsilon & \beta & \beta \\ \beta & \alpha-\epsilon & \beta \\ \beta & \beta & \alpha-\epsilon \end{vmatrix} = 0 \rightarrow \begin{vmatrix} -\lambda & 1 & 1 \\ 1 & -\lambda & 1 \\ 1 & 1 & -\lambda \end{vmatrix} = 0 \tag{10.7}$$

となる. 解は,

$$\lambda = 2, -1, -1 \tag{10.8}$$

である.

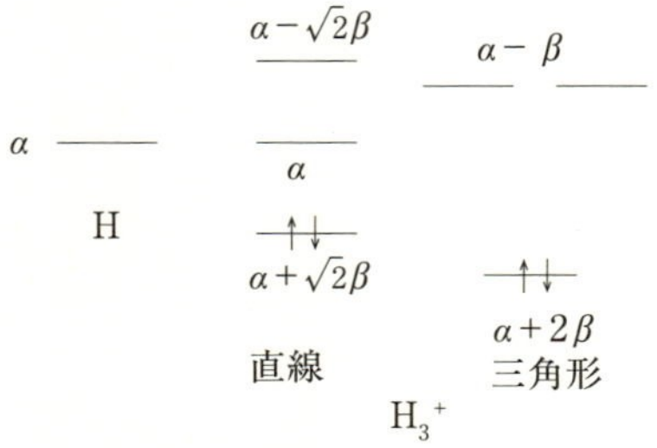

$$
\begin{array}{ccc}
& \underline{\quad} \; \alpha-\sqrt{2}\beta & \underline{\quad} \; \alpha-\beta \\
\alpha \; \underline{\quad} & \underline{\quad} \; \alpha & \\
\text{H} & \underline{\uparrow\downarrow} \; \alpha+\sqrt{2}\beta & \underline{\uparrow\downarrow} \; \alpha+2\beta \\
& 直線 & 三角形 \\
& \text{H}_3{}^+ &
\end{array}
$$

図 10-1　$\text{H}_3{}^+$ のエネルギー準位と電子配置

　エネルギー準位図と電子配置を図 10-1 に示した．全エネルギーは，直線が $2\alpha + 2\sqrt{2}\beta$，三角形が $2\alpha + 4\beta$，二つの 1s 状態からの安定化は順に $2\sqrt{2}\beta$，4β となる．従って，三角形構造が相対的に安定で，前章の結果と一致する．

　式 (10.4) は，

$$\epsilon = \alpha + \lambda\beta \tag{10.9}$$

と同じである．λ が得られると，各準位が α を基準に $\lambda\beta$ だけ安定化した準位図が描ける．

　第 8 章を思い出せば，直線構造の AO の係数の連立方程式は，行列式 (10.5) に対応して，

$$\begin{pmatrix} -\lambda & 1 & 0 \\ 1 & -\lambda & 1 \\ 0 & 1 & -\lambda \end{pmatrix} \begin{pmatrix} C_1 \\ C_2 \\ C_3 \end{pmatrix} = 0 \tag{10.10}$$

である．2 番目に低い MO は，式 (10.6) の $\lambda = 0$ を代入して

$$\begin{pmatrix} 0 & 1 & 0 \\ 1 & 0 & 1 \\ 0 & 1 & 0 \end{pmatrix} \begin{pmatrix} C_1 \\ C_2 \\ C_3 \end{pmatrix} = 0 \leftrightarrow \begin{matrix} C_2 = 0 \\ C_1 + C_3 = 0 \\ C_2 = 0 \end{matrix} \tag{10.11}$$

となる．重なり積分は同じ軌道間は 1，それ以外はゼロから，この MO の規格化条件は，

$$\int |C_1\chi_1 + C_2\chi_2 + C_3\chi_3|^2 \, dv = 1 \rightarrow C_1{}^2 + C_2{}^2 + C_3{}^2 = 1 \quad (10.12)$$

である．式 (10.11), (10.12) から $(C_1, C_2, C_3) = \left(\dfrac{1}{\sqrt{2}}, 0, -\dfrac{1}{\sqrt{2}}\right)$ と求まる．$\lambda = \pm\sqrt{2}$ についても同様で，結果だけをまとめると，

$$\begin{aligned}&(\lambda, C_1, C_2, C_3)\\&= \left(\sqrt{2}, \frac{1}{2}, \frac{1}{\sqrt{2}}, \frac{1}{2}\right), \left(0, \frac{1}{\sqrt{2}}, 0, -\frac{1}{\sqrt{2}}\right), \left(-\sqrt{2}, -\frac{1}{2}, \frac{1}{\sqrt{2}}, -\frac{1}{2}\right)\end{aligned} \quad (10.13)$$

さて直線構造の $H_3{}^+$ は二本の H−H 結合は等価で，式 (10.11) を見ると，$C_2 = 0$ から 2 番目（中央）の水素上に節があることが分かる．また $C_1 + C_3 = 0 \leftrightarrow C_3 = -C_1$ で水素 1 と 3 の 1s の係数は，絶対値が同じで符号が逆である．前章の図 9-5 を振り返ろう．H_A, H_B, H_C が順に 2,1,3 番の H に対応する．図の白，黒がまさに係数の符号関係に一致していることが分かる．MO は分子の持つ対称性を反映する．

定性的 MO 法の有効ポテンシャルはわからないままだが，実験の助けを借りればクーロン積分 α や共鳴積分 β，さらにエネルギー ϵ を数値にできる．H_2 分子の永年方程式 (10.2) を解いた結果は，$\epsilon_+ = \alpha + \beta$, $\epsilon_- = \alpha - \beta$ である．α は 1s のエネルギーで H のイオン化エネルギーの符号を代えた $-13.6\,\text{eV}$ で近似できる．また，基底状態のエネルギー $2 \times (\alpha + \beta)$ と 2 つの原子のエネルギー $(2\epsilon_{1s} = 2\alpha)$ の差，2β を結合エネルギーと考えると，実験値 $(-4.8\,\text{eV})$ と比較して $\beta \approx -2.4\,\text{eV}$ とできる．

10.1.3 π 電子系への応用

炭化水素 C_nH_m は炭素と水素からなる有機化合物の総称である．ヒュッケル法では一般には σ 結合でできる分子骨格から切り離して，π 電子の

みを考える．分子面に垂直に広がる軌道は面内に広がる軌道との重なりがゼロなので，うまくいきそうである．

規則を確認しよう．π軌道 ϕ は，分子面に垂直な 2p 軌道 χ_p の線形結合で表す．N_{AO} を面外 2p 軌道の数として，

$$\phi = \sum_{p=1}^{N_{AO}} c_p \chi_p \tag{10.14}$$

自身以外の重なり積分は無視する．

$$S_{pq} = \delta_{pq} = \begin{cases} 1 & (p=q) \\ 0 & (p \neq q) \end{cases} \tag{10.15}$$

共鳴積分 β は結合する炭素の面外 2p 軌道の間だけを考え，かつ全て同じ値とする．

$$\beta_{pq} = \begin{cases} \beta & (p,q \text{ は結合する原子の面外 2p 軌道間}) \\ 0 & (\text{それ以外}) \end{cases} \tag{10.16}$$

クーロン積分 α も全ての炭素で共通で，2p 軌道のエネルギーで近似する．数字にするのなら C の第一イオン化エネルギーの符号を代えた値がよいだろう[1]．

基本分子はエテン（エチレン）C_2H_4 で，対象となる 2p 軌道と π 電子は各炭素から一つずつである．永年方程式は，H_2 と同じ二行二列で，対角項が $-\lambda$，非対角項が 1 となる．一方，アリルラジカル[2]は多くの場合 $CH_2 = CH - CH_2 \cdot$ と書く．しかし，二重結合が左右どちらかの CC に偏ってはいないはずなので，永年方程式は直線構造の H_3^+ の (10.5) と同

---

[1] 多くの場合炭素には $\alpha = -11.48\,\text{eV}$，$\beta = -0.78\,\text{eV}$ が用いられる．
[2] 不対電子を持つ化学種を総称してラジカルという．

じで，既に解いてある（式 (10.13)）．このような使いまわしができるのは，原子に依存する α, β が式 (10.4) で λ に隠れ，ヒュッケル法の行列が，1 と 0 で結合パターンを表わすものになっているからである．

ある原子 r に属する π 電子の数を習慣的に π 電子密度と呼び

$$q_r = \sum_{i=1}^{\text{nocc}} n_i |C_r^i|^2 \tag{10.17}$$

と定義する．n_i は i 番目の分子軌道（MO i）の占有数，C_r^i は MO i の中の原子 r 上の 2p 軌道の係数，nocc は被占軌道の数である．これまで電子密度は座標の関数としてきたが，ここでは原子に割り付けている．次式で π 結合次数，p_{rs} も定義しよう．

$$p_{rs} = \sum_{i=1}^{\text{nocc}} n_i C_r^i C_s^i \tag{10.18}$$

原子 r と s の間の結合の強さの指標である．この値が大きいと結合は短く，小さいと長くなる．

アリルラジカルの各原子の π 電子密度を計算すると，

$$\begin{aligned} q_1 &= 2 \times \left(\frac{1}{2}\right)^2 + 1 \times \left(\frac{1}{\sqrt{2}}\right)^2 = 1.0 \\ q_2 &= 2 \times \left(\frac{1}{\sqrt{2}}\right)^2 + 1 \times (0)^2 = 1.0 \\ q_3 &= 2 \times \left(\frac{1}{2}\right)^2 + 1 \times \left(-\frac{1}{\sqrt{2}}\right)^2 = 1.0 \end{aligned} \tag{10.19}$$

となる．q_1 の 1 などの添え字は，炭素に左から付けた番号である．三つの炭素に電子の偏りはない　一方，π 結合次数は

$$\begin{aligned} p_{12} &= 2 \times \frac{1}{2} \times \frac{1}{\sqrt{2}} + 1 \times \frac{1}{2} \times 0 = \frac{1}{\sqrt{2}} \\ p_{23} &= 2 \times \frac{1}{\sqrt{2}} \times \frac{1}{2} + 1 \times 0 \times \left(-\frac{1}{\sqrt{2}}\right) = \frac{1}{\sqrt{2}} \end{aligned} \tag{10.20}$$

と計算される．

不対電子が占有する二番目の MO は，

$$\phi_2 = \frac{1}{\sqrt{2}}\chi_1 - \frac{1}{\sqrt{2}}\chi_3 \tag{10.21}$$

だから，不対電子は炭素 1,3 に同じだけ存在する．アリルラジカルの不対電子の状態は二つの状態（炭素 1 の 2p に電子が一つの状態と炭素 3 の 2p に電子が一つの状態）の重ね合わせになっている．**共鳴**という．水素を略して分子全体で

$$C = C - C \cdot \longleftrightarrow \cdot C - C = C \tag{10.22}$$

の，**共鳴構造式**で書くことが多い．$\longleftrightarrow$ の左右は，極限構造式と呼ばれる．この書き方は結合を線で描いて分子の電子構造を理解しようとするもので，CC が非等価な極限構造の分子が観測されたり，単離されたりはしない．その意味で，式 (10.22) の $\longleftrightarrow$ は，化学平衡を表すのではないことに注意しよう．不対電子に占有される軌道は SOMO(Singly Occupied MO) という．

10.2 ポリエン

不飽和炭化水素とは構成原子の原子価が単結合で飽和していない炭化水素のことである．多重結合を持つ炭化水素といってもよい．中でも，C–C 単結合と C=C 二重結合が交互に連なった不飽和炭化水素を，**π 共役系**，π 電子共役系あるいはポリエン[3]という．エン (ene) は二重結合を意味し，ポリ (poly) は多数の意味である．両末端の炭素が二つの水素と結合して $C_{2k}H_{2k+2}$ ($k = 2, 3, ...$) 型だと鎖状となり，両端の炭素同士が繋がり $C_{2k}H_{2k}$ 型だと環状になる．

---

3) ポリアセチレンということもある．

10.2.1 鎖状ポリエン

最短の鎖状ポリエンは, 1,3-ブタジエンである. 水素を略して $C^1-C^2-C^3-C^4$ と書く. 1,3 は二重結合が始まる炭素の番号を示す. この分子の永年方程式は,

$$\begin{vmatrix} -\lambda & 1 & 0 & 0 \\ 1 & -\lambda & 1 & 0 \\ 0 & 1 & -\lambda & 1 \\ 0 & 0 & 1 & -\lambda \end{vmatrix} = 0 \tag{10.23}$$

である. C^2-C^3 にも共鳴積分(π 結合)を考える点が重要である. 左辺を第一行に沿って余因子展開すると,

$$(-1)^{1+1}(-\lambda)\begin{vmatrix} -\lambda & 1 & 0 \\ 1 & -\lambda & 1 \\ 0 & 1 & -\lambda \end{vmatrix} + (-1)^{1+2}(1)\begin{vmatrix} 1 & 1 & 0 \\ 0 & -\lambda & 1 \\ 0 & 1 & -\lambda \end{vmatrix}$$

$$= (-\lambda)\left\{(-1)^{1+1}(-\lambda)\begin{vmatrix} -\lambda & 1 \\ 1 & -\lambda \end{vmatrix} + (-1)^{1+2}(1)\begin{vmatrix} 1 & 1 \\ 0 & -\lambda \end{vmatrix}\right\}$$

$$- \left\{(-1)^{1+1}(1)\begin{vmatrix} -\lambda & 1 \\ 1 & -\lambda \end{vmatrix}\right\}$$

$$= \{\lambda^2(\lambda^2 - 1) + (-\lambda)(\lambda)\} - \{\lambda^2 - 1\} = \lambda^4 - 3\lambda^2 + 1 = 0$$

これを解くと,

$$\lambda = \pm\sqrt{\frac{3 \pm \sqrt{5}}{2}}$$

$$= 1.6180,\ 0.6180,\ -0.6180,\ -1.6180 \tag{10.24}$$

係数の連立方程式と規格化条件

$$C_1{}^2 + C_2{}^2 + C_3{}^2 + C_4{}^2 = 1 \tag{10.25}$$

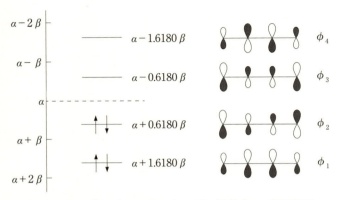

図 10-2 ブタジエンのエネルギー準位と π 分子軌道

から，π 分子軌道が決まる（図 10-2）．エネルギーとあわせて記すと

$$\begin{aligned}
\epsilon_1 &= \alpha + 1.6180\beta & \phi_1 &= 0.3718(\chi_1 + \chi_4) + 0.6015(\chi_2 + \chi_3) \\
\epsilon_2 &= \alpha + 0.6180\beta & \phi_2 &= 0.6015(\chi_1 - \chi_4) + 0.3718(\chi_2 - \chi_3) \\
\epsilon_3 &= \alpha - 0.6180\beta & \phi_3 &= 0.6015(\chi_1 + \chi_4) - 0.3718(\chi_2 + \chi_3) \\
\epsilon_4 &= \alpha - 1.6180\beta & \phi_4 &= 0.3718(\chi_1 - \chi_4) - 0.6015(\chi_2 - \chi_3)
\end{aligned} \quad (10.26)$$

となる．MO の横軸（分子面）に垂直な節の数が，下から 0, 1, 2, 3 になる．1 次元箱の中の粒子の波動関数とそっくりである．

四つの π 電子は，構成原理に従って ϕ_1 と ϕ_2 を占有する．全エネルギーは，

$$E = 2\epsilon_1 + 2\epsilon_2 = 4\alpha + 4.4720\beta \quad (10.27)$$

となる．単純にエテンが二つ並んだだけなら $E = 4\alpha + 4\beta$ だから，0.4720β の安定化が余分に得られたことになる（β は負である）．このエネルギーを，**非局在化エネルギー**という．ブタジエンは π 電子にとって C^2-C^3 が途切れたような状態ではないことがわかる．

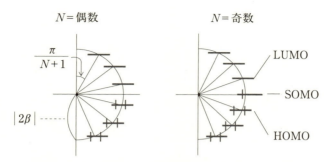

図 10-3　作図による鎖状ポリエンのエネルギー準位

π 電子密度と π 結合次数は，

$$q_1 = q_2 = q_3 = q_4 = 1.0000, \quad p_{12} = p_{34} = 0.8944, \quad p_{23} = 0.4472$$

となる．実験から両端の C^1C^2 や C^3C^4 の距離は 1.35 Å，中央の C^2C^3 は 1.46 Å である．

ブタジエン ($N = 4$) の結果を，炭素数が N の場合に一般化した鎖状ポリエンの問題は解かれていて，

$$\begin{aligned} \lambda_k &= 2\cos\left(\frac{\pi k}{N+1}\right) \\ \epsilon_k &= \alpha + \lambda_k \beta = \alpha + 2\beta\cos\left(\frac{\pi k}{N+1}\right) \quad (k, j = 1, 2, \cdots, N) \\ C_j^k &= \sqrt{\frac{2}{N+1}}\sin\left[\left(\frac{\pi k}{N+1}\right) j\right] \end{aligned} \quad (10.28)$$

となる．C_j^k は，k 番の MO の j 番目の炭素の 2p 軌道の係数である．

エネルギー準位は作図によって求めることができる（図 10-3）．xy 平面の x が正の側に原点を中心とした半径 $2|\beta|$ の半円を描く．さらに半周を $N+1$ 等分する．半円上のこれらの点の y 座標がそのまま軌道エネルギーとなる．x 軸との交点のエネルギーは α になる．N が奇数で

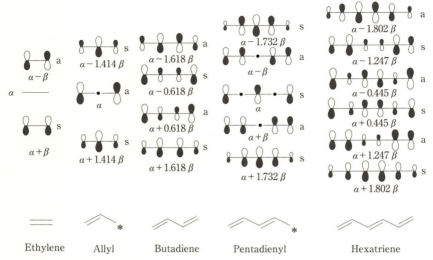

図 10-4 鎖状ポリエン $N = 2-6$ のエネルギー準位と π 分子軌道. * が付いた分子はラジカル.

$N = 2n+1$ の場合,その交点に必ず準位が現れ ($\epsilon_{n+1} = \alpha$),対応する軌道は SOMO で非結合性である. N の偶奇に依らず,準位は α に対して上下対称になる. $N = 2n$ で偶数なら,ϕ_n が HOMO,ϕ_{n+1} が LUMO である. HOMO と LUMO は**フロンティア軌道**と呼ばれる.

図 10-4 に炭素数 $N = 2-6$ の鎖状ポリエンの π 軌道とエネルギー準位を並べて示した.特徴を整理すると

1. エネルギー準位は,α に対し上下対称になる.
2. 分子の中心に結合軸に垂直に立てた面に関して対称 (s) か反対称 (a) かで MO を分類すると,下から奇数番目の MO は s,偶数番目の MO は a になる.
3. MO の節の数は下から $0, 1, 2, \ldots$ の順に一つずつ増える.

4. N が奇数の場合には，非結合性の MO (Non-Bonding MO, NBMO) が出来る．
5. 各 MO の中で両端，C^1 と C^N の 2p 軌道の係数の絶対値の大きさは，エネルギーが α に近い MO ほど大きい．被占軌道では，エネルギーが低いほど末端の 2p 軌道の係数の絶対値は小さくなる．一般に鎖状ポリエンのフロンティア軌道の両端の炭素の 2p 軌道の係数の絶対値は他の MO での値より大きくなる．

k 番目の準位の MO の中で両端つまり $j=1$ ないし N の炭素の 2p 軌道の係数は，式 (10.28) から $\sin\left[\left(\dfrac{\pi k}{N+1}\right)1\right]$, $\sin\left[\left(\dfrac{\pi k}{N+1}\right)N\right]$ である．$\sin\left[\left(\dfrac{\pi k}{N+1}\right)1\right]$ を MO の番号 k で微分すると，

$$\frac{\mathrm{d}}{\mathrm{d}k}\sin\left[\left(\frac{\pi k}{N+1}\right)1\right] = \left(\frac{\pi}{N+1}\right)\cos\left[\left(\frac{\pi k}{N+1}\right)\right]$$

これがゼロとなる時 $k=\dfrac{N+1}{2}$ なので，1 番目の炭素の 2p 軌道の係数の絶対値が最大になるのは，N が奇数なら $k=\dfrac{N+1}{2}$ で HOMO となる．N が偶数なら，$k=\dfrac{N+1}{2}$ はちょうど整数にはならない．前後の $k=\dfrac{N}{2}$ の HOMO 及び $k=\dfrac{N}{2}+1$ の LUMO が最も条件にあう軌道である．もう一つの端の N 番目の炭素の 2p 軌道も対称性から同様である．

10.2.2 環状ポリエン

環状ポリエンの代表例,ベンゼン,C_6H_6 の永年方程式は,

$$\begin{vmatrix} -\lambda & 1 & 0 & 0 & 0 & 1 \\ 1 & -\lambda & 1 & 0 & 0 & 0 \\ 0 & 1 & -\lambda & 1 & 0 & 0 \\ 0 & 0 & 1 & -\lambda & 1 & 0 \\ 0 & 0 & 0 & 1 & -\lambda & 1 \\ 1 & 0 & 0 & 0 & 1 & -\lambda \end{vmatrix} = 0 \qquad (10.29)$$

である.環構造の印は,1 行 6 列と 6 行 1 列の要素が 1 になっていることである.結論の軌道エネルギーと MO を先に見せると,図 10-5 になる.図は 2p 軌道を分子面の真上から見た様子を表し,裏に位相が逆の 2p 軌道の広がりが隠れている.MO の番号も炭素の番号もゼロから始まり,変わった付け方をしている理由は後で説明する.図から,節の数は,

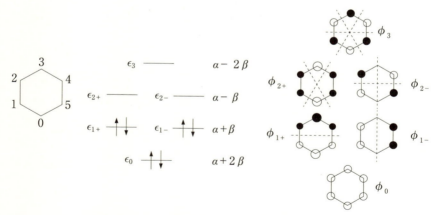

図 10-5 ベンゼンのエネルギー準位と分子軌道

下から順に 0, 1, 1, 2, 2, 3 である．式は

$$\begin{aligned}
\epsilon_0 &= \alpha + 2\beta & \phi_0 &= \frac{1}{\sqrt{6}}(\chi_0 + \chi_1 + \chi_2 + \chi_3 + \chi_4 + \chi_5) \\
\epsilon_{1+} &= \alpha + \beta & \phi_{1+} &= \frac{1}{\sqrt{12}}(2\chi_0 + \chi_1 - \chi_2 - 2\chi_3 - \chi_4 + \chi_5) \\
\epsilon_{1-} &= \alpha + \beta & \phi_{1-} &= \frac{1}{2}(\chi_1 + \chi_2 - \chi_4 - \chi_5) \\
\epsilon_{2+} &= \alpha - \beta & \phi_{2+} &= \frac{1}{\sqrt{12}}(2\chi_0 - \chi_1 - \chi_2 + 2\chi_3 - \chi_4 - \chi_5) \\
\epsilon_{2-} &= \alpha - \beta & \phi_{2-} &= \frac{1}{2}(\chi_1 - \chi_2 + \chi_4 - \chi_5) \\
\epsilon_3 &= \alpha - 2\beta & \phi &= \frac{1}{\sqrt{6}}(\chi_0 - \chi_1 + \chi_2 - \chi_3 + \chi_4 - \chi_5)
\end{aligned} \quad (10.30)$$

で，縮重した HOMO を四つの電子が占有する．全体のエネルギーは，$2\epsilon_0 + 2\epsilon_{1+} + 2\epsilon_{1-} = 6\alpha + 8\beta$ となり三つのエテンとの差，非局在化エネルギーは 2β である．π 結合次数を計算すると六つの C–C に対しどれも $2/3 = 0.6667$ でブタジエンの単結合と二重結合の間になる．結合距離の実験値も単結合と二重結合の間の $1.40\,\text{Å}$ である．

炭素数が N の環状ポリエンの軌道エネルギーの一般式は，

$$\lambda_k = 2\cos\left(\frac{2\pi k}{N}\right), \; \varepsilon_k = \alpha + \lambda_k \beta, \; \left(k = 0, \pm 1, \pm 2, \cdots, \pm\frac{N-1}{2}, \left(\frac{N}{2}\right)\right) \quad (10.31)$$

となる．$\cos\left(\dfrac{2\pi(N-k)}{N}\right) = \cos\left(\dfrac{2\pi k}{N}\right)$ だから $N-k$ 番と k 番の準位が縮重する．また，$\cos\left(\dfrac{2\pi(N-k)}{N}\right) = \cos\left(\dfrac{2\pi(-k)}{N}\right)$ だから，MO の番号を $k = 0$ から始めるとエネルギーの低い順になり，k の絶対値が同じで符号が異なる準位が縮重して図を描くのに都合がよい．k が奇数の時は $k = \pm\dfrac{N-1}{2}$ までで，偶数の時に $k = -\dfrac{N}{2}$ はない（$k = \dfrac{N}{2}$ と同じ準位になる）．$N = 6$ で $k = 0, \pm 1, \pm 2, 3$ の場合がベンゼンである．

環状ポリエンの頂点を下向きにして，xy 平面の原点を中心とする半径 $2|\beta|$ の円に正 N 角形が内接するように描くと，頂点の y 座標が λ_k に対応

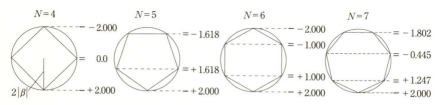

図 10-6 環状ポリエンの $N=4-7$ のエネルギー準位

する（図 10-6）．最低準位は，炭素数 N に依らず $\alpha+2\beta$ になる．N が偶数なら $(N-2)/2$ 個，奇数なら $(N-1)/2$ 個の準位が縮重する．図 10-6 に 4 員環から 7 員環（$N=4-7$）の準位図を示した．構成原理に従って MO に電子を詰めると，6 員環以外は縮重した軌道を不対電子が占有したラジカルとなる．6 員環（ベンゼン）の時だけ全ての結合性軌道に電子が入る．

環状ポリエンの k 番目の MO の j 番目の炭素の 2p 軌道の係数 C_j^k は，

$$C_j^k = \frac{1}{\sqrt{N}}\left\{\cos\left(\frac{2\pi k}{N}j\right) + i\sin\left(\frac{2\pi k}{N}j\right)\right\} \quad (j=0,1,2,\cdots,N-1) \tag{10.32}$$

と書ける．j は MO の番号 k と同じ番号付けでもよいが，隣の炭素同士が繋がるので $0,1,2,\cdots$ にしてある．縮重する軌道の線形結合をとって，係数を実数化できる．

10.2.3 芳香族性

一般に，ベンゼンのように $4n+2$ 個の π 電子の作る環を持つ分子は，芳香族性を持つという．5 員環や 7 員環は，陰イオンや陽イオンとなると π 電子数が 6 となり芳香族性を持つようになる．芳香族性は実測できる量ではないが，それを持つ分子は，一般に基底状態で π 電子の非局在化エネルギーが大きい．同じ炭素数の鎖状，環状ポリエンのエネルギー

準位を比べてみよう.

図 10-7 は, $N = 3, 4, 5, 6$ について, 左に鎖状, 右に環状である. 各 MO が, 分子面に垂直な二等分面に対し, 対称か反対称かを s, a で示してある. 鎖状と環状の MO で s-s, a-a をそれぞれ繋げばよい. $N = 3$ では, 最低エネルギーの軌道は電子対に, その上は不対電子に占有される. 全エネルギーは, 環状が $2(\alpha + 2\beta) + 1(\alpha - \beta) = 3\alpha + 3\beta$, 鎖状が $2(\alpha + 1.414\beta) + 1(\alpha) = 3\alpha + 2.828\beta$ なので, $\Delta E = 0.172\beta$ だけ環状が安定である. 同様に $N = 4 - 6$ の ΔE を計算すると, 順に $-0.472\beta, 0.390\beta, 1.012\beta$ となって, $N = 6 = 4 \times 1 + 2$ が際立って大きい. 鎖状構造の HOMO で両端の炭素の 2p の係数が同位相で絶対値も大きく, 環化で結合する際の相互作用も大きいことが効いている. HOMO が a となる鎖長だと, 両端の軌道が重なると打ち消しあって不安定化し芳香族性が現れない. 電子数が変われば, この安定化, 不安定化は変わる. 軌道エネルギーの変化と電子数の両方が重要である. 同じ炭素数で陽イオン, 陰イオンとなると, 芳香族性の現れ方はどう変わるだろう? 自習のネタである.

10.3 分子の機能

一般に分子が大きくなると HOMO が高くなり LUMO が低くなる. その結果, 両者のエネルギー差, HOMO – LUMO ギャップは小さくなる. 図 10-4 の鎖状ポリエンが良い例である. 広範囲の波長の光が混ざった太陽光から HOMO から LUMO への電子励起に要するエネルギーに対応する波長の光を分子が吸収すると, 残りの光の色が分子の色として見える (補色). フェノールフタレインは, 酸性で無色, アルカリ性で赤紫色を呈する pH 指示薬である (図 10-8). この分子は, 酸性溶液中では中

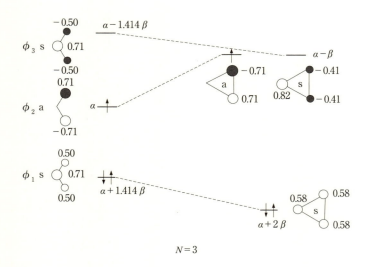

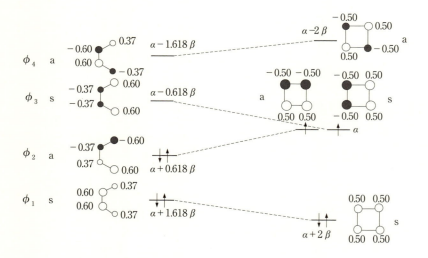

$N=4$

図 10-7　鎖状と環状ポリエンの分子軌道とエネルギーの相関
AO についた数字は係数．逆位相でもよい．

第 10 章　π共役系分子　| 191

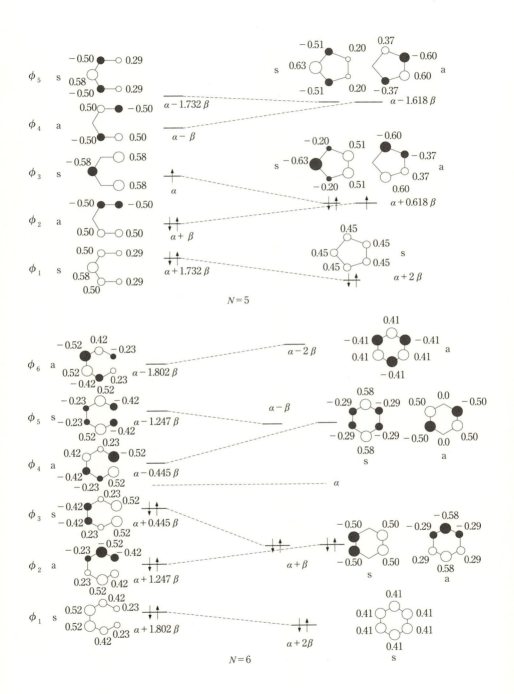

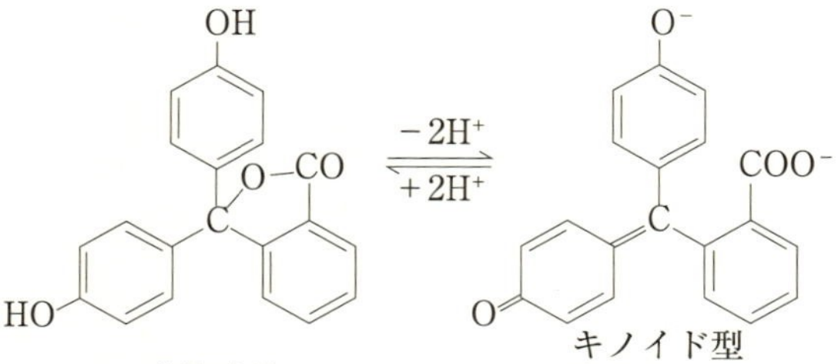

図 10−8　フェノールフタレイン

心炭素は四本の σ 結合をもち，π 共役系に含まれない．従って，孤立した二つのフェノールと一つのベンジル酸からなると考えられる．吸収スペクトルはほぼフェノールに由来し，近紫外領域に吸収があり無色である．一方，塩基性溶液ではキノイド型の陰イオンになり，中心の炭素を通じて三つのベンゼン環が一つの π 共役系を成すようになる．π 共役系が 3 倍になったとみなせる．その結果，波長 553 nm（緑色）に大きな吸収を持ち，補色の深紅色になる．

　白川英樹博士が 2000 年にノーベル化学賞を受けた研究の導電性プラスチック—ポリアセチレンも π 共役系である．ポリアセチレンは HOMO が高く，LUMO が低いため，電子供与性，電子吸引性の両性高分子であり，太陽電池，蓄電池，センサー，携帯電話などに利用されている．

　ポリアセチレンは一次元だが，グラフェンは二次元の π 共役系である．管状のカーボンナノチューブもある（図 10−9）．鎖が伸びると，あるいは管の長さや太さが変わると物性がどう変わるかを調べ制御することは，実験と理論の両面で重要な課題である．ナノチューブの端が閉じればナノカプセル，ちょうど球形なら，サッカーボール型で有名なフラーレン，C_{60} である．C_{70} もある．ナノチューブやナノカプセルに原子，分子を閉じ込めた化合物も盛んに研究されている．はて，なんでも入るのか？

グラフェン　　　カーボンナノチューブ　　　　　フラーレン

図 10-9 様々な炭素ネットワーク化合物

さらに，C だけでなく同じ 14 族の Si や Ge のチューブやフラーレンは C の場合とどう違うのか？ CC を周期表の左右の BN に変えたら？ 少数の元素だけを考えても，新しい化学，研究課題が次々と生まれる．

演習問題

作図法で，アリルラジカル ($N=3$)，ブタジエン ($N=4$)，ペンタジエニルラジカル ($N=5$) のエネルギー準位を求めなさい．

11 | 化学反応と分子軌道

橋本健朗

《目標&ポイント》 電子の波動性に着目した反応の捉え方を学ぶ．軌道相互作用に基づき，反応選択性，反応機構が説明できるようになる．フロンティア軌道の重要性を理解する．
《キーワード》 反応機構，HOMO–LUMO 相互作用，反応選択性，ウッドワード・ホフマン則

11.1 反応を支配する因子

　二つの分子が近づいてドッキングするとき，相手分子のどの原子と手を結ぶのか？　二つの分子は，互いにどんな向きで出会うのか？　原子分子の世界を空想することは楽しい．この章の目的は，具体例を通じてこうした反応の進み方（反応機構）に関する疑問に「理論的に」答えることである．
　表 11-1 に軌道相互作用でできる分子軌道の準位と，電子配置，出来る結合の結合次数を合わせて示した．付加反応を想定し，相互作用前を反応物，後を生成物と見なしてもよい．

表 11-1　軌道相互作用の基本パターン，電子配置，結合次数

パターン	(1)	(2)	(3)	(4)	(5)
電子配置					
結合次数	1/2	1	1	1/2	0

空軌道同士が相互作用しても，電子のエネルギーの安定化も不安定化もない．(1) は，$H + H^+$ で登場した半占軌道（不対電子に占有された軌道）＋空軌道で，結合次数は 1/2 である．(2) は半占軌道同士の相互作用で，$H + H \to H_2$ が代表例である．結合次数は 1 になる．(3) は空軌道と電子対に占有された軌道で，$H^+ + H^- \to H_2$ や $H^+ + He \to HeH^+$ も含まれる．水素原子は電子親和力が正で陰イオンにもなれる．(4) は不対電子の軌道と電子対の軌道の組み合わせで，例えば $He^+ + He$ がある．結合次数は 1/2 になる．同じ結合次数が 1/2 の H_2^+ と比べると，結合エネルギー (eV) は 2.648 (H_2^+)，2.365 (HeH^+)，結合距離 (Å) は，1.060 (H_2^+)，1.081 (HeH^+) で，互いによく似ている．(5) は電子対の軌道同士の相互作用で，**交換相互作用**と呼ばれる．同スピンの電子間の相互作用と紛らわしいので気を付けよう．$He - He$ のように安定化が得られない．非共有電子対の軌道同士でも同様だが，古典的クーロン反発相互作用とは異なる．軌道の逆位相での重なりによる量子力学的な効果で，有機化学でしばしば議論される立体反発は，この相互作用である．

表 11-2 は，異核二原子分子の場合のように相互作用前のエネルギー準位を段違いにして，一般化したものである．始めの準位差を ΔE，低い方からの安定化を Δ，高い方からの不安定化を Δ^* としている．重なり積分をゼロと近似しないと，$\Delta^* > \Delta$ が導ける．表には安定化エネルギーも示してある．<u>不対電子があると相互作用後に必ず安定化する</u>．ラジカルが反応しやすい原因である．電子対の軌道と空軌道の相互作用でも安定化が得られる．配位結合がこれにあたる．<u>ドナー（電子供与体）－アクセプター（電子受容体）相互作用，あるいは電荷移動 (Charge Transfer, CT) 相互作用ということもある．電子対の軌道同士では，安定化が得られない</u>．今では当たり前に思えるこれらの事が，非常に重要である．

相互作用後を考えてみると，空軌道と半占軌道が相互作用しても不対

表 11-2 軌道相互作用のパターン，電子配置，安定化エネルギー

パターン	(1)	(2)	(3a)	(3b)	(4a)	(4b)	(5)
電子配置							
安定化エネルギー	Δ	$2\Delta+\Delta E$	2Δ	$2\Delta+2\Delta E$	$\Delta E+2\Delta-\Delta^*$	$2\Delta-\Delta^*$	$2\Delta-2\Delta^*<0$

電子が残るので，続く反応が起きやすい．一方，半占軌道同士の相互作用は電子対ができて，多くの場合結合形成が終わる．

「化学的に安定」という言葉は，反応しにくいという意味で使われる．HOMO のエネルギーは，符号を変えると近似的にイオン化エネルギーになる．同様に LUMO のエネルギーの符号を変えれば近似的な電子親和力になる．化学的に安定な分子は，不対電子を持たない，HOMO が低く電子を出しにくい（イオン化エネルギーが大きい），LUMO が高く電子を受け取りにくい（電子親和力が負，または小さい）という特徴を持っている．「18 族，貴ガス元素は閉殻だから安定」という言い方は，それらの反応性の乏しさを十分に説明していない．確かに 18 族の原子は不対電子を持たないことに加えて，イオン化エネルギーが大きく，電子親和力が小さい．周期律を思い出せばよい．しかし，Xe のイオン化エネルギーは 12.1 eV で水素の 13.6 eV よりも小さく，閉殻だからや，イオン化エネルギーが大きいから安定という言い方の不十分さを示している．実際，XeF_2, XeF_4, XeF_6, XeO_3, XeO_4 などが合成されている．

11.2 反応機構

多くの分子は，不対電子を持たない．それらの反応では，電子対の軌道と空軌道の相互作用が重要になる．もちろん，いつでも反応するわけ

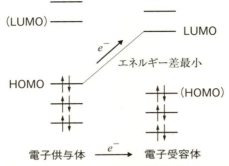

図 11-1 HOMO − LUMO 相互作用と電子移動

ではない．

　フロンティア軌道（HOMO, LUMO）は，原子の最外殻軌道に相当し，反応の前線に立つ軌道で，反応機構を特徴づける．

　電子対しか持たない分子の基底状態では，通常 HOMO は低く LUMO は高い．HOMO − LUMO ギャップが大きいと反応しにくく，小さいと反応しやすい．不対電子を持たない閉殻の分子同士の準位を並べると，図 11-1 のようになる．高い方の HOMO と低い方の LUMO の組み合わせが，最もエネルギー差が小さい．軌道エネルギー差が小さいほど，相互作用による安定化，不安定化が大きいこと（エネルギー差の原理）を思い出せば，高い HOMO（電子対）と低い LUMO（空軌道）の相互作用が重要であることが分かる．HOMO − LUMO の原理という．また，これらの軌道の重なりが大きいことも（重なりの原理）も重要である．

　π 軌道は σ 軌道に比べて，p 軌道の重なりが小さいために，軌道エネルギーは高く，フロンティア軌道になりやすい．また π 結合は，同じ理由で σ 結合より切れやすい．フロンティア軌道の電子密度が分子内のどの原子で高いか，また反応する片方の HOMO と他方の LUMO は同位相で強め合うのか，逆位相で弱め合うのかが，目の付け所である．HOMO − LUMO

の軌道相互作用が，置換反応の起こる場所，どの異性体が生成するかという**反応選択性**を決めている．具体例で学ぼう．

11.2.1 求電子置換反応の位置選択性

ナフタレン $C_{10}H_{10}$ をヒュッケル法で計算すると，図11-2のような節構造の MO が得られる．占有軌道と LUMO を描いている．表11-3は HOMO, LUMO の中で j 番目の炭素の 2p 軌道の係数である．

原子の π 電子密度を計算すると，ベンゼン同様，どの炭素も 1 になる．π 電子はどの炭素にも偏りなく分布している．実験的には，ナフタレンと電子を欲しがる原子や分子が反応すると（求電子置換反応），1 位の炭素に結合した水素ばかりが置換される．π 電子が満遍なく炭素に分布しているなら，この反応が 2 位の炭素に結合する水素に優先して起こる理由

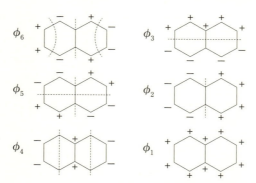

図 11-2 ナフタレンの π 分子軌道の 2p 軌道の係数の符号と節 1-6 番目まで．

は見当たらない.

1981年にノーベル化学賞を受賞した福井謙一博士は,この反応に関与するのはナフタレンのHOMOであり,それを占有する電子の密度がこの反応選択性を決めていることを指摘した.実際,HOMOだけをとって,1位と2位の2p軌道の係数の自乗をとると,1位が0.1809 ($= 0.4253^2$), 2位が0.0691 ($= 0.2629^2$) である.明らかに1位の方が,<u>フロンティア電子密度</u>が高い.電子を受け取りたがる原子や分子はエネルギー的に低いLUMOを持ち,それにナフタレンのHOMOの電子が流れ込んで安定化するのである.

表 11-3 ナフタレンの5番目 (HOMO) と 6 番目 (LUMO) の π 電子軌道の展開係数

j	C_j^5	C_j^6
1	+0.4253	+0.4253
2	+0.2629	−0.2629
3	−0.2629	−0.2629
4	−0.4253	+0.4253
5	+0.4253	−0.4253
6	+0.2629	+0.2629
7	−0.2629	+0.2629
8	−0.4253	−0.4253
9	0.0	0.0
10	0.0	0.0

では,エネルギー的に高いHOMOを持ち,電子を与えたがる原子や分子が近づいたら,1位と2位のどちらにつくのだろうか？ 古典的には,フロンティア電子密度が高い1位はよけて2位を選びそうである.しかし,実際には1位が選ばれる.電子を受け取るのはナフタレンのLUMOだから,受け皿として6番目のMOの係数を調べると,1位が0.180, 2位が0.0691である.電子供与性の相手と反応する場所として,2位より1位が相応しいことが説明される.

11.2.2 環化付加反応

ブタジエンとエテンは小さな熱エネルギーで反応して,シクロブテンを生成する.

$$\text{(11.1)}$$

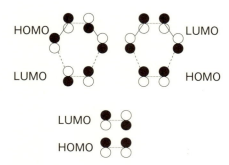

図11-3　ブタジエンとエテンのHOMOとLUMO

　ディールズ・アルダー（Diels-Alder）反応と呼ばれる反応の基本形である．この反応ではブタジエンはcis型で，エテンとは分子面を平行にして反応が進むだろうと形の上から想像できる．実際，ブタジエンのcis-trans異性化は単結合周りの回転なので比較的容易に起こる．問題は，同じような配置が考えられる二つのエテンの環化付加反応が進まないことである．分子の立体構造に基づく説明はできないし，電子密度を持ち出してもうまくいかない．

　ここで反応性の違いを決めているのは，HOMO−LUMOの軌道相互作用で，分子軌道の位相（符号）が重要なのだと考えると見事に説明がつく．前章を思い出して，ブタジエンとエテンのフロンティア軌道を並べてみると（図11-3上），分子面間の相互作用領域でブタジエンのHOMOとエテンのLUMO，ブタジエンのLUMOとエテンのHOMOは，結合する炭素の2p軌道がパズルが合うように位相の揃った相互作用をすることが分かる．一方，エテン同士のHOMO−LUMO相互作用はパズル，位相がぴったりとは合わない．

　一度この理屈が分かると，ブタジエンがヘキサトリエンに変わったらどうなるかも，予想，説明できる．前章で強調したように，鎖状ポリエ

ンの HOMO, LUMO は炭素数が二つ増えるごとに末端の炭素の 2p 軌道の位相（符号）関係が入れ替わる．そうすると，ヘキサトリエンはエテンの仲間で，エテン–エテンが反応しないように，ヘキサトリエン–エテンも付加反応を起こさないはずで，実験とも一致している．

11.2.3 開環閉環反応

共役ポリエンは，熱や光によって環状に閉じたり，環が開いたりする．熱反応は電子基底状態で，光反応は電子励起状態で進む．

$$\tag{11.2}$$

閉環に伴って，π 結合は切れ σ 結合ができる．環状になると π 結合の数は一つ減り，π 結合する炭素の組み合わせも変わる．

具体例として cis-ブタジエンを考えよう．この反応の面白さは，水素を二つのメチル基で置換してみるとよくわかる．

$$\tag{11.3}$$

I に熱を加えると，II はできるが，III と IV はほとんどできない．

図 11-4 のように，閉環に伴い切れる π 結合がある CC 結合の周りの回転を考えよう．炭素に左から番号を付けて，$C^1 - C^2$ 軸，$C^4 - C^3$ 軸で両方とも時計回り，あるいは両方反時計回りの回転を同旋（共旋）回転

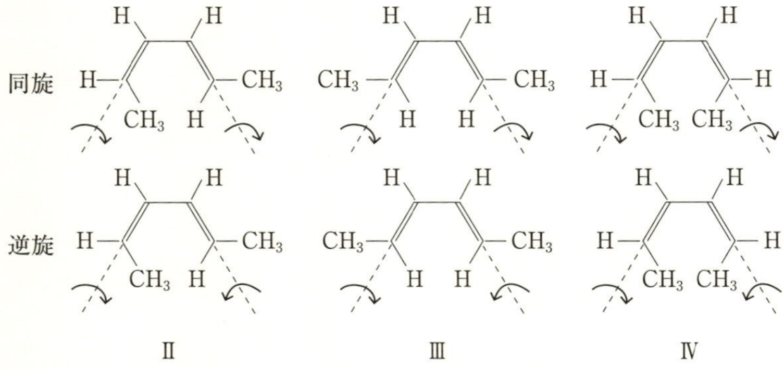

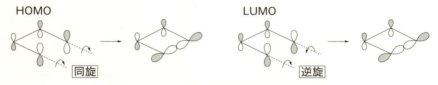

同旋

逆旋

Ⅱ　　　　　　　Ⅲ　　　　　　　Ⅳ

図 11-4　1,4 位にメチル基のついたブタジエンの異性体の同旋, 逆旋回転

図 11-5　ブタジエンの HOMO と LUMO

という．片方が時計回り，もう片方が反時計回り，あるいはその逆の組み合わせは逆旋（反旋）回転である．Ⅱの二つのメチル基 CH_3 は，同旋回転で両方分子面の上か両方下かになり，Ⅰができる．逆旋回転では，上下構造になる．Ⅲ, Ⅳ では，同旋回転だと上下か下上になり，逆旋回転だと上上か下下でⅠになる．実験を整理すると，ブタジエンの閉環反応は，同旋回転反応が熱で，逆旋回転反応が光で進む．

この違いを，フロンティア軌道で考察しよう．図 11-5 にブタジエンの HOMO と LUMO を示した．HOMO を C^1-C^2 軸，C^4-C^3 軸に同旋回転すると，C^1-C^4 の間に σ 結合ができる．両端の 2p 軌道の位相も同じでエネルギー的にも有利である．逆旋回転では C^1-C^4 の間は反結合性になってしまい，エネルギー的にも不利である．このことから，ブタ

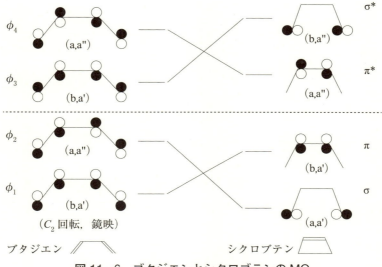

図 11-6　ブタジエンとシクロブテンの MO

ジエンの基底状態の閉環反応は同旋回転機構で進むと考えられる．メチル基を付けて開環反応を考えれば，熱反応では I から II ができやすく，III, IV ができにくいことを裏付ける．

　光を吸収すると HOMO から LUMO への電子励起が起こり，LUMO が主役になる．LUMO は逆旋回転で C^1-C^4 が結合性になる．従って，光反応では熱反応と異なり，逆旋回転機構で閉環する．これだけで生成物の選択性，熱と光の反応機構の違いを説明してもよいが，さらに被占軌道全体，電子配置を考えよう．

　図 11-6 にはブタジエンの π 軌道と対応するシクロブテンの軌道の概略図を示した．準位は計算結果と思ってよい．大まかには，C^2-C^3 の 2p 軌道の位相関係が同じ ϕ_1 と π を比べると，C^1-C^2, C^3-C^4 の結合的な相互作用がある分 ϕ_1 が低くなる．ϕ_4 と π^* を比べると，C^1-C^2, C^3-C^4

の反結合的な相互作用がある分 ϕ_4 が高くなる．また，σ は C^1-C^4 の 2p が同じ向きに大きく σ 型で重なるのでエネルギーは低く，逆に C^1-C^4 の反結合的な重なりが大きい σ^* 軌道のエネルギーはぐっと高くなる．

さて，図 11-7 のように面内で C^2-C^3 に垂直な中線（C_2 軸）での 180° 回転を考えよう．C_2 回転と呼ばれ，対称操作の仲間である．この操作で $C^1(C^4)$ は $C^4(C^1)$ に，$C^2(C^3)$ は $C^3(C^2)$ に重なる．同じ角度だけ同旋回転した MO に C_2 回転を施しても元と重なる．C_2 回転を図 11-6 の各 MO

図 11-7　C_2(180°) 回転と鏡映

に施して，元の MO と同じなら a，符号が変わるなら b として分類する．結果は図 11-6 の ( ) の中の左側の要素に記号で示したが，ブタジエンが下から baba，シクロブテンが abab である．ブタジエンの基底状態の電子配置は $(\phi_1)^2(\phi_2)^2$ なので，軌道の対称性の記号では $(b)^2(a)^2$ となる．一方，シクロブテンの軌道の記号は abab である．基底状態の電子配置は $(\sigma)^2(\pi)^2$ で，対称性では $(a)^2(b)^2$ となる．同旋回転では軌道エネルギーの順番は変わるが，対称性が a と b の軌道で電子の詰め替えなしに反応が進む．このような反応を<u>対称許容</u>といい，<u>反応は占有軌道の対称性が保たれるように進行する</u>という規則（<u>軌道対称性の保存則</u>）が見出せる．環状中間状態を経る場合は，<u>ウッドワード・ホフマン（Woodward-Hoffmann）</u>則と呼ばれる．

次に，C^2-C^3 の中線を含み分子面に垂直な面での鏡映に関し，対称 (a′) か反対称 (a″) かで MO を分類する．同じ角度だけ逆旋回転した MO をこの面で鏡映しても元と重なる．各 MO の記号は図の中の ( ) の右側の要素で，ブタジエンは下から a′a″a′a″，シクロブテンは a′a′a″a″ である．従って下から二番目までが電子に占有される基底状態の逆旋機構で

は，$(a')^2(a'')^2 \to (a')^2(a')^2$ で占有軌道の対称性が保たれない．このような反応を<u>対称禁制</u>という．一つの電子が HOMO から LUMO へ励起すると，電子配置は $(a')^2(a'')^1(a')^1 \to (a')^2(a')^1(a'')^1$ となって，対称許容となる．従って，逆旋回転反応は光，励起状態ですすむ．メチル基だけでなく，置換基を変えたいくつもの実験を，統一的に説明することができる．この反応機構の理解は，熱と光を選んで異性体を作り分ける上での指針となる．

11.2.4 求核置換反応

二分子求核置換反応 (bimolecular nucleophilic substitution, S_N2) の反応式は，一般的に書くと，

$$RX + Nu^- \to RNu + X^- \quad (11.4)$$
$$X = Br, I, \quad Nu^- = CN^-, OH^-, RO^-, RS^-, I^-, Br^-, N_3^-, \text{他}$$

となる．基質 (RX) のハロゲン (X) が求核剤 (Nu^-) に置換され，X^- として脱離する．有機化学では，非常に重要な反応である．

2-臭化オクタン (2-bromooctane) の加水分解反応は，

$$\text{OH}^- \cdots \underset{C_6H_{13}}{\overset{H_3C}{\underset{H}{\mid}}}\!\!-\!\text{Br} \xrightarrow{\text{OH}^-\,(\text{KOH})} \left[\text{HO}\cdots\underset{C_6H_{13}}{\overset{H\ \ CH_3}{\mid}}\!\!\cdots\text{Br}\right]^- \longrightarrow \text{HO}-\underset{C_6H_{13}}{\overset{CH_3}{\underset{H}{\mid}}} + Br^- \quad (11.5)$$

と書かれる．反応の特徴は①反応する分子は光学活性で，生成物内では臭素が結合した炭素の立体配置が 100% 反転している．② RX の R が第 2 級，第 3 級となると反応速度が一桁ずつ遅くなる．③ほかの X と合わせると，RX の相対的反応性は RI > RBr > RCl > RF である．

さてこの実験事実は，どう説明されるだろうか？ まず②は立体的効果と考えられる．X が Br の場合の相対的反応速度は，$CH_3Br\,(1.0) >$

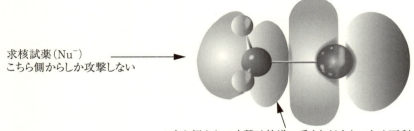

求核試薬（Nu⁻）
こちら側からしか攻撃しない

こちら側からの攻撃は軌道の重なりが小さいため不利

図 11-8　CH₃I の LUMO

CH₃CH₂Br (3.3×10^{-2}) > (CH₃)₂CHBr (8.4×10^{-4}) > (CH₃)₃CBr (5.5×10^{-5}) である．③は電子を受け取る LUMO が低いほど反応しやすいためと説明される．図 11-8 のように，この軌道は C–X の反結合性の σ_{CX}^* 軌道である．LUMO は RF > RCl > RBr > RI の順に高い．RF は全く反応しない．ハロゲン X は電気陰性度が大きく，最外殻の p 軌道は C よりエネルギーが下になる．したがって，軌道相互作用を思い出せば C–X の反結合性軌道は C 側に広がる．また図に示されるように C と X の間で LUMO の広がりは小さいので，Nu⁻ は LUMO が突き出している部分に向かって背面（C–X の C 側）から Nu⁻ が攻撃する．これが①の理由と考えられる．中心の sp³ 炭素の傘が反転（ワルデン (Walden) 反転）する．遷移状態では，中心炭素が 5 配位の三角両錐型構造とされる．

　フロンティア軌道の理論，軌道相互作用が，反応機構を一気に説明する．美しい化学の原理である．位相を持つ波の性質が，化学の主役である電子の振る舞いを決めていることに改めて気づかされる．

　化学は実験を積み重ねて発展してきた．自然に語らせる実験が重要であることは，今後も決して変わらない．量子力学に基づく原子分子の理論は，混沌とすることさえある多数の実験事実から本質を抜き出すのに

役立つ．さらに機能を持つ分子の設計や合成計画を立てる上で助けにもなる．現在ではコンピューター，ソフトウェア，理論の発展によって，理論計算が実験を先導することも珍しくない．タンパク質など大きな分子の計算を創薬に役立てたり，太陽電池の製作に役立てたりと，理論計算の活躍の場は広がっている．実験と理論や計算，あるいは人工知能 (AI) など新しい技術を組み合わせてうまく活用しながら，化学は発展し続けるだろう．この科目の前までに知っていた化学と，ここまで学んだ量子化学は大分違うと感じているかもしれない．しかし，量子化学を知ると化学の豊かさや美しさを，その源の理解とあわせて楽しめる．量子化学は，ケミ ストーリーを語ってくれる．

演習問題

1 以下の問いに答えなさい．
   (1) 平面型 BH_3 の LUMO の図を描きなさい．
   (2) 三角錐型 NH_3 の HOMO の図を描きなさい．
   (3) BH_3 と NH_3 は結合するか？ するとしたら，どのような結合，構造か？ 軌道相互作用をもとに説明しなさい．
2 1,3,5-ヘキサトリエン ($N=6$) の同旋回転機構による閉環反応，逆旋回転機構による閉環反応が熱で進むか光で進むかを説明しなさい．

12 | 光と分子の相互作用

安池智一

《目標＆ポイント》 電磁場の影響で分子のハミルトニアンがどのような変更を受けるかを理解する．時間依存外場の下で系の波動関数の時間発展を追跡する方法について学び，電磁波の照射によって分子固有状態間の遷移が起こることを導く．遷移を司る遷移双極子モーメントの具体的な表式を理解する．
《キーワード》 電磁ポテンシャル，ゲージ変換，相互作用表示，時間依存摂動法，誘導吸収，誘導放出，自然放出，遷移双極子モーメント

12.1 電磁場下の分子ハミルトニアン

12.1.1 電磁ポテンシャル

　量子化の手続の出発点は古典力学のハミルトニアンである．ハミルトニアンは全エネルギーに相当し，力の影響はポテンシャルエネルギーとして表現される．電場や磁場はそれぞれ，粒子や電流に対する力の場であるから，電磁場中の荷電粒子の運動を表現するハミルトニアンにおいては電磁場もポテンシャルの形で表現し直す必要がある．**ヘルムホルツの定理**によると，任意のベクトル場 $\boldsymbol{X}$ は

$$\boldsymbol{X} = -\nabla\phi + \nabla \times \boldsymbol{A} \tag{12.1}$$

と書くことができる．ϕ は各座標でスカラー値を取るスカラーポテンシャル，$\boldsymbol{A}$ はベクトル値を取るベクトルポテンシャルである．
　ここで

$$\nabla \times (\nabla\phi) = 0, \quad \nabla \cdot (\nabla \times \boldsymbol{A}) = 0 \tag{12.2}$$

が恒等的に成り立つので，式 (12.1) の第 1 項は回転が 0，第 2 項は発散が 0 の成分ということになる．磁場 B は，式 (1.11) より常に発散が 0 であるから

$$B = \nabla \times A \tag{12.3}$$

のように，A で表現することができる．これを用いると式 (1.8) から

$$\nabla \times \left(E + \frac{\partial A}{\partial t} \right) = 0 \tag{12.4}$$

が得られるから，電場 E は

$$E + \frac{\partial A}{\partial t} = -\nabla \phi \tag{12.5}$$

のように A, ϕ で表現することができる．つまり，電磁場 E, B は A, ϕ を用いて表現することができる．これらのポテンシャル A, ϕ を合わせて**電磁ポテンシャル**と呼ぶ．電磁ポテンシャルは式 (1.8)，式 (1.11) を自動的に満たすため，残りの式 (1.9)，式 (1.10) を書き直した以下の 2 つの式

$$-\nabla^2 \phi - \frac{\partial}{\partial t} \nabla \cdot A = \frac{\rho}{\epsilon_0} \tag{12.6}$$

$$-\nabla^2 A + \frac{1}{c^2} \frac{\partial^2 A}{\partial t^2} - \nabla \left(\frac{1}{c^2} \frac{\partial \phi}{\partial t} + \nabla \cdot A \right) = \mu_0 j \tag{12.7}$$

が電磁ポテンシャルで表現したマクスウェル方程式である．

12.1.2 ゲージ変換

前節で定義した電磁ポテンシャルには任意性がある．ベクトルポテンシャル A について考えてみると，任意のスカラー関数 f を用いて

$$A' = A + \nabla f \tag{12.8}$$

で定義されるベクトルポテンシャル $\boldsymbol{A}'$ の回転を考えると，恒等的に $\nabla \times \nabla f = 0$ が成り立つから

$$\nabla \times \boldsymbol{A}' = \nabla \times (\boldsymbol{A} + \nabla f) = \nabla \times \boldsymbol{A} = \boldsymbol{B}$$

となって $\boldsymbol{A}'$ は $\boldsymbol{A}$ と同じ磁場を与えることが分かる．一方で，$\boldsymbol{A} \to \boldsymbol{A}'$ とすると式 (12.5) から分かる通り電場 $\boldsymbol{E}$ も影響を受けるが，同時に

$$\boxed{\phi' = \phi - \frac{\partial f}{\partial t}} \tag{12.9}$$

としてやれば，$\{\boldsymbol{A}', \phi'\}$ は $\{\boldsymbol{A}, \phi\}$ で与えられたのと同じ電場を与えるようにできる．式 (12.8)，式 (12.9) で定義される変換は**ゲージ変換**と呼ばれ，この変換において $\boldsymbol{E}, \boldsymbol{B}$ は不変に保たれる．ゲージ変換の自由度を使って，問題に応じた簡単な表現を得ることが可能である．

12.1.3 電磁ポテンシャルによる電磁波の表現

電磁ポテンシャルで書かれたマクスウェル方程式，式 (12.6)，式 (12.7) を用いて真空における電磁波を考える．$\rho = 0, \boldsymbol{j} = 0$ であるとすれば，

$$-\nabla^2 \phi - \frac{\partial}{\partial t} \nabla \cdot \boldsymbol{A} = 0 \tag{12.10}$$

$$-\nabla^2 \boldsymbol{A} + \frac{1}{c^2} \frac{\partial^2 \boldsymbol{A}}{\partial t^2} - \nabla \left(\frac{1}{c^2} \frac{\partial \phi}{\partial t} + \nabla \cdot \boldsymbol{A} \right) = 0 \tag{12.11}$$

となる．ローレンツ (L. Lorenz, 1829–1891) はローレンツ条件

$$\frac{1}{c^2} \frac{\partial \phi_\mathrm{L}}{\partial t} + \nabla \cdot \boldsymbol{A}_\mathrm{L} = 0 \tag{12.12}$$

を満たすローレンツゲージへの変換が

$$\nabla^2 f - \frac{1}{c^2} \frac{\partial^2 f}{\partial t^2} = - \left(\nabla \cdot \boldsymbol{A} + \frac{1}{c^2} \frac{\partial \phi}{\partial t} \right) \tag{12.13}$$

を満たす f によって可能であり，電磁ポテンシャルに対するマクスウェル方程式が

$$-\nabla^2 \phi_\mathrm{L} + \frac{1}{c^2}\frac{\partial^2 \phi_\mathrm{L}}{\partial t^2} = 0, \quad -\nabla^2 \boldsymbol{A}_\mathrm{L} + \frac{1}{c^2}\frac{\partial^2 \boldsymbol{A}_\mathrm{L}}{\partial t^2} = 0 \qquad (12.14)$$

となることを示した．ここでさらに

$$\frac{\partial f}{\partial t} = \phi_\mathrm{L} \qquad (12.15)$$

を満たす f でクーロンゲージへ移ると，電磁ポテンシャル $\{\boldsymbol{A}_\mathrm{C}, \phi_\mathrm{C}\}$ は

$$\boldsymbol{A}_\mathrm{C} = \boldsymbol{A}_\mathrm{L} + \nabla f = \boldsymbol{A}_\mathrm{L}, \quad \phi_\mathrm{C} = 0$$

となって ϕ_C を消去できるから，真空における電磁場は

$$-\nabla^2 \boldsymbol{A}_\mathrm{C} + \frac{1}{c^2}\frac{\partial^2 \boldsymbol{A}_\mathrm{C}}{\partial t^2} = 0 \qquad (12.16)$$

だけで記述可能となる．なお，ローレンツ条件に対応して $\boldsymbol{A}_\mathrm{C}$ は

$$\nabla \cdot \boldsymbol{A}_\mathrm{C} = 0 \qquad (12.17)$$

の条件を満たす．式 (12.16) は 3 次元の波動方程式であり，特解として

$$\boldsymbol{A}(t) = \boldsymbol{A}\sin(\boldsymbol{k}\cdot\boldsymbol{r} - \omega t) \qquad (12.18)$$

を持つ[1]．これはベクトル $\boldsymbol{k}$ の方向に光速 c で進む平面波である．ここで式 (12.17)，式 (12.18) を用いると

$$\nabla \cdot \boldsymbol{A}(t) = \boldsymbol{A}\cdot\boldsymbol{k}\cos(\boldsymbol{k}\cdot\boldsymbol{r} - \omega t) = 0 \qquad (12.19)$$

が示せるから，$\boldsymbol{A}$ は $\boldsymbol{k}$ に直交していることが分かる．クーロンゲージではスカラーポテンシャルが消去されているので，電場 $\boldsymbol{E}$ はベクトルポテ

---

[1] $\boldsymbol{k} = (k_x, k_y, k_z) = 2\pi(\lambda_x^{-1}, \lambda_y^{-1}, \lambda_z^{-1})$ は波数ベクトル，$\omega = 2\pi\nu$ は角振動数．

ンシャル A の時間偏微分に比例し，電場 E は A に平行である．一方，磁場 B については，

$$B = \nabla \times A = A \times k \cos(k \cdot r - \omega t) \tag{12.20}$$

であるから，外積の性質より E および k に直交する．これらをまとめる

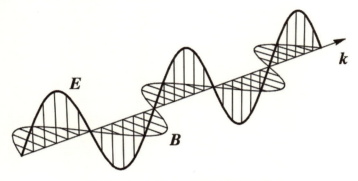

図 12-1　k 方向に伝搬する電磁波

と，電磁波は図 12-1 に示されるような横波であることが分かる．

12.1.4 電磁場中のハミルトニアンと Göppert-Mayer 変換

電磁場中の荷電粒子のハミルトニアンは，電磁場がないときのハミルトニアン $H(p, r)$ に対して

$$\boxed{H(p, r) \to H(p, r) + q\phi, \quad p \to p - qA} \tag{12.21}$$

という置き換えをすることによって得られる．ポテンシャル V の下で運動する荷電粒子について具体的に考えてみると

$$H_0 = \frac{p^2}{2m} + V \quad \Rightarrow \quad H = \frac{1}{2m}(p - qA)^2 + V + q\phi \tag{12.22}$$

となる．ここで可視光の電磁波の波長に対して典型的な分子のサイズが長いことを前提としてより直感的な描像を導こう．このような取り扱いを**長波長近似**と呼ぶ．この場合，分子の近傍 ($r = 0$) で電磁波の振幅は場所に依存しないと考えることができ，

$$\boldsymbol{A}(\boldsymbol{r},t) \sim \boldsymbol{A}(\boldsymbol{0},t) = \boldsymbol{A}\sin\omega t \equiv \boldsymbol{A}(t) \qquad (12.23)$$

と置くことができる．また，クーロンゲージを用いると電磁波に由来するスカラーポテンシャル ϕ は 0 とできるから，ハミルトニアンは

$$H = \frac{1}{2m}\left[\boldsymbol{p} - q\boldsymbol{A}(t)\right]^2 + V \qquad (12.24)$$

とすることができる．ここで $f = -\boldsymbol{r}\cdot\boldsymbol{A}(t)$ で定義されるゲージ変換 (Göppert-Mayer 変換) を考えると，

$$\boldsymbol{A}_{\mathrm{GM}} = \boldsymbol{A}(t) - \nabla\left(\boldsymbol{r}\cdot\boldsymbol{A}(t)\right) = 0, \quad \phi_{\mathrm{GM}} = -\boldsymbol{r}\cdot\boldsymbol{E}\cos\omega t \qquad (12.25)$$

となるので，ハミルトニアンは

$$H = \left(\frac{\boldsymbol{p}^2}{2m} + V\right) - q\boldsymbol{r}\cdot\boldsymbol{E}\cos\omega t \qquad (12.26)$$

に変換される．右辺第 1 項は電磁場がないときの系のハミルトニアン，第 2 項が電磁場からの影響を表している．

より一般の多粒子の系についての長波長近似による電磁場の影響下でのハミルトニアン H は，真空中のハミルトニアンを H_0 として

$$\boxed{H = H_0 - \boldsymbol{\mu}\cdot\boldsymbol{E}\cos\omega t} \qquad (12.27)$$

で与えられる．ここで $\boldsymbol{\mu}$ は

$$\boldsymbol{\mu} = \sum_i q_i \boldsymbol{r}_i \qquad (12.28)$$

で定義される系の**電気双極子モーメント**である．q_i は構成粒子の電荷，$\boldsymbol{r}_i$ は重心からの位置ベクトルである．

12.2 電磁波による状態間遷移
12.2.1 相互作用表示

前節で見たように，電磁波を考慮することによってハミルトニアンは時間に依存する項を含む．このとき一般には定常状態を定義することができない．そのような場合には，時間依存シュレーディンガー方程式

$$i\hbar\frac{\partial}{\partial t}|\Psi(t)\rangle = \left(\hat{H}_0 + \hat{H}'(t)\right)|\Psi(t)\rangle \tag{12.29}$$

を解くことによって系の時間発展 $\Psi(t)$ を知る必要がある．ここで，完全性の条件を思い出すと，$\Psi(t)$ は分子の固有状態のなす完全系で展開できるはずである．このように考えると，時間に依存する波動関数 $\Psi(t)$ は「様々な分子固有状態の時々刻々変化する重ね合わせ」として表現される．つまり電磁波の影響下の分子の問題は，系が

$$\hat{H}_0|n\rangle = E_n|n\rangle \tag{12.30}$$

で定義される既知の非摂動状態 $|n\rangle$ の間をどのように遷移するかという形で定式化できる．この際に有用なのが**相互作用表示**である．相互作用表示の波動関数 $|\tilde{\Psi}(t)\rangle$ は

$$\boxed{|\tilde{\Psi}(t)\rangle = \exp\left(\frac{i}{\hbar}\hat{H}_0 t\right)|\Psi(t)\rangle} \tag{12.31}$$

で定義される．これを式 (12.29) に代入すると，$|\tilde{\Psi}(t)\rangle$ に対する時間依存シュレーディンガー方程式は

$$\boxed{i\hbar\frac{\partial}{\partial t}|\tilde{\Psi}(t)\rangle = \exp\left(\frac{i}{\hbar}\hat{H}_0 t\right)\hat{H}'(t)\exp\left(-\frac{i}{\hbar}\hat{H}_0 t\right)|\tilde{\Psi}(t)\rangle} \tag{12.32}$$

で与えられる．この式の左から $\langle n|$ をかけることで $c_n \equiv \langle n|\tilde{\Psi}(t)\rangle$ の時間変化が分かる．式 (12.32) の右辺は，$\exp\left(\pm\frac{i}{\hbar}\hat{H}_0 t\right)$ が $\hat{H}_0$ の固有関数の

完全系で
$$\sum_i |i\rangle \exp\left(\pm \frac{\mathrm{i}}{\hbar} E_i t\right) \langle i|$$
のように表現できることを用いれば，
$$\sum_{l,m} |l\rangle \langle l|\hat{H}'(t)|m\rangle \exp(\mathrm{i}\omega_{lm}t) c_m$$
となる．ただし，$\omega_{lm} \equiv (E_l - E_m)/\hbar$ である．この式の左から $\langle n|$ を書けると，l の和は $l = n$ だけが残る．したがって，式 (12.32) は

$$\mathrm{i}\hbar \frac{\mathrm{d}}{\mathrm{d}t}\begin{pmatrix} c_1 \\ c_2 \\ \vdots \\ c_n \end{pmatrix} = \begin{pmatrix} H'_{11}(t) & H'_{12}(t) & \ldots & H'_{1n}(t) \\ H'_{21}(t) & H'_{22}(t) & & \\ \vdots & & \ddots & \\ H'_{n1}(t) & & & H'_{nn}(t) \end{pmatrix} \begin{pmatrix} c_1 \\ c_2 \\ \vdots \\ c_n \end{pmatrix} \quad (12.33)$$

となる．ただし，
$$H'_{nm}(t) \equiv \langle n|\hat{H}'(t)|m\rangle \exp(\mathrm{i}\omega_{nm}t) \quad (12.34)$$

である．相互作用表示の波動関数は時間 $t = 0$ で通常の波動関数[2]と一致するから，元々ある固有状態にあった分子が光と相互作用することによって，どのように時間発展するかを追跡できる．ただし，n は一般に無限大であるから実際に解く上では何らかの近似が必要となる．

12.2.2 誘導吸収・誘導放出の摂動論

初期状態が $|i\rangle$ だとすると，$c_n(0) = \delta_{ni}$ である．また光が十分に弱ければ，この条件は $c_n(t) \sim \delta_{ni}$ の形で光照射後の t でも成立していると考

---

[2] シュレーディンガー表示の波動関数と呼ぶ．

えられる．このとき，式 (12.33) は簡単になって

$$c_n(t) \sim \frac{1}{\mathrm{i}\hbar} \int_0^t \langle n|\hat{H}'(\tau)|i\rangle \mathrm{e}^{+\mathrm{i}\omega_{ni}\tau} \mathrm{d}\tau \tag{12.35}$$

で与えられる．ここで

$$\hat{H}'(\tau) = -\boldsymbol{\mu}\cdot\boldsymbol{E}\cos\omega\tau = -\frac{1}{2}\boldsymbol{\mu}\cdot\boldsymbol{E}\left(\mathrm{e}^{+\mathrm{i}\omega\tau} + \mathrm{e}^{-\mathrm{i}\omega\tau}\right) \tag{12.36}$$

であったことを思いだすと，

$$c_n(t) \sim -\frac{\boldsymbol{\mu}_{ni}\cdot\boldsymbol{E}}{2\mathrm{i}\hbar}\int_0^t \left(\mathrm{e}^{+\mathrm{i}(\omega+\omega_{ni})\tau} + \mathrm{e}^{-\mathrm{i}(\omega-\omega_{ni})\tau}\right)\mathrm{d}\tau \tag{12.37}$$

となる．$\boldsymbol{\mu}_{ni} \equiv \langle n|\boldsymbol{\mu}|i\rangle$ は**遷移双極子モーメント**と呼ばれる．ここで $\omega \sim \omega_{ni}$ だとすると，被積分関数の第 1 項は激しく振動し τ についての積分に寄与しないから，第 2 項だけを残して積分を実行すると

$$c_n(t) = \frac{\boldsymbol{\mu}_{ni}\cdot\boldsymbol{E}}{2\mathrm{i}\hbar}\frac{1-\mathrm{e}^{\mathrm{i}(\omega_{ni}-\omega)t}}{\mathrm{i}(\omega_{ni}-\omega)} \tag{12.38}$$

となる．したがって，状態 n の存在確率 $P_n(t) = |c_n(t)|^2$ は

$$|c_n(t)|^2 = \frac{|\boldsymbol{\mu}_{ni}\cdot\boldsymbol{E}|^2}{4\hbar^2}\frac{\sin^2\left[\frac{(\omega_{ni}-\omega)t}{2}\right]}{\left(\frac{\omega_{ni}-\omega}{2}\right)^2} \tag{12.39}$$

で与えられる[3]．一般に，照射する電磁波の ω には分布があるから，ω での積分を行いたい．ここでデルタ関数の定義

$$\lim_{t\to\infty}\frac{\sin^2\alpha t}{\alpha^2 t} = \pi\delta(\alpha) \tag{12.40}$$

とその性質 $\delta(\alpha/2) = 2\delta(\alpha)$ を用いると，

$$\int |c_n(t)|^2 \mathrm{d}\omega = \frac{\pi}{2\hbar^2}|\boldsymbol{\mu}_{ni}\cdot\boldsymbol{E}|^2 t \tag{12.41}$$

---

[3] $1-\cos\theta = 2\sin^2(\theta/2)$ を用いる．

となる．分子集団がランダムに配向しているとして配向平均をとると

$$\left\langle |\boldsymbol{\mu}_{ni} \cdot \boldsymbol{E}|^2 \right\rangle_{\text{配向平均}} = \frac{1}{4\pi} \int |\boldsymbol{\mu}_{ni}|^2 |\boldsymbol{E}|^2 \cos^2\theta \,d\Omega = \frac{1}{3}|\boldsymbol{\mu}_{ni}|^2 |\boldsymbol{E}|^2$$

と書き直せること，また電磁場のエネルギー密度 $\bar{u}$ が

$$\bar{u} = \frac{\epsilon_0}{2}|\boldsymbol{E}|^2$$

で与えられることから，単位時間当たりの遷移確率 $P_{n \leftarrow i}$ は

$$P_{n \leftarrow i} = \frac{d}{dt}\left\langle \int |c_n(t)|^2 d\omega \right\rangle_{\text{配向平均}} = B_{in}\bar{u}; \quad \boxed{B_{in} = \frac{\pi}{3}\frac{|\boldsymbol{\mu}_{ni}|^2}{\epsilon_0 \hbar^2}} \quad (12.42)$$

であることが分かる．B_{in} は**アインシュタインの B 係数**と呼ばれる．以上のことから，対応する遷移双極子モーメントが値が 0 でなく，電磁波の ω が $\omega_n - \omega_i$ に等しいときに，分子の状態 i から n への遷移が起こることが分かった．この角振動数の関係式は $\hbar$ を乗ずることによって

$$\boxed{\hbar\omega \,(= h\nu) = E_n - E_i}$$

となるから，分子はその準位のエネルギー差に等しいエネルギーの光子を吸収して，よりエネルギーの高い状態へ遷移を起こすとみることができる．このような分子による光吸収を**誘導吸収**と呼ぶ．

これまで式 (12.37) の 2 つの被積分項のうち $\omega = \omega_{ni}$ で重要となる項に着目して議論してきたが，逆に $\omega = -\omega_{ni}$ で重要となる項を残すと，光子の放出に伴ってエネルギーが高い準位から低い準位への遷移が起こることを示すことができる．これを**誘導放出**と呼ぶ．誘導放出の単位時間当たりの遷移確率 p_{in} は同様の議論によって

$$P_{i \leftarrow n} = P_{n \leftarrow i}, \quad B_{in} = B_{ni} \quad (12.43)$$

であることを示すことができる．

12.2.3 自然放出

　誘導吸収・誘導放出に加えて，分子が励起状態にあるときには電磁波が存在しなくてもエネルギーの低い状態へ遷移することが可能である．これを**自然放出**と呼ぶ．自然放出は本来，電磁場を量子化することにより説明される効果であるが，アインシュタインは統計力学に基づいて，自然放出の遷移係数 A_{ni} が誘導吸収の遷移係数 B_{ni} との間に

$$A_{ni} = \frac{\hbar \omega_{in}^3}{\pi^2 c^3} B_{ni}$$

のような関係があることを示した．ω_{in} が大きいほど，自然放出の確率は大きくなる．

12.3 分子の遷移双極子モーメント

12.3.1 実験室系と分子固定系

　前節で示したように，光吸収の確率は遷移双極子モーメント $\boldsymbol{\mu}_{fi}$ の絶対値の 2 乗に比例する．$\boldsymbol{\mu}_{fi}$ はベクトル量であるから，絶対値の 2 乗はその成分の 2 乗和として

$$|\boldsymbol{\mu}_{fi}|^2 = \sum_{Q=X,Y,Z} \left| \langle \Psi_f | \hat{\mu}^Q | \Psi_i \rangle \right|^2 \tag{12.44}$$

のように表される．ここで $Q = X, Y, Z$ は実験室に固定された座標系 (実験室系) の成分である．照射する光は実験室系で定義されるから，分子の遷移双極子モーメントも同じ座標で表されていなくてはならない．一方で，分子の波動関数は分子に固定された座標系 (分子固定系, $q = x, y, z$) で表すのが便利であるから，q で議論をしたい．これらの座標系は 3 次元的な回転で結びついており，実験室系の遷移双極子モーメント $\hat{\mu}^Q$ は

$$\hat{\mu}^Q = \sum_q D_{Qq} \hat{\mu}^q \tag{12.45}$$

のように，**回転行列** D によって分子固定系の遷移双極子モーメント $\hat{\mu}^q$ と関係づけられる．なお，回転行列 D の具体的な形はオイラー角 (θ, ϕ, χ) を用いて

$$D = \begin{pmatrix} \cos\theta\cos\phi\cos\chi - \sin\phi\sin\chi & \cos\theta\cos\phi\cos\chi + \cos\phi\sin\chi & -\sin\theta\cos\chi \\ -\cos\theta\cos\phi\sin\chi - \sin\phi\cos\chi & -\cos\theta\sin\phi\sin\chi + \cos\phi\cos\chi & \sin\theta\sin\chi \\ \sin\theta\cos\phi & \sin\theta\sin\phi & \cos\theta \end{pmatrix}$$

のように与えられるが，ここではその詳細は重要ではない．式 (12.45) を用いると，式 (12.44) は

$$|\boldsymbol{\mu}_{fi}|^2 = \sum_Q \left|\mu_{fi}^Q\right|^2 = \sum_Q \left|\langle\Psi_f|\sum_q D_{Qq}\hat{\mu}^q|\Psi_i\rangle\right|^2 \tag{12.46}$$

と書き直すことができる．ここで始状態，終状態の波動関数 Ψ_i, Ψ_f は，電子および原子核のすべての自由度を含む波動関数である．ボルン・オッペンハイマー近似の下で，Ψ_i, Ψ_f は

$$|\Psi_i\rangle \sim |i\rangle|v^i\rangle|r^i\rangle, \quad |\Psi_f\rangle \sim |f\rangle|v^f\rangle|r^f\rangle \tag{12.47}$$

のように，電子・振動・回転に対応する波動関数の積として書くことができるから，遷移モーメントの Q 成分は一般に

$$\mu_{fi}^Q = \sum_q \langle v^f|\langle f|\hat{\mu}^q|i\rangle|v^i\rangle\langle r^f|D_{Qq}|r^i\rangle \tag{12.48}$$

のように表すことができる．ここでそれぞれの項が $\hat{\mu}^q$ の積分と D_{Qq} の積分の積に書かれているのは，電子波動関数と振動波動関数，そして $\hat{\mu}^q$ が分子固定系の電子座標 $\boldsymbol{r}$ と核座標 $\boldsymbol{R}$ で表現され，一方で回転波動関数と D_{Qq} がオイラー角 (θ, ϕ, χ) で表現されるからである．

以上のことから，分子のシュレーディンガー方程式を解いて，電子・振動・回転状態のエネルギー構造を明らかにした上で，$\boldsymbol{\mu}_{fi}$ がどのよう

な値を持つかを調べれば，分子の光吸収スペクトルを理論的に求めることが可能である．そして実測のスペクトルとの比較によって，分子の詳細なふるまいをあたかも見てきたように議論するのが**分光学**と呼ばれる分野である．

演習問題

1 式 (12.13) の f を用いて実際にローレンツゲージでの電磁ポテンシャルに対するマクスウェル方程式が式 (12.14) となることを示せ．
2 炎色反応は，誘導放出と自然放出のいずれによる現象であると考えられるか，理由と併せて答えよ．

13 電子遷移

安池智一

《目標&ポイント》 紫外・可視領域の光を吸収して，分子は電子励起状態へ遷移することを学ぶ．遷移モーメントの電子部分がどのように計算されるかを学び，被積分関数の対称性から選択則を導く．
《キーワード》 電子励起状態，遷移双極子モーメント，コンドン近似，スレーター則，選択則

13.1 紫外・可視吸収スペクトル

　紫外・可視領域の電磁波に対する光子エネルギーはエレクトロン・ボルト (eV) のオーダーである．この名前が示唆するように，このような波長領域の電磁波に関係する遷移は，分子の電子状態の変化を伴う状態遷移である．分子が可視吸収を持てば分子は色を持つ．身の回りにある様々な色の多くは，電子遷移が作り出している．その理解のためにはまず，多電子系における電子励起状態の知識が必要となる．

13.1.1 電子励起状態

　分子の基底電子配置は，1電子シュレーディンガー方程式を解いて求めた分子軌道のセットに対し，Aufbau原理を適用することで決められる．この電子配置に対応するスピン軌道の積を反対称化したもの (=スレーター行列式) が基底状態の波動関数となる．パウリの排他原理を満たすような電子配置のうち，Aufbau原理で選ばれるもの以外が電子励起状態

を表すことになる[1].

水素分子を例に具体的に考えてみよう．分子軌道は 2 つの 1s 原子軌道からなる $1\sigma_g, 1\sigma_u$ のみだとする．図 13-1 にあるように，パウリの排他原理を満たす 2 つの電子の詰まり方は $\Phi_0 \sim \Phi_5$ までの 6 通りある．Aufbau 原理を満たすのは Φ_0 で，これが基底状態であると考えられる．$\Phi_1 \sim \Phi_4$ は Φ_0 から 1 つ電子が移動した配置で，1 電子励起配置と呼ぶ．下部の記号 Φ_i^f は，i が励起元のスピン軌道，f が励起先のスピン軌道を表す．Φ_5 は 2 電子励起配置で，2 つ電子が移動するのに対応して記号も Φ_{ij}^{fg} となっている．

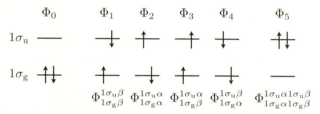

図 13-1 パウリの排他原理を満たす電子配置 (2 軌道 2 電子系)

このように，2 軌道 2 電子の単純な系からもパウリ原理を満たす電子配置が 6 つ得られる．水素分子であっても実際は軌道は無限にあり，また一般の分子であれば電子の数も増える．したがって，分子には無数の電子励起状態があることになるが，実際に光吸収スペクトルで観測されるのはその一部である．どのような状態が観測できるかを知るには，12.3 節で議論したように，遷移双極子モーメントが値を持つかどうかを調べればよい．

---

1) 正規直交な分子軌道のセットを用いれば，さまざまな電子配置から生じるスレーター行列式のセットも正規直交系をなす．スレーター行列式のセットを多電子波動関数の基底として用い，ハミルトニアンの表現行列を作って対角化すれば，よりよい多体系の波動関数を求めることができる．このような手続きを配置間相互作用法と呼ぶ．

13.1.2 電子遷移に対する遷移双極子モーメント

実験室系での遷移双極子モーメントの Q 成分が

$$\mu_{fi}^Q = \sum_q \langle v^f | \langle f | \hat{\mu}^q | i \rangle | v^i \rangle \langle r^f | D_{Qq} | r^i \rangle$$

で与えられるというのが 12.3 節の結論であった．電子遷移および振動遷移に関係する因子 $\langle v^f | \langle f | \hat{\mu}_q | i \rangle | v^i \rangle$ について考えてみよう．この因子に現れる波動関数の電子座標 r，原子核座標 R に対する依存性を明示すると

$$\langle v^f(\boldsymbol{R}) | \langle f(\boldsymbol{r};\boldsymbol{R}) | \hat{\mu}_q | i(\boldsymbol{r};\boldsymbol{R}) \rangle | v^i(\boldsymbol{R}) \rangle \tag{13.1}$$

である．電子波動関数は，r の関数であるが，R にも依存していたことを思い出そう．ここで，電子波動関数の R 依存性が小さければ，$|i(\boldsymbol{r};\boldsymbol{R})\rangle$，$|f(\boldsymbol{r};\boldsymbol{R})\rangle$ を平衡構造 $\boldsymbol{R} = \boldsymbol{R}_{\text{eq}}$ での電子波動関数 $|i(\boldsymbol{r})\rangle$, $|f(\boldsymbol{r})\rangle$ で近似してもよいであろう．このような近似を**コンドン近似** (Condon 近似) と呼ぶ．このとき，分子の電気双極子演算子が $\hat{\mu}^q = \hat{\mu}_{\text{e}}^q + \hat{\mu}_{\text{N}}^q$ のように，電子部分 $\hat{\mu}_{\text{e}}^q$ と原子核部分 $\hat{\mu}_{\text{N}}^q$ からなることを使うと，

$$\langle v^f | \langle f | \hat{\mu}^q | i \rangle | v^i \rangle \sim (1-\delta_{fi}) \langle f | \hat{\mu}_{\text{e}}^q | i \rangle \langle v^f | v^i \rangle + \delta_{fi} \langle v^f | \hat{\mu}_{\text{N}}^q | v^i \rangle \tag{13.2}$$

となる．今は電子遷移がある場合 $(i \neq f)$ を考えているから，第 2 項は 0 となる．したがって，コンドン近似のもとで遷移モーメントの絶対値の 2 乗は

$$\boxed{|\mu_{fi}^Q|^2 = \sum_q |\langle f | \hat{\mu}_{\text{e}}^q | i \rangle|^2 |\langle v^f | v^i \rangle|^2 |\langle r^f | D_{Qq} | r^i \rangle|^2} \tag{13.3}$$

のように，電子，振動，回転の自由度からの寄与の積の形で表される．振動の寄与を**フランク・コンドン因子** (Franck-Condon 因子)，回転の寄与を**ヘンル・ロンドン因子** (Hönl-London 因子) と呼ぶ．これらの因子は電子遷移に伴う構造変化に伴うスペクトルパターンの変化を与えるが，す

べてが 0 になることはない[2]．したがって，スペクトルが観測されるかどうかは，電子部分の寄与を調べればよい．

13.2 電子遷移の選択律
13.2.1 スレーター則

状態 i から状態 f への電子遷移が起こり得るかどうかは，遷移双極子モーメントの電子部分を与える

$$|\langle f|\hat{\mu}_e^q|i\rangle|^2$$

の積分が値を持つかどうかで決まる．ただし，ここで波動関数 $|i\rangle, |f\rangle$ は一般に多電子系の波動関数であるから，スレーター行列式 (の線形結合) である．行列式をばらしてスピン軌道の積の線形結合の形にすることで上記の積分の計算が可能となるが，項の数も多くて面倒そうである．しかし簡単な例で実際にやってみるとわかるように，ほとんどの項は 0 になる．行列式波動関数の関係する積分計算のルールはスレーター自身によってまとめられており，例えば電気双極子演算子に関する積分については，以下のようになる[3]．

---

[2] これをフランク・コンドン因子で具体的に考えてみよう．二原子分子で，電子基底状態と電子励起状態のポテンシャルエネルギー曲線が調和的で同じ曲率を持つと近似できる場合，フランク・コンドン因子は解析的に計算できて，

$$|\langle v^f|0\rangle|^2 = \frac{a^{v^f}}{v^f!}e^{-a}$$

となる．ただし $d = \kappa\sigma_0$ を基底状態と励起状態の平衡核間距離の差として $a = \kappa^2/2$ である．もし，電子遷移前後で構造が変わらなければ，$v^f = 0$ のみが値を持つ．これは同じポテンシャル上の振動波動関数が規格直交関係を満たすことに対応する．電子遷移前後で構造が変わる場合には，さまざまな v^f の状態への遷移が可能となる．

[3] この結果は，1 電子演算子一般に対して成立する．

> **スレーター則**
>
> 1) 左右の電子配置が同一な場合
>
> $$\langle \Phi_0 | \sum_i (-e\boldsymbol{r}_i) | \Phi_0 \rangle = \sum_i^{\text{occ}} \langle \psi_i | (-e\boldsymbol{r}_i) | \psi_i \rangle \tag{13.4}$$
>
> のようにスピン軌道 ψ_i に関する積分の和となる．$\sum_i^{\text{occ}}$ は電子配置に含まれる軌道についての和を意味する．
>
> 2) 左右の電子配置が 1 つだけ異なる場合
>
> $$\langle \Phi_0 | \sum_i (-e\boldsymbol{r}_i) | \Phi_i^f \rangle = \langle \psi_f | (-e\boldsymbol{r}_i) | \psi_i \rangle \tag{13.5}$$
>
> のようにスピン軌道に関する積分ただ 1 項のみが残る．ここで，ψ_i, ψ_f は左右のスレーター行列式で異なるスピン軌道であり，励起元と励起先のスピン軌道である．
>
> 3) 左右の電子配置が 2 つ (以上) 異なる場合
>
> $$\langle \Phi_0 | \sum_i (-e\boldsymbol{r}_i) | \Phi_{ij}^{fg} \rangle = 0 \tag{13.6}$$

式 (13.5)，式 (13.6) が遷移双極子モーメントに関係する[4]．これらを用いて図 13-1 の Φ_0 から他の状態への電子遷移を考えてみよう．まず直ちに式 (13.6) から Φ_5 への遷移双極子モーメントは 0 であることが分かる．つまり，光による電子遷移においては，始状態と終状態の電子配置は互いに 1 つの電子についてだけ異なるものだけが許される．これは言い換えれば，光照射の場合には 1 電子励起状態にのみ遷移が可能ということ

---

[4] 式 (13.4) は左右同じ電子配置であるから，状態 Φ_0 における永久双極子モーメントの期待値を与える．多電子状態の永久双極子モーメントが軌道ごとのモーメントの和であるという結果であり，軌道近似の明快さが現れている．

である.

次に Φ_3, Φ_4 への遷移を考えよう. この際には電子のスピンが反転しており, スピン関数の直交性 $\langle\alpha|\beta\rangle = \langle\beta|\alpha\rangle = 0$ から

$$\langle\Phi_0|\sum_i(-e\boldsymbol{r}_i)|\Phi_3\rangle = \langle\varphi_{1\sigma_u}(\boldsymbol{r})|(-e\boldsymbol{r})|\varphi_{1\sigma_g}(\boldsymbol{r})\rangle\langle\alpha|\beta\rangle = 0$$
$$\langle\Phi_0|\sum_i(-e\boldsymbol{r}_i)|\Phi_4\rangle = \langle\varphi_{1\sigma_u}(\boldsymbol{r})|(-e\boldsymbol{r})|\varphi_{1\sigma_g}(\boldsymbol{r})\rangle\langle\beta|\alpha\rangle = 0$$
(13.7)

となる. つまり光によってスピンが反転するような遷移は起こらない. Φ_3 は $S_z \equiv s_z(1) + s_z(2) = +1$, Φ_4 は $S_z = -1$ であるから, 合成スピン角運動量の大きさが $S = 1$ の三重項状態[5]である. $S = 1$ の状態にはその z 成分 $S_z = -1, 0, 1$ に対応する3種類の状態があるはずである. Φ_1, Φ_2 は $S_z = 0$ の電子配置であるが, それぞれは $\hat{S}^2$ の固有関数になっていない. $S = 1, S_z = 0$ の固有関数はこれらの線形結合 $\frac{1}{\sqrt{2}}(\Phi_1 - \Phi_2)$ で与えられる. これについては

$$\langle\Phi_0|\sum_i(-e\boldsymbol{r}_i)|\frac{\Phi_1 - \Phi_2}{\sqrt{2}}\rangle = 0 \qquad (13.8)$$

を示すことができ, やはり三重項状態への遷移は起こらない. このようにスピン変化を伴う遷移が許されないことを**スピン禁制**であると呼ぶ. 一方, $\frac{1}{\sqrt{2}}(\Phi_1 + \Phi_2)$ は $S = 0$ (一重項) で,

$$\langle\Phi_0|\sum_i(-e\boldsymbol{r}_i)|\frac{\Phi_1 + \Phi_2}{\sqrt{2}}\rangle = \sqrt{2}\langle\varphi_{1\sigma_u}(\boldsymbol{r})|(-e\boldsymbol{r})|\varphi_{1\sigma_g}(\boldsymbol{r})\rangle \qquad (13.9)$$

となる. 以上見てきたように, スレーター則からの帰結として, 光による状態遷移においては, (i) 一電子励起のみが起こること, (ii) スピンは保存される[6]ことが結論づけられる.

---

[5] 一般に多電子系の合成スピン S の状態は $2S + 1$ に縮重しており, その縮重度に応じて $2S + 1$ 重項と呼ばれる.

[6] 分子が重原子を含む場合には, 相対論に起因するスピン軌道相互作用によってスピ

13.2.2 ラポルテの選択則

式 (13.9) の積分をすることによって遷移強度が計算できることになるが，0 でないかどうかだけであれば，軌道の対称性だけで議論をすることができる．水素分子はその重心について反転対称であるので，分子軌道も g, u で区別される．ここで，x, y, z はすべて u である．したがって，上記の積分 $\langle \varphi_{1\sigma_u} | (-e\boldsymbol{r}) | \varphi_{1\sigma_g} \rangle$ の被積分関数の g, u 対称性は

$$u \times u \times g = g \times g = g$$

となる[7]．被積分関数が全体として g 対称性であれば，積分が値を持ちうる．このとき，**許容遷移**であると呼ぶ．これまでは $1\sigma_g, 1\sigma_u$ 軌道のみを考えてきたが，前章で議論したように一般には多くの空の分子軌道が存在する．もし，$2\sigma_g$ へ励起する一重項励起を考えたとすると，式 (13.9) に相当する積分は

$$\sqrt{2} \langle \varphi_{2\sigma_g} | (-e\boldsymbol{r}) | \varphi_{1\sigma_g} \rangle$$

となるが，このとき被積分関数の対称性は

$$g \times u \times g = u \times g = u$$

となる．積分は全空間に渡って行われるから，被積分関数が全体として u 対称性であると積分は必ず 0 になる．つまりこのような遷移は許されず，禁制遷移である．このような g, u 対称性に基づく選択則を**ラポルテの選択則**と呼ぶ．

ただし，二原子分子の分子軸周りの回転対称性のように，他にも対称性がある場合には，それも考慮にいれなくてはならない．例えば，分子軸周りの対称性を考えると，u の対称性を持つ軌道のうち，軌道角運動

ンの保存則は破れる．
7) $g \times g = g, g \times u = u$ である．

量の分子軸成分 λ の変化が

$$\Delta\lambda = 0, \pm 1$$

であるものだけが値を持つことが知られている．つまり，σ_g から π_u への遷移は起こるが，δ_u への遷移は起こらない．選択則においては，禁制がより強い条件であり，すべての対称性を考慮してもなお許容である遷移だけが最終的に許容遷移となる．

13.2.3 群論の利用

一般の分子については，群論を用いると便利である．物体の対称性は物体を不変に保つ変換の集合として定義することができ，そのような集合はしばしば数学でいう群 (group) をなすからである．選択律への応用の前に，なじみのない人のために群論がどういうものであるかを簡単に説明しよう．

集合 G が次の 4 つの性質を満たすとき，集合 G は群をなすと言われる：(i) 積について閉じている (任意の元の積 $R_i R_j$ が G に属する)，(ii) 結合律 $(R_i R_j)R_k = R_i(R_j R_k)$ が成立する，(iii) 単位元が存在する (全ての元 R_i に対して $ER_i = R_i E = R_i$ を満たす E を単位元という)，(iv) 逆元が存在する (任意の元 R_i に対して $R_i R_i^{-1} = R_i^{-1} R_i = E$ を満たす R_i^{-1} を逆元という)．

シス型のブタジエンを不変に保つ変換 (対称操作) には

$$E, C_2(z), \sigma_y(xz), \sigma_x(yz)$$

がある (図 13-2a) が，これらは点群 C_{2v} と呼ばれる群をなす．ここで E は恒等変換，$C_2(z)$ は図中 z 軸周りの 180 度回転[8]，$\sigma_{y,x}$ は y, x 軸に垂

---

8) C_n 回転は一般に軸周りの $360°/n$ 回転を表す．

直な面（それぞれ xz, yz 面）での鏡映である[9]．これらの変換の集合が群をなすことは容易に示すことができる[10]．同様に，トランス型のブタジエンを不変に保つ変換（対称操作）には

$$E, C_2(z), i, \sigma_\mathrm{h}(xy)$$

があり (図 13-2b)．これらは点群 $C_{2\mathrm{h}}$ と呼ばれる群をなす．i は原点に対する反転，$\sigma_\mathrm{h}(xy)$ は主軸である $C_2(z)$ に垂直な xy 面に関する鏡映である．ところで，変換を受けるのは分子の形に限らない．むしろ分子への

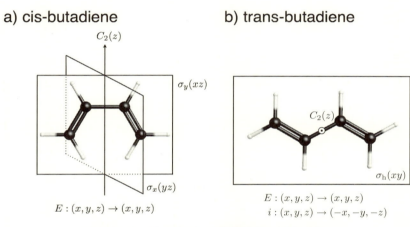

図 13-2　ブタジエンを不変に保つ対称操作

応用においては，それぞれの原子の変位ベクトルやそれぞれの原子の上に

---

9) もっとも大きな n の回転軸を主軸といい，主軸を含む鏡映面を σ_v と表すことがある．複数ある場合には分子面を含むものを σ_v とし，それに直交するものを σ_v' と呼ぶ．
10) 変換の積は連続した変換であるから結合律の成立は自明であろう．単位元は恒等変換に他ならない．積について閉じていることは，たとえば C_2 と σ_y の積は恒等変換 E に等しくこれが $C_{2\mathrm{v}}$ の元に含まれていることから示される．また $E, C_2(z), \sigma_y(xz), \sigma_x(yz)$ の逆元はそれぞれ自分自身である．

置かれた関数がどのような変換性を持つかが重要である．例えばヒュッケル法による分子軌道の場合には，各炭素原子の上に置いた分子面に垂直な 2p 軌道がどのような変換を受けるかを考える．シス型のブタジエンについて考えると，4つの 2p 軌道の変換であるからそれぞれの対称操作は 4×4 の行列で表される．E の表現行列は 4×4 の単位行列であり，C_2, σ_y, σ_x の表現行列はそれぞれ

$$\begin{pmatrix} 0 & 0 & 0 & -1 \\ 0 & 0 & -1 & 0 \\ 0 & -1 & 0 & 0 \\ -1 & 0 & 0 & 0 \end{pmatrix}, \begin{pmatrix} -1 & 0 & 0 & 0 \\ 0 & -1 & 0 & 0 \\ 0 & 0 & -1 & 0 \\ 0 & 0 & 0 & -1 \end{pmatrix}, \begin{pmatrix} 0 & 0 & 0 & 1 \\ 0 & 0 & 1 & 0 \\ 0 & 1 & 0 & 0 \\ 1 & 0 & 0 & 0 \end{pmatrix}$$

で与えられる[11]．対称操作の表現行列は何で表現したかに依存して具体的な形を変えるが，相似変換によって**既約表現**をブロックに持つ行列へブロック対角化が可能である．これを簡約と呼ぶ．簡約するだけであれば，表現行列の対角要素の和として定義される指標 $\chi(R)$ を用いれば，より簡単に行うことができる．上記の例において，それぞれの表現の指標は

$$\chi(E) = 4, \ \chi(C_2) = 0, \ \chi(\sigma_y) = -4, \ \chi(\sigma_x) = 0$$

ということになる．定義から分かるように，それぞれの対称操作で動かない関数の数を符号付きで数えれば，表現行列を経由することなく指標を見積もることができる．これらの対称操作 R に対する表現の指標 $\chi(R)$ は，既約表現 i の指標 $\chi_i(R)$ を用いて

$$\chi(R) = \sum_i a_i \chi_i(R) \tag{13.10}$$

---

11) C_2 の表現行列の第 1 行が $(0,0,0,-1)$ となっているのは，炭素 4 の 2p 軌道を C_2 回転して符号反転したものが炭素 1 の 2p 軌道に等しいということを意味している．

のように書けることが知られている．ここで係数 a_i は

$$a_i = \frac{1}{h} \sum_R \chi(R) \chi_i(R) \tag{13.11}$$

として計算される．h は対称操作の数であり，既約表現 i の指標 $\chi_i(R)$ は表 13-1 のような指標表を参照すればよい[12]．上記のシス型のブタジエ

表 13-1　点群 C_{2v} の指標表

	E	C_2	$\sigma_y(xz)$	$\sigma_x(yz)$		
A_1	1	1	1	1	z	x^2,y^2,z^2
A_2	1	1	-1	-1	R_z	xy
B_1	1	-1	1	-1	R_y,x	xz
B_2	1	-1	-1	1	R_x,y	yz

ンの 4 つの 2p 軌道による表現の簡約に必要なそれぞれの既約表現の係数は，式 (13.11) より

$$\begin{aligned}
a_{A1} &= \{4 \cdot 1 + 0 \cdot 1 + (-4) \cdot 1 + 0 \cdot 1\}/4 & = 0 \\
a_{A2} &= \{4 \cdot 1 + 0 \cdot 1 + (-4) \cdot (-1) + 0 \cdot 1\}/4 & = 2 \\
a_{B1} &= \{4 \cdot 1 + 0 \cdot (-1) + (-4) \cdot 1 + 0 \cdot (-1)\}/4 & = 0 \\
a_{B2} &= \{4 \cdot 1 + 0 \cdot (-1) + (-4) \cdot (-1) + 0 \cdot 1\}/4 & = 2
\end{aligned}$$

となることが分かる．分子軌道が分子の属する点群の既約表現のどれかに属することを考え併せると，4 つの 2p 軌道の線形結合で表現される 4 つの分子軌道のうち，2 つが A_2，残り 2 つが B_2 の既約表現に属することが分かる．

[12] 表中の A_1, A_2, B_1, B_2 が既約表現の名称で，例えば既約表現 A_2 の対称操作 σ_v に対する指標は -1 である．また，右側には x, y, z などの簡単な関数の表現がどの既約表現に属するかが示してある．

上記に述べた表現とその簡約の考え方を応用することで，群論に基づいた一般の分子の電子遷移の選択則の議論が可能となる．電子遷移が起こるかどうかは，積分

$$\langle \varphi_f | f | \varphi_i \rangle \tag{13.12}$$

の値の有無で決まるということであった．この積分が値を持つのは，分子軌道 φ_f, φ_i が属している2つの既約表現の直積からつくられる表現が $f = x, y, z$ が属する既約表現を含むときに限られる．この条件を満たすとき，被積分関数は全対称表現を含むから一般に積分は有限値を取る．

13.3 ブタジエンの電子スペクトル

これまでの議論をまとめると，分子の電子スペクトルの概形は分子軌道と軌道エネルギーが分かればイメージできるということになる．ブタジエン C_4H_6 を例にとって具体的にその手順を見てみよう．

13.3.1 1次元の箱の中の粒子としての取り扱い

単結合と二重結合が交互に連なる分子の部分構造を π 共役系と呼ぶ．π 共役系を構成する炭素原子は sp^2 炭素であり，

$$(t_1)^1 (t_2)^1 (t_3)^1 (p_z)^1$$

で表される電子配置を持つ．ここで t_1, t_2, t_3 は sp^2 混成軌道であり，同一平面内で互いに $120°$ の角度をなす．sp^2 炭素はこれらの軌道を用いて他の3つの原子とそれぞれ σ 結合を作る．一方，p_z で示したのは先ほどの平面とは垂直方向に張り出した p 軌道であり，p_z 軌道の線形結合によって共役系全体に広がった分子軌道が作られる[13]．ブタジエンのよう

---

13) これを局在した電子対結合として描くと，単結合と二重結合が交互に連なる．

な直鎖状の共役系を持つ分子の π 電子は，炭素主鎖上を自由に動き回ることになるので，もっとも単純には 1 次元の箱の中の粒子としてモデル化することができる．1 次元の箱の中の粒子のエネルギー準位は

$$E_n = \frac{n^2 \hbar^2}{8mL^2}$$

で与えられた．ブタジエンは炭素数が 4 であるから，$n = 4$ までの準位を考えればよく，$n = 1, 2$ の準位には電子が詰まっている．考えうる 1 電子励起は

$$\phi_1 \to \phi_3, \ \phi_1 \to \phi_4, \ \phi_2 \to \phi_3, \ \phi_2 \to \phi_4 \tag{13.13}$$

の 4 種類である．それぞれに対する励起エネルギーと遷移の可否を考えると，表 13-2 のようになる．

表 13-2 ブタジエンの電子スペクトル (箱の中の粒子モデル)

遷移	励起エネルギー $\left(\frac{\hbar^2}{8mL^2}\right)$	$\phi_i \cdot x \cdot \phi_j$ の対称性
$\phi_2 \to \phi_3$	5	u × u × g = g （許容）
$\phi_1 \to \phi_3$	8	g × u × g = u （禁制）
$\phi_2 \to \phi_4$	12	u × u × u = u （禁制）
$\phi_1 \to \phi_4$	15	g × u × u = g （許容）

13.3.2 ヒュッケル法による取り扱い

式 (10.27) の結果を使って，ヒュッケル法の観点からブタジエンの電子スペクトルをシス体・トランス体の違いも含めて議論してみよう．ヒュッケル法の問題設定は炭素の繋がり方だけで決まるので，軌道エネルギーおよびそれぞれの軌道における線形結合の係数は構造のシス・トランス

に依らないが，基底として用いた 2p 軌道の空間配置は互いに異なっている．このことは，励起エネルギーは共通である一方，ある遷移が許容か禁制かは異性体間で異なり得ることを意味する．π 軌道間の遷移に伴う励起エネルギー ΔE は，軌道エネルギーの差として近似すると表 13-3 のように与えられる．次に，それぞれの遷移の可否を，遷移双極子モーメ

表 13-3　ブタジエンの励起エネルギー (ヒュッケル法)

遷移	$\phi_2 \to \phi_3$	$\phi_1 \to \phi_3$	$\phi_2 \to \phi_4$	$\phi_1 \to \phi_4$
ΔE	$(\sqrt{5}-1)\beta$	$\sqrt{5}\beta$	$\sqrt{5}\beta$	$(\sqrt{5}+1)\beta$

ントに対する群論を用いた考察によって判定するために，軌道の既約表現を判別する．分子軌道は必ず分子の属する点群の既約表現のいずれかに属しているから，それぞれの対称操作に対する変換性と一致する指標を持つ既約表現を指標表に見つけることができるはずである．表 13-1 に示した C_{2v} の指標表を用いると，それぞれの軌道の属する既約表現が

$$\phi_1(b_2), \quad \phi_2(a_2), \quad \phi_3(b_2), \quad \phi_4(a_2)$$

となることが分かる．1 電子軌道の既約表現はしばしば小文字で表現する．

表 13-4　C_{2h} の指標表

	E	C_2	i	$\sigma_h(xy)$		
A_g	1	1	1	1	R_z	x^2, y^2, z^2, xy
A_u	1	1	-1	-1	z	
B_g	1	-1	1	-1	R_x, R_y	xz, yz
B_u	1	-1	-1	1	x, y	

点群 C_{2h} の指標表 (表 13-4) を用いて同様の解析を行うと，トランス

体の分子軌道の既約表現は

$$\phi_1(a_u), \quad \phi_2(b_g), \quad \phi_3(a_u), \quad \phi_4(b_g)$$

のように帰属される．以上の結果を踏まえると，シス体・トランス体のブタジエンの電子スペクトルの性質は，表13-5のようにまとめることができる．なお，比較のために表の下半分には第一原理計算[14]の結果も併せて示してある．

表13-5　ブタジエンの電子スペクトル

ヒュッケル法	$\phi_2 \to \phi_3$	$\phi_1 \to \phi_3$	$\phi_2 \to \phi_4$	$\phi_1 \to \phi_4$
ΔE	$(\sqrt{5}-1)\beta$	$\sqrt{5}\beta$	$\sqrt{5}\beta$	$(\sqrt{5}+1)\beta$
遷移（シス）	許容 (b_2)	許容 (a_1)	許容 (a_1)	許容 (b_2)
遷移（トランス）	許容 (b_u)	禁制 (a_g)	禁制 (a_g)	許容 (b_u)
第一原理計算	$\phi_2 \to \phi_3$	$\phi_1 \to \phi_3$	$\phi_2 \to \phi_4$	$\phi_1 \to \phi_4$
シス ΔE	5.68 eV	7.74/9.20 eV		11.12 eV
$|\boldsymbol{\mu}|^2$	2.46 au	0.17/1.48 au		0.02 au
トランス ΔE	6.21 eV	7.92/8.81 eV		10.99 eV
$|\boldsymbol{\mu}|^2$	4.61 au	0.00/0.00 au		0.50 au

まずヒュッケル法による許容遷移・禁制遷移の帰属について説明しておこう．原理としては13.2.3節に述べた通りであるが，例えばシス体の $\phi_2 \to \phi_3$ 遷移について考えると，$\langle \phi_2 | r | \phi_3 \rangle$ が値を持てば許容遷移ということになる．ϕ_2, ϕ_3 の既約表現はそれぞれ a_2, b_2 であったから積表現は $a_2 \times b_2 = b_1$ となる[15]．これが $r = x, y, z$ のいずれかの表現と一致すれ

---

[14] B3LYP/6-31G(d) で構造最適化のあと，TD-CAM-B3LYP/6-31G(d) で励起スペクトルを計算．
[15] それぞれの指標の積がどの既約表現のものと対応するかを調べればよい．

ば，積をとったときに全対称表現となるから許容となる．いまの場合は，x の既約表現が b_1 であることから，$\langle\phi_2|x|\phi_3\rangle$ が値を持ちうることが分かる．

同様の手続きを繰り返すことによって表を完成させることができる．ここで注目したいのは，シス体では4つの遷移すべてが許容であるのに対して，トランス体では2, 3番目の励起が禁制となっていることである．第一原理計算で得られた遷移双極子モーメントと比較してみると，確かにヒュッケル法での予測通りとなっている．ただし，シス体の $\phi_1 \to \phi_4$ のように，許容ではあっても実際に積分値が小さくほとんど吸収が起こらないということはあり得る．今の場合は，実験でスペクトルを測定してみて 10 eV 付近までに強い吸収が1つしかなければトランス体であることが予想され，実際そのようになっている．構造の立体障害を考えてもこの結果はリーズナブルだと言えよう．

ヒュッケル法は簡便法であるから，もちろん限界もある[16]が，紙と鉛筆だけで実験や第一原理計算の結果の解釈を可能とする強力なツールである．

---

16) ヒュッケル法では2, 3番目の遷移の励起エネルギーはいずれも $\sqrt{5}\beta$ であるが，第一原理計算では 1 eV 程度異なっている．これは，同じ対称性の状態がエネルギー的に近接した場合，相互作用してお互いに反発するためである (配置間相互作用)．

演習問題

1 β-カロテンの π 共役系には 22 個の炭素原子が含まれる.共役長が 18.5 Å であるとして,箱の中の粒子モデルに従って最も低エネルギーの励起に対応する光の波長を求めよ.

2 13.3.2 節の議論に基づいて,シス体のブタジエンの $\phi_1 \rightarrow \phi_3$ の遷移の際に生じる遷移双極子モーメントの向きを答えよ.なお,分子は図 13-2b のように空間的に配置されているものとせよ.

14 | 二原子分子の回転と振動

安池智一

《目標&ポイント》 二原子分子を例に，原子核の自由度についての運動の取り扱いを学び，分子の回転・振動準位がどのように量子化されるかを理解する．遷移双極子モーメントの値についての考察から，回転遷移・振動遷移に対する選択則を導く．
《キーワード》 ボルン・オッペンハイマー近似，剛体回転，電波吸収スペクトル，調和振動子，赤外線吸収スペクトル

14.1 ポテンシャルエネルギー曲面
14.1.1 ボルン・オッペンハイマー近似
分子のハミルトニアンは一般に

$$\hat{H}_{\mathrm{mol}} = \hat{T}_{\mathrm{N}} + \hat{V}_{\mathrm{NN}}(\boldsymbol{R}) + \hat{T}_{\mathrm{e}} + \hat{V}_{\mathrm{ee}}(\boldsymbol{r}) + \hat{V}_{\mathrm{eN}}(\boldsymbol{r}, \boldsymbol{R}) \tag{14.1}$$

と書くことができる．$\hat{T}$ は運動エネルギー演算子，$\hat{V}$ はポテンシャルエネルギー演算子[1]で，下付きの e, N はそれぞれ電子および原子核に関係していることを表している．例えば，$\hat{V}_{\mathrm{eN}}$ は電子と原子核の間のクーロン引力を表す．また，$\boldsymbol{r}, \boldsymbol{R}$ はそれぞれ，電子および原子核の座標の集合をまとめて略記したものである．このようなハミルトニアンについて，正確にシュレーディンガー方程式の解を定めることは難しい．

陽子は電子に比べて 1836 倍の質量を持っている．それぞれが自由空間を同じ運動エネルギーを持って運動していたとすれば，陽子は電子の数十分の一の速度しか持たない．陽子は最も軽い原子核であるから，一般

---
[1] 座標表示では単なる関数．

の原子核についてはその速度差はさらに大きくなる．このことから，電子の波動関数を求める際にはひとまず原子核は固定して考えてもよいだろう．このような近似を**ボルン・オッペンハイマー近似**と呼ぶ．原子核を固定すれば原子核の運動エネルギー項 $\hat{T}_\mathrm{N}$ はなくなる．このとき，電子の波動関数に対するシュレーディンガー方程式は

$$\hat{H}_\mathrm{e}(\boldsymbol{r};\boldsymbol{R})\Psi_\mathrm{e}(\boldsymbol{r};\boldsymbol{R}) = E_\mathrm{e}(\boldsymbol{R})\Psi_\mathrm{e}(\boldsymbol{r};\boldsymbol{R}) \tag{14.2}$$

$$\hat{H}_\mathrm{e}(\boldsymbol{r};\boldsymbol{R}) = \hat{T}_\mathrm{e} + \hat{V}_\mathrm{eN}(\boldsymbol{r};\boldsymbol{R}) + \hat{V}_\mathrm{ee}(\boldsymbol{r}) + \hat{V}_\mathrm{NN}(\boldsymbol{R}) \tag{14.3}$$

で与えられることになる．ここで，電子ハミルトニアン $\hat{H}_\mathrm{e}$ や電子波動関数 $\Psi_\mathrm{e}(\boldsymbol{r};\boldsymbol{R})$ に含まれる原子核座標 $\boldsymbol{R}$ は，力学変数ではないことに注意しよう．波動関数 $\Psi_\mathrm{e}(\boldsymbol{r};\boldsymbol{R})$ は $\boldsymbol{r}$ の関数であるが，原子核配置 $\boldsymbol{R}$ によってその関数形は変化する．このような間接的な依存性を持つことを示すために，セミコロンの後に $\boldsymbol{R}$ がついている．

14.1.2 ポテンシャルエネルギー曲面

式 (14.2) のシュレーディンガー方程式が解けたとして，得られた電子状態の波動関数で分子ハミルトニアン $\hat{H}_\mathrm{mol}$ の "期待値"[2] を計算してみると，

$$\langle\Psi_\mathrm{e}|\hat{H}_\mathrm{mol}|\Psi_\mathrm{e}\rangle = \hat{T}_\mathrm{N} + E_\mathrm{e}(\boldsymbol{R}) \equiv \hat{H}_\mathrm{N} \tag{14.4}$$

という演算子が得られる．なお，ここで

$$\hat{T}_\mathrm{N}|\Psi_\mathrm{e}(\boldsymbol{r};\boldsymbol{R})\rangle \sim 0 \tag{14.5}$$

---

[2] 得られる結果は演算子であることに注意しよう．

を仮定した[3]．式 (14.4) の演算子 $\hat{H}_N$ は，電子状態が波動関数 Ψ_e で与えられるときの原子核の運動を記述するハミルトニアンである．$\hat{H}_N$ を見ると，原子核の感じるポテンシャルエネルギー $U(\boldsymbol{R})$ は

$$U(\boldsymbol{R}) = E_e(\boldsymbol{R}) \tag{14.6}$$

で与えられる．$U(\boldsymbol{R})$ を**ポテンシャルエネルギー曲面**と呼ぶ．$U(\boldsymbol{R})$ にはもはや電子座標は含まれておらず，これが与えられれば大多数の電子の自由度を忘れて分子内の原子 (核) の運動を簡便に扱うことが可能となる．

14.2 二原子分子の運動

14.2.1 原子核の運動

次に式 (14.4) で記述される原子核の運動を議論しよう．ここでは簡単のために，二原子分子を考える．原子 a, b の質量を M_a, M_b とすると，系のハミルトニアンは

$$\hat{H}_N = -\frac{\hbar^2}{2M_a}\nabla_a^2 - \frac{\hbar^2}{2M_b}\nabla_b^2 + U(\boldsymbol{R}_b - \boldsymbol{R}_a) \tag{14.7}$$

となる．ここで，ポテンシャル項は $U = \hat{V}_{NN}(\boldsymbol{R}) + E(\boldsymbol{R})$ であるが，原子 a, b の相対座標のみによることを示すためにこのように書いた．ここで，2粒子系の重心座標 $\boldsymbol{Q}$ と相対座標 $\boldsymbol{q}$

$$\boldsymbol{Q} = \frac{M_a \boldsymbol{R}_a + M_b \boldsymbol{R}_b}{M_a + M_b}, \quad \boldsymbol{q} = \boldsymbol{R}_b - \boldsymbol{R}_a \tag{14.8}$$

を使って式 (14.7) を書き直そう．例えば $\boldsymbol{Q}, \boldsymbol{q}$ の x 成分は

$$Q_x = \frac{M_a X_a + M_b X_b}{M_a + M_b}, \quad q_x = X_b - X_a$$

---

[3] 通常，分子の平衡構造付近でこの条件はよく満たされる．一般に電子の波動関数は原子核の波動関数に比べて空間的に拡がっており，原子核座標に対する依存性は小さい．

であるから，X_a, X_b による偏微分は

$$\frac{\partial}{\partial X_a} = \frac{\partial Q_x}{\partial X_a}\frac{\partial}{\partial Q_x} + \frac{\partial q_x}{\partial X_a}\frac{\partial}{\partial q_x} = \frac{M_a}{M_a + M_b}\frac{\partial}{\partial Q_x} - \frac{\partial}{\partial q_x} \quad (14.9)$$

$$\frac{\partial}{\partial X_b} = \frac{\partial Q_x}{\partial X_b}\frac{\partial}{\partial Q_x} + \frac{\partial q_x}{\partial X_b}\frac{\partial}{\partial q_x} = \frac{M_b}{M_a + M_b}\frac{\partial}{\partial Q_x} + \frac{\partial}{\partial q_x} \quad (14.10)$$

となる．各成分について同様の式を用いると式 (14.7) は

$$\hat{H}_\mathrm{N} = \hat{H}_\mathrm{CM}(\boldsymbol{Q}) + \hat{H}_\mathrm{vr}(\boldsymbol{q}) \quad (14.11)$$

$$\hat{H}_\mathrm{CM}(\boldsymbol{Q}) = -\frac{\hbar^2}{2M}\nabla_Q^2, \quad \hat{H}_\mathrm{vr}(\boldsymbol{q}) = -\frac{\hbar}{2\mu}\nabla_q^2 + U(\boldsymbol{q}) \quad (14.12)$$

のように重心座標 $\boldsymbol{Q}$ のみ，相対座標 $\boldsymbol{q}$ のみを含むハミルトニアンに分割できることを示すことができる．それぞれの運動の有効質量 M, μ は

$$M = M_a + M_b, \quad \mu = \frac{M_a M_b}{M_a + M_b} \quad (14.13)$$

であり，相対運動の有効質量 μ は**換算質量**と呼ばれる．式 (14.12) を見ると，重心運動のハミルトニアンは質量 M の質点の運動エネルギー演算子のみからなり，ポテンシャルの影響を受けない自由粒子としての運動を示すことが分かる．一方，相対座標のハミルトニアンは，ポテンシャルの影響下での運動に対応する形になっている．

原子間のポテンシャル関数は原子間距離にのみ依存するため，極座標 (r, θ, ϕ) に移ることでシュレーディンガー方程式は

$$\left\{-\frac{\hbar^2}{2\mu}\frac{1}{r^2}\frac{\partial}{\partial r}\left(r^2\frac{\partial}{\partial r}\right) + \frac{\hat{L}^2}{2\mu r^2} + U(r)\right\}\psi(r,\theta,\phi) = E\psi(r,\theta,\phi) \quad (14.14)$$

となって，波動関数に $\psi(r,\theta,\phi) = R(r)Y(\theta,\phi)$ のような変数分離形を仮定することができる．$R(r)$ は振動，$Y(\theta,\phi)$ は回転の波動関数に対応する．

14.2.2 二原子分子の剛体回転エネルギー

二原子分子の回転運動のもっとも簡単な取り扱いは，回転において核間距離が平衡距離 r_{eq} に固定されているとするものである．このような回転を**剛体回転**と呼ぶ．この条件下で式 (14.14) は

$$\frac{\hat{L}^2}{2\mu r_{eq}^2} Y(\theta, \phi) = E_{rot} Y(\theta, \phi) \tag{14.15}$$

に帰着する[4)]．ここで $\hat{L}^2$ は角運動量の 2 乗の演算子であり，水素原子のときに得た

$$\hat{L}^2 Y_{lm_l}(\theta, \phi) = l(l+1)\hbar^2 Y_{lm_l}(\theta, \phi)$$

がそのまま利用できる．両者を混同しないよう量子数として l, m_l の代わりに J, M を用いると回転エネルギーは

$$\frac{\hat{L}^2}{2I} Y_{JM}(\theta, \phi) = \frac{J(J+1)\hbar^2}{2I} Y_{JM}(\theta, \phi) \tag{14.16}$$

のように量子化されることが分かる．なお，I は慣性モーメントで $I = \mu r_{eq}^2$ で定義される．ここで J は回転量子数と呼ばれ，$J = 0, 1, 2, \ldots$ を取る．回転エネルギーはしばしば，回転定数 $B = \hbar^2/2I$ を用いて

$$\boxed{E_{rot} = BJ(J+1); \quad J = 0, 1, 2, \ldots} \tag{14.17}$$

と表される．

14.2.3 二原子分子の振動エネルギー

次に核間距離 r についての運動，すなわち分子振動について考えよう．回転状態は基底状態にあるとして $J = 0$ とする．このとき，式 (14.14) は

$$\left\{ -\frac{\hbar^2}{2\mu} \frac{1}{r^2} \frac{\partial}{\partial r} \left(r^2 \frac{\partial}{\partial r} \right) + U(r) \right\} R(r) = E_{vib} R(r) \tag{14.18}$$

---

4) $U(r_{eq})$ はポテンシャル原点の移動によって 0 とし，$R(r_{eq})$ は定数であるので両辺をこれで割って消去した．

となる．ここで $R(r) = \phi(r)/r$ とおいて上式に代入すると，

$$\left\{-\frac{\hbar^2}{2\mu}\frac{\partial^2}{\partial r^2} + U(r)\right\}\phi(r) = E_{\text{vib}}\phi(r) \tag{14.19}$$

の形に簡略化される．ここでポテンシャル関数 $U(r)$ の情報が必要となるが，二原子分子にある決まった結合距離 eq があるという直感的イメージは，$U(r)$ が $r = r_{\text{eq}}$ に極小を持つことを意味する．図 14-1 は H_2 のポテンシャル関数で，事実そのようになっている．このとき $U(r)$ は，r_{eq}

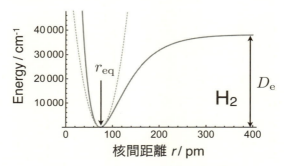

図 14-1　H_2 のポテンシャル関数

の近傍で図 14-1 の点線に示されたように

$$U(r) = U(r_{\text{eq}}) + \frac{1}{2}k(r - r_{\text{eq}})^2 + \ldots \tag{14.20}$$

のように展開できる．$r = r_{\text{eq}}$ で極小であるから，$r - r_{\text{eq}}$ の 1 次の項は現れない．また，以下では 3 次以上の高次項は無視する．エネルギーの原点を $U(r_{\text{eq}})$ にとって変数を $x = r - r_{\text{eq}}$ にとりなおすと，分子振動に対する近似的なシュレーディンガー方程式は

$$\left\{-\frac{\hbar^2}{2\mu}\frac{\partial^2}{\partial x^2} + \frac{1}{2}kx^2\right\}\phi(x) = E_{\text{vib}}\phi(x) \tag{14.21}$$

となる[5]．ここでさらに

$$\xi = \left(\frac{\mu k}{\hbar^2}\right)^{1/4} x, \quad \epsilon = \left(\frac{4\mu}{k\hbar^2}\right)^{1/2} E \tag{14.22}$$

で変数変換を行うと，

$$\frac{d^2\phi(\xi)}{d\xi^2} + (\epsilon - \xi^2)\phi(\xi) = 0 \tag{14.23}$$

となる．$|\xi| \to \infty$ では漸近的に

$$\frac{d^2\phi(\xi)}{d\xi^2} \sim \xi^2 \phi(\xi) \tag{14.24}$$

となる．ここで $e^{-\frac{1}{2}\xi^2}$ の 2 階微分を考えると

$$\frac{d^2}{d\xi^2} e^{-\frac{1}{2}\xi^2} = \xi^2 e^{-\frac{1}{2}\xi^2} - e^{-\frac{1}{2}\xi^2} \tag{14.25}$$

となり，右辺第 2 項は右辺第 1 項に比べて無視できるから，式 (14.24) の関係を満たす．したがって，$e^{-\frac{1}{2}\xi^2}$ は $\phi(\xi)$ の $\xi \to \infty$ での漸近形であることが分かる[6]．また，式 (14.25) は式 (14.23) で $\epsilon = 1$ と置いた場合に

---

[5] 式 (14.21) の左辺の演算子は，古典力学のハミルトニアン

$$H_{\text{cl}} = p^2/2\mu + kx^2/2$$

を $p \to -i\hbar\frac{\partial}{\partial x}$, $x \to x$ として量子化したものに他ならない．この古典ハミルトニアンで表される系の運動を解いてみよう．ハミルトン形式での運動方程式

$$\dot{x} = \frac{\partial H}{\partial p} = \frac{p}{\mu}, \quad \dot{p} = -\frac{\partial H}{\partial x} = -kx$$

から $\ddot{x} = -\frac{k}{\mu} x$ を満たす $x(t)$ が求めたい運動である．$x(t) = e^{\alpha t}$ とおくと $\alpha^2 = -k/\mu$ であるから $\alpha = \pm i\sqrt{k/\mu} \equiv \pm i\omega$ が得られる．したがって一般解は $x(t) = Ae^{+i\omega t} + Be^{-i\omega t}$ と書くことができるが，$x(t)$ が実数であるためには A, B は互いに複素共役の関係になくてはならない．そこで $A = B^* = |C|e^{i\delta}$ と置けば，一般解は

$$x(t) = 2|C|\cos(\omega t - \delta)$$

と書き直すことができる．すなわち，核間距離の変位 $x(t)$ は，角振動数 ω の正弦的な振動 (調和振動) を示す．このことから，H_{cl} で記述される系を**調和振動子**と呼ぶ．

[6] $e^{+\frac{1}{2}\xi^2}$ も式 (14.24) を満たすが，無限遠方で ∞ となるので不適．

対応するから，$e^{-\frac{1}{2}\xi^2}$ は元の式 (14.21) の

$$E = \frac{\hbar}{2}\sqrt{\frac{k}{\mu}} = \frac{\hbar\omega}{2} \tag{14.26}$$

に対応する固有関数になっている．$e^{-\frac{1}{2}\xi^2}$ には節 (符号が変わる点) が存在しないから，この関数は二原子分子の (近似的な) 振動基底状態の波動関数である．ここで注目すべきは，基底状態のエネルギーがポテンシャルの底 $U(r_{eq})$ から測って 0 とはならず，有限値を持っていることである．これを**ゼロ点エネルギー**と呼び，対応する運動を**ゼロ点振動**と呼ぶ[7]．

一般の振動波動関数は $e^{-\frac{1}{2}\xi^2}$ と ξ の有限次の多項式 $H(\xi)$ の積の形

$$\phi(\xi) = H(\xi)e^{-\frac{1}{2}\xi^2} \tag{14.27}$$

に書くことができる．これを式 (14.23) に代入すると，

$$\frac{d^2}{d\xi^2}H(\xi) - 2\xi\frac{d}{d\xi}H(\xi) + (\epsilon - 1)H(\xi) = 0 \tag{14.28}$$

となる．これをエルミート多項式

$$H_n(\xi) = (-1)^n e^{\xi^2}\frac{d^n}{d\xi^n}e^{-\xi^2} \tag{14.29}$$

の満たす微分方程式

$$\frac{d^2}{d\xi^2}H_n(\xi) - 2\xi\frac{d}{d\xi}H_n(\xi) + 2nH_n(\xi) = 0 \tag{14.30}$$

と見比べれば，$H_n(\xi)e^{-\frac{1}{2}\xi^2}$ が式 (14.23) の解になっていることは明らかであろう．n 次の $H_n(\xi)e^{-\frac{1}{2}\xi^2}$ に対して $\epsilon = 2n+1$ となり，対応する固

---

[7] ゼロ点エネルギーおよびゼロ点振動の存在は，不確定性関係と関係している．ポテンシャルの底に静止したとすると，$\Delta x = 0$, $\Delta p = 0$ となり，不確定性関係 $\Delta x \Delta p \geq \frac{\hbar}{2}$ と矛盾する．

有エネルギーは $E = \hbar\omega\epsilon/2$ より

$$E_{\text{vib}}^n = \hbar\omega\left(n + \frac{1}{2}\right) \tag{14.31}$$

であることが分かる．式 (14.29) を用いて小さな n について $H_n(\xi)$ を書いてみると，

$$H_0(\xi) = 1 \qquad H_1(\xi) = 2\xi$$
$$H_2(\xi) = 4\xi^2 - 2 \quad H_3(\xi) = 8\xi^3 - 12\xi$$

となり，量子数 n が増えるにしたがって節の数が増えることが確認できるであろう．これらに対応するエネルギー準位と波動関数を図 14-2 に示す．

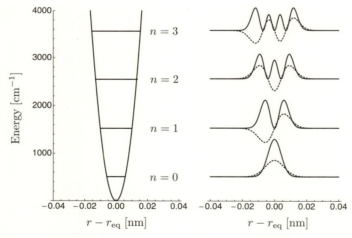

図 14-2　調和振動の位置エネルギー関数と波動関数および存在確率

(左) 振動の波数 $\tilde{\nu} = 1000 \text{ cm}^{-1}$，換算質量 $\mu = 10$ u (原子質量単位) としたときのポテンシャル曲線と量子数 $n = 0 \sim 3$ までのエネルギー準位 (右) 対応する波動関数 ψ_n (破線) と存在確率分布 (実線)．

14.3 回転および振動スペクトル
14.3.1 二原子分子の遷移双極子モーメント

まず最初に，電子遷移を伴わない二原子分子のスペクトルについて，式 (12.48)

$$\mu_{fi}^Q = \sum_q \langle v^f | \langle f | \hat{\mu}^q | i \rangle | v^i \rangle \langle r^f | D_{Qq} | r^i \rangle$$

がどうなるかを見てみよう．上式の $\langle f | \hat{\mu}^q | i \rangle$ について考えてみると，電子遷移を伴わないということは，$|f\rangle = |i\rangle$ であり，

$$\mu_i^q(\boldsymbol{R}) = \langle i(\boldsymbol{r}) | \hat{\mu}^q(\boldsymbol{r}, \boldsymbol{R}) | i(\boldsymbol{r}) \rangle$$

は電子状態 i にある分子の永久双極子である．二原子分子の場合，分子軸を z とすれば，その z 成分のみが値を持つことは対称性から明らかであろう[8]．これを $\mu_i^z(z)$ と書く．ここで変数の z は核間距離を表す．このとき，実験室系での遷移双極子モーメントの各成分は

$$\begin{cases} \mu_{fi}^X = \langle v^f | \mu_i^z(z) | v^i \rangle \langle r^f | \sin\theta\cos\phi | r^i \rangle \\ \mu_{fi}^Y = \langle v^f | \mu_i^z(z) | v^i \rangle \langle r^f | \sin\theta\sin\phi | r^i \rangle \\ \mu_{fi}^Z = \langle v^f | \mu_i^z(z) | v^i \rangle \langle r^f | \cos\theta | r^i \rangle \end{cases} \quad (14.32)$$

で与えられる．ここで

$$\mu_i^z(z) \sim \mu_i^z(z_{\text{eq}}) + \left(\frac{\partial \mu_i^z}{\partial z}\right)_{z_{\text{eq}}} (z - z_{\text{eq}}) + \ldots \quad (14.33)$$

と展開して第 2 項までで打ち切り，

$$x = z - z_{\text{eq}}, \quad \mu_i^z(z_{\text{eq}}) = \mu_0, \quad \left(\frac{\partial \mu_i^z}{\partial z}\right)_{z_{\text{eq}}} = \mu'$$

---

[8] 直線分子であれば，三原子分子以上の多原子分子についても成立する．

と置き換えをすると，式 (14.32) は

$$\begin{cases} \mu_{fi}^X = \left(\mu_0 \langle v^f|v^i\rangle + \mu' \langle v^f|x|v^i\rangle\right) \langle r^f|\sin\theta\cos\phi|r^i\rangle \\ \mu_{fi}^Y = \left(\mu_0 \langle v^f|v^i\rangle + \mu' \langle v^f|x|v^i\rangle\right) \langle r^f|\sin\theta\sin\phi|r^i\rangle \\ \mu_{fi}^Z = \left(\mu_0 \langle v^f|v^i\rangle + \mu' \langle v^f|x|v^i\rangle\right) \langle r^f|\cos\theta|r^i\rangle \end{cases} \quad (14.34)$$

となる．

14.3.2 回転スペクトルの選択則

二原子分子の回転の波動関数は球面調和関数 $Y_J^M(\theta,\phi)$ で与えられる．ここで

$$\begin{cases} \sin\theta\cos\phi \sim Y_1^{+1} + Y_1^{-1} \\ \sin\theta\sin\phi \sim Y_1^{+1} - Y_1^{-1} \\ \cos\theta \sim Y_1^0 \end{cases} \quad (14.35)$$

であることを思い出すと，以下の3つの球面調和関数の積に関する積分

$$\left\langle Y_{J^f}^{M^f} \middle| Y_J^M \middle| Y_{J^i}^{M^i} \right\rangle = \int_0^\pi \sin\theta d\theta \int_0^{2\pi} d\phi \left(Y_{J^f}^{M^f}\right)^* Y_J^M Y_{J^i}^{M^i} \quad (14.36)$$

が0でない値を持つ条件から，遷移双極子モーメントの回転からの寄与についての選択則の議論が可能となる．上記の積分は次の条件 (1) $|J^f - J^i| \leq J \leq J^f + J^i$, (2) $M^f = M^i + M$, (3) $J^f + J^i + J$ が偶数のすべてを満たすときのみであることが知られている．このことを用いると，例えば μ_{fi}^Z の $\langle r^f|\cos\theta|r^i\rangle$ は

$$\left\langle Y_{J^f}^{M^f} \middle| Y_1^0 \middle| Y_{J^i}^{M^i} \right\rangle$$

であるから，

$$|J^f - J^i| \leq 1, \quad M^f = M^i, \quad J^f + J^i は奇数$$

となり，$\Delta J = \pm 1$, $\Delta M = 0$ という条件が導かれる．同じことを X, Y 成分についても行えば，最終的に遷移双極子モーメントの回転からの寄与についての選択則は

$$\boxed{\Delta J = \pm 1, \quad \Delta M = 0, \pm 1} \tag{14.37}$$

で与えられる．

14.3.3 振動スペクトルの選択則

振動スペクトルについての選択則は，式 (14.34) に共通に現れる振動部分，すなわち

$$\mu_0 \langle v^f | v^i \rangle + \mu' \langle v^f | x | v^i \rangle$$

が値を持つ条件から求められる．電子遷移を伴わない場合，振動状態 $|v^i\rangle, |v^f\rangle$ は同一の電子状態上の振動状態であることから，振動固有状態間の正規直交性より $\langle v^f | v^i \rangle = \delta_{v^f, v^i}$ が成立する．したがって，式 (14.34) の第 1 項は，振動遷移には寄与しない．一方，第 2 項については，エルミート多項式の漸化式

$$\xi H_n(\xi) = n H_{n-1}(\xi) + \frac{1}{2} H_{n+1}(\xi) \tag{14.38}$$

および $x \sim \xi$, $|v\rangle \sim H_v(\xi) e^{\frac{\xi^2}{2}}$ の関係を用いると

$$\langle v^f | x | v^i \rangle \sim \langle v^f | \left(n | v^i - 1 \rangle + \frac{1}{2} | v^i + 1 \rangle \right)$$
$$= n \delta_{v^f, v^i - 1} + \frac{1}{2} \delta_{v^f, v^i + 1} \tag{14.39}$$

となるから，$v^f = v^i \pm 1$, すなわち

$$\boxed{\Delta v = \pm 1} \tag{14.40}$$

が得られる．

14.3.4 純回転スペクトル

純回転スペクトルとは，回転状態のみが変化する遷移による吸収スペクトルである．このとき，$v^f = v^i$ より，遷移双極子モーメントは

$$\mu_{fi}^X = \mu_0 \langle r^f | \sin\theta \cos\phi | r^i \rangle \tag{14.41}$$

$$\mu_{fi}^Y = \mu_0 \langle r^f | \sin\theta \sin\phi | r^i \rangle \tag{14.42}$$

$$\mu_{fi}^Z = \mu_0 \langle r^f | \cos\theta | r^i \rangle \tag{14.43}$$

となるから，$\mu_0 \neq 0$ が要求される．つまり，永久双極子モーメントが値を持つ分子に対してのみ，純回転スペクトルが観測される．二原子分子であれば，N_2 や O_2 などの等核二原子分子では観測されず，NO や CO などの異核二原子分子に対して観測される．

エネルギー準位は $E_J = BJ(J+1)$ で与えられるので，吸収条件 $\Delta J = 1$ を考え合わせると，電磁波の吸収は

$$\Delta E = E_{J+1} - E_J = 2B(J+1); \quad J = 0, 1, 2, \dots \tag{14.44}$$

のエネルギーで起こる．$2B, 4B, 6B, \dots$ で吸収が起こることから，ピーク間隔は $2B$ に等しい[9]．実験スペクトルのピーク間隔から B を求め，

$$r_{\text{eq}} = \frac{h}{\sqrt{2\mu B}} \tag{14.45}$$

の関係を用いることで，平衡核間距離の実験的な算出が可能である．

ところで，純回転スペクトルが観測される波長領域がどれくらいであろうか．CO を例に示しておこう．CO の回転定数 $\tilde{B} = B/ch$ は 1.93 cm^{-1}

---

[9] 温度 $T = 298$ K のとき，基底状態からおおよそエネルギー $kT = 200 \text{ cm}^{-1}$ 程度までの状態が存在する．回転エネルギー準位はこのエネルギーの範囲に複数存在し，このため複数のピークが観測される．このことを利用すると，ピークの出方から分子の存在環境の温度を見積もることも可能である．

である．$J = 0 \to 1$ の遷移に対応する電磁波の波長を考えてみると，$\Delta E/ch = 2\tilde{B}$ より

$$\lambda = \frac{ch}{\Delta E} = \frac{1}{2\tilde{B}} = 2.6 \text{ mm} \tag{14.46}$$

となり，ミリ波に分類される電波を吸収することが分かる．電波望遠鏡では，回転スペクトルの測定によって宇宙空間にある分子の特定を行っている．

14.3.5 振動スペクトル

振動状態のみが変化する遷移による吸収スペクトルについて考えてみよう．このとき，遷移双極子モーメントは

$$\mu_{fi}^{\text{vib}} \sim \mu' \delta_{v^f, v^i+1}$$

のように μ' に比例する．μ' は分子の永久双極子モーメントの核間距離の1次微分であったから，核間距離の変化に伴って永久双極子モーメントが変化するような分子でのみ，対応する電磁波の吸収が起こることになる．二原子分子で考えると，等核の場合には核間距離によらず永久双極子モーメントは0であるから，そのような吸収は起こらず，異核の場合にのみ起こる．

エネルギー準位は $E_v = \hbar\omega(v+1/2)$ で与えられるので，吸収条件 $\Delta v = 1$ を考え合わせると，電磁波の吸収は

$$\Delta E = \hbar\omega \tag{14.47}$$

のエネルギーで起こる．吸収の起こるエネルギーから $\omega = \sqrt{k/\mu}$ が分かり，結合の力の定数 k を実験的に求めることが可能となる．

再び CO を例にとり，振動状態の変化がどのような波長領域の電磁波によって引き起こされるかを考えておこう．CO の振動波数 $\omega_\mathrm{e} \equiv \hbar\omega/ch$ は 2170 cm^{-1} であり，

$$\lambda = \frac{ch}{\Delta E} = \frac{1}{\omega_\mathrm{e}} = 4.61\ \mu\mathrm{m} \tag{14.48}$$

となる．これは赤外線に相当する．温室効果ガスとは赤外線を吸収・放出する気体分子のことであるが，空気中の大部分を占める N_2, O_2 がこれに該当しないのは，両者が等核二原子分子であり，μ' が 0 であることによるのである．悪名高い CO_2 についてどのように考えるかは次章で調べることにしよう．

演習問題

炭素原子には質量数 12 と 13 の同位体が存在する．CO 分子の回転スペクトルについて，同位体間でどのような違いが出るかを議論せよ．

15 | 多原子分子の運動

安池智一

《目標&ポイント》 多原子分子の平衡点近傍での微小振動に対する基準座標について学ぶ．基準振動の対称性から赤外線吸収・放出の可否を導く．遷移状態が虚の振動数を一つ持つ平衡構造として定義され，反応の理解に有用であることを理解する．

《キーワード》 ポテンシャル曲面上の軌跡，平衡点，基準座標，平衡点の安定性，遷移状態

15.1 ポテンシャル面とダイナミクス

15.1.1 分子のダイナミクス

　第14章で議論したように，分子を構成する原子核の運動は，ボルン・オッペンハイマー近似の下で以下のハミルトニアン

$$\hat{H}_\mathrm{N} = \hat{T}_\mathrm{N} + U(\boldsymbol{R}), \quad U(\boldsymbol{R}) = E_\mathrm{e}(\boldsymbol{R}) + V_\mathrm{NN}(\boldsymbol{R})$$

によって記述される．二原子分子の際にやったように，本来はこのハミルトニアンに対して量子力学を適用する必要があるが，原子核の質量が大きくド・ブロイ波長が短く粒子性が強いため，原子核のダイナミクスの定性的なふるまいは古典力学に基づいて十分に理解することができる．つまり，古典力学の運動方程式

$$\dot{P}_i = -\frac{\partial H}{\partial R_i}, \quad \dot{R}_i = \frac{\partial H}{\partial P_i} \tag{15.1}$$

に従う代表点の軌跡を追跡することで分子の運動を理解することができる．運動方程式を解くというのは難しいことのように思うかもしれない

が，ポテンシャルエネルギー曲面 $U(\boldsymbol{R})$ での運動は，その上の玉転がしに他ならない．我々は普段から古典力学にしたがう物体の運動を目にしているから，自然にイメージされる運動というのは古典力学の運動方程式を解いたものになるはずである．2次元のポテンシャルエネルギー曲

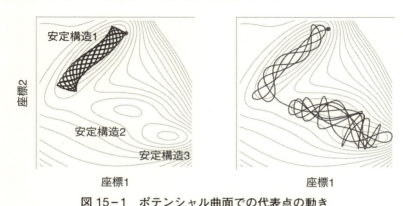

図 15-1　ポテンシャル曲面での代表点の動き

面とその上で代表点が示す軌跡を図 15-1 に示した．細い曲線で示されたのがポテンシャルエネルギーの等高線であり，3つある楕円形状の領域は曲面状の凹みを表している．また，上部の点は玉転がしのスタート地点で，太い曲線がスタート地点に運動エネルギーゼロで置いた玉が示す軌跡である．左はポテンシャルの凹みにトラップされながらも，他の凹みには行かない軌跡で，これは分子の言葉に直せばある異性体が凹みの底に対応する**安定構造**の周りで示す構造揺らぎに対応する運動を示している．一方で，スタート地点をよりポテンシャルエネルギーの高い位置に置いた場合は，右のように異なる凹みの間を遷移する軌跡が見られるようになる．これは異性化反応に対応する．2次元であれば $U(\boldsymbol{R})$ を見るだけで分子のふるまいを想像することができる．

ただし，ここで注意しなくてはならないのは，一般に定義される空間の次元が非常に高いということである．N 原子系であればそれぞれの構成原子に 3 つの自由度があり，素朴には $3N$ 次元の空間変数を決めて初めて分子の形が決まる．ただし，分子の重心運動や回転運動は分子の形を変えないため，その方向にポテンシャル面はフラットでありこれらの自由度は除外することができる．非直線分子の場合には重心が 3 自由度，回転が 3 自由度あるため，分子の形を表すのに必要な空間次元は $3N-6$ 次元となる．直線分子の場合は分子軸まわりに回転が定義されず回転自由度が 2 となって $3N-5$ 次元である．

ここで $N=2$ の場合はもれなく直線分子であるから $3\cdot 2-5=1$ であり，核間距離に対するポテンシャルエネルギー曲線が分かればよいということになるが，$N=3$ の 3 原子分子は非直線の H_2O なら $3\cdot 3-6$ で 3 自由度，直線の CO_2 なら 4 自由度が必要となり，3 原子ですでにポテンシャル曲面 $U(\boldsymbol{R})$ の全容を直観的に把握するのは難しい．そこで出てくるのが，低次元のオブジェクトでこの "地形図" のエッセンスをおさえようという考え方である．

15.1.2 平衡点

地形図のエッセンスをおさえるのに有用な低次元のオブジェクトというのは，系のダイナミクスを考える上で重要な意味を持つ場所（点）のことである．図 15-1 の左に示されたように，低エネルギーの軌跡はある凹みの中を右往左往する．このときに重要となるのはもちろん凹みの底であり，ポテンシャルエネルギー $U(\boldsymbol{R})$ の座標による偏微分が全て 0，すなわち

$$\nabla U(\boldsymbol{R}) = \boldsymbol{0} \quad \Leftrightarrow \quad 勾配ベクトルが 0 \tag{15.2}$$

という条件で定義される．このような点を平衡点と呼ぶ．運動エネルギー0でこの点に代表点をおけば代表点は動かず，平衡にあるということである．ところが，ダイナミクスを特徴付けるという意味では平衡点の安定性が重要で，そこから少しずれても平衡点へ戻るような平衡点を**安定平衡点**と呼ぶ．安定平衡点は，上記の条件に加えて

$$\frac{\partial^2 U}{\partial R_i^2} > 0; \quad \text{for all } i \tag{15.3}$$

の条件を満たす．低エネルギー条件においては代表点の軌跡は安定平衡点の近傍に存在し続けるから，安定平衡点は低エネルギーの系のダイナミクスを司っていると言える．安定平衡点は一般に複数あり，化学の言葉でそれらは異性体と呼ばれる．安定平衡点周りの代表点の軌跡は，ある異性体の示す分子振動に対応する．

15.1.3 微小振動と基準座標

安定平衡点周りで多原子分子が示す分子振動を，各原子の平衡位置からの微小変位を考えて近似的に扱ってみよう．原子1個には3次元空間で3方向に任意に運動できる自由度がある．原子 a の x, y, z 方向の平衡構造からの変位を x_a, y_a, z_a と書くと，N 原子系の運動エネルギー T は

$$T = \frac{1}{2} \sum_{a=1}^{N} m_a \left(\dot{x}_a^2 + \dot{y}_a^2 + \dot{z}_a^2 \right) \tag{15.4}$$

のように表される．ここで質量加重座標と呼ばれる新しい座標

$$q_1 = \sqrt{m_1} x_1, \ q_2 = \sqrt{m_1} y_1, \ q_3 = \sqrt{m_1} z_1, \ \ldots, \ q_{3N} = \sqrt{m_N} z_N$$

を定義し，この座標での変位ベクトル

$$\boldsymbol{q} = \begin{pmatrix} q_1 \\ \vdots \\ q_{3N} \end{pmatrix} \tag{15.5}$$

を用いれば，T は

$$T = \frac{1}{2}\sum_{i=1}^{3N} \dot{q}_i^2 = \frac{1}{2}{}^t\dot{\boldsymbol{q}}\cdot\dot{\boldsymbol{q}} \tag{15.6}$$

のように書き直すことができる.

さて，ここでは微小振動を考えたいので，変位の2次までのポテンシャルのみを考慮して高次項は無視する．二原子分子のときと同様に，平衡構造でのポテンシャルエネルギーをエネルギー原点に取ると，ポテンシャルエネルギーは U は

$$U = \frac{1}{2}\sum_{i,j=1}^{3N}\left(\frac{\partial^2 U}{\partial q_i \partial q_j}\right)_{\boldsymbol{q}_{\text{eq}}} q_i q_j \equiv \frac{1}{2}\sum_{i,j=1}^{3N} F_{ij} q_i q_j = \frac{1}{2}{}^t\boldsymbol{q}\cdot\boldsymbol{F}\cdot\boldsymbol{q} \tag{15.7}$$

と書くことができる．ただし，$\boldsymbol{F}$ は F_{ij} を成分とする行列である．したがって，ハミルトニアン H は

$$H = \frac{1}{2}\left[{}^t\dot{\boldsymbol{q}}\begin{pmatrix} 1 & 0 & \cdots \\ 0 & 1 & \\ \vdots & & \ddots \end{pmatrix}\dot{\boldsymbol{q}} + {}^t\boldsymbol{q}\begin{pmatrix} F_{11} & F_{12} & \cdots \\ F_{21} & F_{22} & \\ \vdots & & \ddots \end{pmatrix}\boldsymbol{q}\right] \tag{15.8}$$

で与えられる．ここで $\boldsymbol{F}$ が実対称行列であることは，定義により明らかであろう．$\boldsymbol{F}$ は1自由度のときの力の定数を多自由度に一般化したもので，しばしば**力の定数行列**と呼ばれる．$\boldsymbol{F}$ には非対角要素が存在するか

から，異なる q の成分，つまり質量加重座標の異なる自由度の運動は結合する．例えば，q_1 に関する運動方程式は

$$\dot{p}_1 (= \ddot{q}_1) = -\frac{\partial H}{\partial q_1} = -\{F_{11}q_1 + F_{12}q_2 + \ldots\} \tag{15.9}$$

となる[1]．相互作用する N 粒子系の運動をイメージすることは一見難しそうであるが，式 (15.8) のハミルトニアンが行列形式で書けていることに注目しよう．異なる自由度間をつないでいるのは実対称行列 F である．これを対角化する直交変換 L

$$^tLFL = \Lambda = \begin{pmatrix} \lambda_1 & 0 & \cdots \\ 0 & \lambda_2 & \\ \vdots & & \ddots \end{pmatrix} \tag{15.10}$$

で定義される座標

$$q = L\xi \tag{15.11}$$

に移れば，自由度間の相互作用を"見かけ上"消すことができる．また，このとき

$$\dot{q} = L\dot{\xi} \tag{15.12}$$

$$^t\dot{q} = {}^t\left(L\dot{\xi}\right) = {}^t\dot{\xi}\,{}^tL \tag{15.13}$$

であるから，運動エネルギーは

$$T = \frac{1}{2}{}^t\dot{q}\cdot\dot{q} = \frac{1}{2}{}^t\dot{\xi}{}^tLL\dot{\xi} = \frac{1}{2}{}^t\dot{\xi}\cdot\dot{\xi} \tag{15.14}$$

---

1) (一般化) 座標 q_i に共役な運動量 p_i は，$T - U$ を q_i で偏微分して得られる．

のように対角形に保たれている．したがって $\boldsymbol{\xi}$ でのハミルトニアンは

$$H = \frac{1}{2}\left[{}^t\dot{\boldsymbol{\xi}}\begin{pmatrix} 1 & 0 & \cdots \\ 0 & 1 & \\ \vdots & & \ddots \end{pmatrix}\dot{\boldsymbol{\xi}} + {}^t\boldsymbol{\xi}\begin{pmatrix} \lambda_1 & 0 & \cdots \\ 0 & \lambda_2 & \\ \vdots & & \ddots \end{pmatrix}\boldsymbol{\xi}\right] \quad (15.15)$$

で与えられ，ξ_i ($i = 1, \ldots, 3N$) についての運動方程式は

$$\ddot{\xi}_i = -\frac{\partial H}{\partial \xi_i} = -\lambda_i \quad (15.16)$$

となる．これは角振動数 $\sqrt{\lambda_i}$ の調和振動を与える．つまり，N 原子分子の振動は，$3N$ 個の調和振動子の重ね合わせとして記述できることになる．多原子分子の微小振動の運動方程式が簡単になるこの座標 $\boldsymbol{\xi}$ を，**基準座標** (normal mode) と呼ぶ．また，基準座標の成分をしばしばモードと呼ぶ．

上記のような手順で求められる基準座標には，対応する力の定数が 0 となるモードが複数存在する．基準振動は式 (15.11) に示されるように，(質量加重座標での) 各原子の微小変位の線形結合で与えられる．ここで，各原子の微小変位の線形結合で重心の x, y, z 移動に相当するモードを作ることができることに注意しよう．この場合，分子の形は変形しないから，分子内に力は生じず，これらの 3 つのモードに対する力の定数は 0 となる．また，同様にして分子の剛体回転に相当するモードを作ることもできる．この場合にも分子は変形しないから力の定数は 0 である．

15.2 多原子分子の振動スペクトル

15.2.1 基準座標とそれぞれのモードが属する既約表現

図 15-2 に示したのは，量子化学計算によって求めた H_2O と CO_2 の基準振動である．まず H_2O から見ると，非直線 3 原子系であることに

対応し，3つの振動モードが存在する．図中の原子上にあるベクトルはそれぞれのモードにおける原子変位を表している．振動波数 1735, 3779, 3920 cm^{-1} に対応するモードはそれぞれ，結合角 ∠HOH が変化する変角振動，2つの OH 結合が位相を揃えて伸縮する OH 対称伸縮振動，そして O–H 結合が逆位相で伸縮する OH 反対称伸縮振動である．

CO_2 についても同様に，振動波数 636, 1333, 2448 cm^{-1} のモードはそれぞれ変角振動，CO 対称伸縮振動，CO 反対称伸縮振動である．CO_2 は直線3原子系であり振動モードは4つあるはずであるが，図には3種類しか示されていない．これは直線分子の場合，変角振動には互いに垂直な2方向[2]があるため，振動のタイプとしては同一であるが，2つのモードを含んでいるという事情による．

また，これらの図からも分かるように，分子内の個々の結合距離や結合角は独立に変化するのではなく，それらが結合して分子全体に非局在化したモードを形成する．その結果，それぞれのモードは分子が持つ対称性を反映することとなり，それぞれのモードは分子の点群の既約表現のいずれかに属する．それぞれのモードがどの既約表現に属するかは，変位ベクトルの対称操作に対する変換性を調べることによって調べることができる．

H_2O の平衡構造は点群 C_{2v} に属する．C_{2v} を特徴付ける対称操作は $E, C_2, \sigma_{y(xz)}, \sigma_{x(yz)}$ である[3]．変角振動について考えよう．$C_2, \sigma_{y(xz)}, \sigma_{x(yz)}$ のいずれを行ってもベクトルは変化しないので，指標はすべて+1となって A_1 に属することが分かる．OH 対称伸縮振動も同様であることはすぐに分かるだろう．一方，OH 反対称伸縮については，$\sigma_{y(xz)}$ 鏡映についてはベクトルは変化しないものの，C_2 回転および $\sigma_{x(yz)}$ 鏡映して

---

2) 分子軸を z 軸とすれば x, y 方向．
3) 分子面は xz 平面とする．

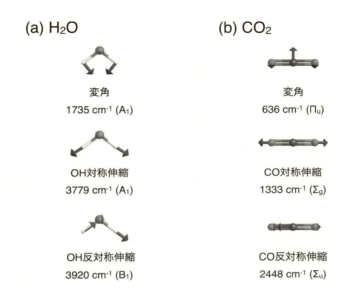

図 15-2 基準振動の例

得られたベクトルは元のベクトルに -1 をかけたものとなる．指標表によればこのような変換性を持つものは B_1 に属する．

CO_2 は直線分子で，点群 $D_{\infty h}$ に属する．表 15-1 は $D_{\infty h}$ の指標表の一部を示したものである[4]．対称伸縮，反対称伸縮がそれぞれ Σ_g^+, Σ_u^+ であることは簡単に確かめられる．一方で，2つの縮重した変角は Π_u であるが，これについては本科目において要求される群論に関する知識の範囲を超えるのでここでは詳しく述べない．興味のある人は，対称性低下法をキーワードに調べてみるとよい．

---

[4] $2C_\infty$ は分子軸周りの回転，$\infty\sigma_v$ は分子軸を含む面についての鏡映，S_∞ は分子軸周りの回転の後に分子軸に垂直な面についての鏡映を行う回映，$\infty C_2'$ は分子軸に垂直な C_2 回転である．

表 15-1　$D_{\infty h}$ の指標表

	E	$2C_\infty$	$\infty\sigma_v$	i	$2S_\infty$	$\infty C_2'$	
Σ_g^+	1	1	1	1	1	1	
Σ_u^+	1	1	1	-1	-1	-1	z
Π_g	2	$2\cos\phi$	0	2	$-2\cos\phi$	0	
⋮	⋮	⋮	⋮	⋮	⋮	⋮	
Π_u	2	$2\cos\phi$	0	-2	$2\cos\phi$	0	x,y
⋮	⋮	⋮	⋮	⋮	⋮	⋮	

15.2.2 選択則

二原子分子の振動スペクトルの選択則は $\langle v^f|x|v^i\rangle$ が 0 とならない条件から求められた．多原子分子の場合にはこれを拡張して，

$$\langle v_M^f|\ldots\langle v_2^f|\langle v_1^f|q|v_1^i\rangle|v_2^i\rangle\ldots|v_M^i\rangle; \quad (q=x,y,z) \tag{15.17}$$

に対して同じ議論を行えばよい．M は振動モードの数である．なお，このように書くことができるのは，基準座標に移ることでモード間相互作用が消去されたことによっており，それぞれのブラおよびケットが表すモードごとの振動波動関数は，二原子分子の際に得られた

$$|v\rangle \sim H_v(\xi)\mathrm{e}^{-\xi^2/2} \tag{15.18}$$

に等しい．モードが分離しているので，各々調和振動子だとして量子化すればよいからである．ここで，積分値が 0 とならない $\langle v_n^f|q|v_n^i\rangle$ があれば，積分は

$$\langle v_M^f|v_M^i\rangle\ldots\langle v_n^f|q|v_n^i\rangle\ldots\langle v_1^f|q|v_1^i\rangle \tag{15.19}$$

となるから、モード n に対してのみ $\Delta v = \pm 1$、他のモードについては $\Delta v = 0$、すなわちある許容モード 1 つのみが振動準位を 1 つだけ変わるような遷移が起こることが分かる。複数のモードが 1 つの分子内で一度に振動励起されることはない。もちろん、通常そうであるように分子が複数ある場合には、ある分子は許容モード 1 が、別の分子は許容モード 2 が…というように分子集団として複数の許容モードが励起されるということは起こり得る。

そして、どのようなモードが許容であるかはやはり、

$$\langle v_n^f | q | v_n^i \rangle; \quad (q = x, y, z) \tag{15.20}$$

が値を持つかどうかで判別されるが、ここでは二原子分子のときのように明示的に積分計算をすることはせずに、群論の観点から議論を進めよう。考え方は 13.2.3 節と全く同じである。始状態 $|v^i\rangle$ と終状態 $|v^f\rangle$ の積表現が x, y, z が属する既約表現と等しければ積分は値を持つ。

ここで、モード座標を Q とすると、Q と ξ は比例関係にあるから、式 (15.18) の $|v\rangle$ は「モード座標 Q の v 次多項式とガウス関数の積」になっている。ガウス関数には Q^2 が含まれるため、常に全対称である。つまり、振動波動関数の既約表現は多項式部分で決まり、v が偶数のときは全対称、奇数のときは Q の属する既約表現に一致する。そして、許容遷移の場合には $\Delta v = \pm 1$ であるから、始状態 $|v^i\rangle$ と終状態 $|v^f\rangle$ の積表現は、Q の属する既約表現に属することとなる。

いまの議論と前節の結果を用いて、H_2O と CO_2 の許容モードを調べてみよう。H_2O は点群 C_{2v} に属していて、x, y, z はそれぞれ A_1, B_1, B_2 に属している。一方、H_2O の変角、対称伸縮、半対称伸縮はそれぞれ A_1, A_1, B_1 であったから、全ての振動モードの遷移が許容である。CO_2 の場合には同様にして、変角および反対称伸縮のモードが許容遷移とな

る．したがって，空気中の H_2O や CO_2 は，N_2 や O_2 と異なり，赤外線を吸収・放出できるから，温室効果を示し得ることが結論され，これが正しいことは皆さんご存知であろう．

15.2.3 グループ振動と分子の定性分析

多原子分子の分子集団の赤外吸収スペクトルを測定すると，分子に固有の複数の吸収バンドからなっていることが一般的である．分子を構成する原子数が増えると存在する振動モードの数も増えるから，未知試料のスペクトルからそれが何かを言うのは一見難しそうである．ところが，経験的事実として，分子に含まれる局所構造，例えば OH，NH_2，CH_3，ベンゼン環などはそれぞれに特有の振動端数と赤外吸収強度を持つことが知られている．代表的な例を表 15-2 に示した．これらをグループ振動という．これらの情報を用いることにより，未知の分子の同定や混合物における存在比の定量を行うことができる．

表 15-2 グループ振動と振動数

波数/cm^{-1}	強度	振動型	波数/cm^{-1}	強度	振動型
3650 ~ 3590	S	OH 伸縮	1640 ~ 1560	S	NH_2 伸縮
3500 ~ 3400	M	NH 伸縮	1610 ~ 1590	M	芳香環
3100 ~ 2850	S	CH 伸縮	1500 ~ 1420	S	芳香環
2250 ~ 2200	vW	C≡C 伸縮	1450 ~ 1380	S	CH_3 変角
~ 2250	S	C≡N 伸縮	1085 ~ 1050	S	C—O 伸縮
1820 ~ 1650	vS	C=O 伸縮	900 ~ 720	vS	CH 面外変角
1680 ~ 1640	M	C=C 伸縮	750 ~ 650	S	C—Cl 伸縮
1680 ~ 1630	M	C=N 伸縮	700 ~ 600	W	C—S 伸縮

* 強度記号は強い順に vS > S > M > W > vW．

15.3 化学反応
15.3.1 遷移状態

図 15-1 の右に示された異性体間を横断する軌跡は異性化反応を表す．化学反応が起こるとき，代表点の軌跡はある特定の安定平衡点の近傍から当然のことながら大きく外れることになる．つまり，安定平衡点とその周りの微小振動という描像では化学反応を捉えきれない．

このような場合に系のダイナミクスを特徴付ける点として重要なのが，**遷移状態**である．1 次元の遷移状態はポテンシャルエネルギー曲線の極大点である．極大点では

$$\frac{\mathrm{d}U}{\mathrm{d}R} = 0, \quad \frac{\mathrm{d}^2 U}{\mathrm{d}R^2} < 0$$

が満たされているからやはり平衡点であるが，曲率が負，すなわち上に凸となっている点が安定平衡点とは異なる．つまり，1 次元の遷移状態とは不安定平衡点に他ならない．

多次元の場合には多様な不安定性が存在する．多次元の平衡点が安定である条件は「すべての座標について曲率が正」であった．これは平衡点に置いた代表点が微小変位を加えても平衡点から一様に離れていくことはないということを意味している．そのように考えると，1 つの座標方向の曲率が負であるだけで，平衡点に置いた代表点は微小変位によって平衡点から離れていくから不安定ということになる．このような，1 つの座標についてのみ曲率が負，すなわち

$$\nabla U = \mathbf{0}, \quad \frac{\partial U}{\partial R_i} < 0 \ (i = \mathrm{RC}), \quad \frac{\partial U}{\partial R_i} > 0 \ (i \neq \mathrm{RC}) \tag{15.21}$$

となるような 1 次の不安定平衡点を**遷移状態**と呼ぶ．ここで RC は反応座標である．平衡点での微小変位を考えて基準振動解析を行うと，各モー

ドの曲率 λ は対応する調和振動の角振動数 ω と $\omega = \sqrt{\lambda}$ の関係があるから，負の曲率を持つ反応座標方向の振動波数は純虚数となる．

15.3.2 遷移状態とダイナミクスの実際

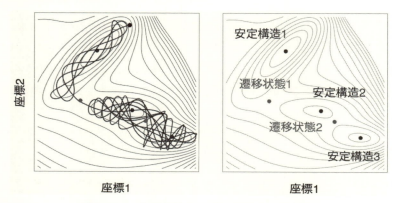

図 15-3　異性化反応の軌跡と平衡点の分布

　不安定な方向が複数ある平衡点に比べて，遷移状態のエネルギーは直観的に低いと考えられるから，遷移状態は安定平衡点間の移動においてもっとも多くの軌跡がその近傍を通過する点であると予想される．図 15-3 に示したのは，図 15-1 の右に示した異性化反応を示す軌跡（図左）と，安定構造および遷移状態の位置（右）を示したものである．一見して軌跡がこれらの平衡点の近傍に局在していることが分かるであろう．すなわち，安定平衡点に加えて，1 次の不安定平衡点をおさえることで，反応ダイナミクスのコンパクトかつ定性的な理解が可能となる．

演習問題

分子式が C_2H_6O で表される分子の赤外線吸収スペクトルを測定したところ，もっとも高波数側のピークが $3600~\mathrm{cm}^{-1}$ 付近に観測された．この分子が何であるかを答えよ．

補遺A 二体問題

水素原子は，一つの陽子と一つの電子からなる二粒子系である．空間に原点を固定し，二つの粒子の位置ベクトルを r_1, r_2 とする．また，質量を m_1, m_2 とする．粒子間の相対座標 r は

$$r = r_2 - r_1 \tag{A.1}$$

となる．重心 G の位置ベクトル R は

$$R = \frac{m_1 r_1 + m_2 r_2}{m_1 + m_2} \tag{A.2}$$

である．この二つの式から，

$$\begin{aligned} R &= \frac{m_1 r_1 + m_2(r + r_1)}{m_1 + m_2} = r_1 + \frac{m_2 r}{m_1 + m_2} = \frac{m_1(r_2 - r) + m_2 r_2}{m_1 + m_2} \\ &= r_2 - \frac{m_1 r}{m_1 + m_2} \end{aligned}$$

なので，

$$r_1 = R - \frac{m_2}{m_1 + m_2} r, \quad r_2 = R + \frac{m_1}{m_1 + m_2} r \tag{A.3}$$

全体の運動エネルギーは，

$$\begin{aligned} T &= \frac{1}{2} m_1 \dot{r}_1{}^2 + \frac{1}{2} m_2 \dot{r}_2{}^2 = \frac{1}{2} m_1 \left(\dot{R} - \frac{m_2}{m_1 + m_2} \dot{r} \right)^2 \\ &\quad + \frac{1}{2} m_2 \left(\dot{R} + \frac{m_1}{m_1 + m_2} \dot{r} \right)^2 \\ &= \frac{m_1 + m_2}{2} \dot{R}^2 + \frac{m_1 m_2{}^2}{2(m_1 + m_2)^2} \dot{r}^2 + \frac{m_2 m_1{}^2}{2(m_1 + m_2)^2} \dot{r}^2 \\ &= \frac{m_1 + m_2}{2} \dot{R}^2 + \frac{m_1 m_2}{2(m_1 + m_2)} \dot{r}^2 \end{aligned}$$

となる.

$$M = m_1 + m_2 \tag{A.4}$$

$$\mu = \frac{m_1 m_2}{m_1 + m_2} \tag{A.5}$$

とおくと

$$T = \frac{1}{2}M\dot{\bm{R}}^2 + \frac{1}{2}\mu\dot{\bm{r}}^2 \tag{A.6}$$

と書ける. μ は，**換算質量**と呼ばれる．式 (A.4)〜(A.6) は，質量 m_1, m_2 の粒子の運動エネルギーが，合計の質量 M を持つ系の重心の運動エネルギーと，換算質量 μ を持つ仮想的な粒子の運動エネルギーの和と等価であることを意味している．また，$\frac{1}{2}\mu\dot{\bm{r}}^2$ は相対運動のエネルギーで，意味は振動や回転のエネルギーである．ポテンシャルエネルギーとして，相対距離のみに依存する $V(r)$ を考えると $r = |\bm{r}|$，全エネルギーは

$$E = \frac{1}{2}M\dot{\bm{R}}^2 + \frac{1}{2}\mu\dot{\bm{r}}^2 + V(r) = \frac{p_R^2}{2M} + \frac{p_r^2}{2m} + V(r) \tag{A.7}$$

と書ける. ただし，

$$p_R = M\dot{\bm{R}}, \quad p_r = \mu\dot{\bm{r}} \tag{A.8}$$

で，それぞれ並進運動と相対運動の運動量である．運動量を演算子で置き換えて量子力学に乗り移ろう．

$$p_R \to \hat{p}_R = -i\hbar\left(\frac{\partial}{\partial X} + \frac{\partial}{\partial Y} + \frac{\partial}{\partial Z}\right), \quad p_r \to \hat{p}_r = -i\hbar\left(\frac{\partial}{\partial x} + \frac{\partial}{\partial y} + \frac{\partial}{\partial z}\right) \tag{A.9}$$

ここで，$\bm{R} = (X, Y, Z)$，$\bm{r} = (x, y, z)$ である．

$$\nabla_R^2 = \frac{\partial^2}{\partial X^2} + \frac{\partial^2}{\partial Y^2} + \frac{\partial^2}{\partial Z^2}, \quad \nabla_r^2 = \frac{\partial^2}{\partial x^2} + \frac{\partial^2}{\partial y^2} + \frac{\partial^2}{\partial z^2}$$

の記号を使うと,

$$\hat{H}(\bm{R}, \bm{r}) = -\frac{\hbar^2}{2M}\nabla^2_R + \left\{-\frac{\hbar^2}{2\mu}\nabla^2_r + V(r)\right\} \tag{A.10}$$

さらに，シュレーディンガー方程式は，

$$\hat{H}(\boldsymbol{R},\boldsymbol{r})\Psi(\boldsymbol{R},\boldsymbol{r}) = \left[-\frac{\hbar^2}{2M}\nabla^2_R + \left\{-\frac{\hbar^2}{2\mu}\nabla^2_r + V(r)\right\}\right]\Psi(\boldsymbol{R},\boldsymbol{r}) = E\Psi(\boldsymbol{R},\boldsymbol{r}) \tag{A.11}$$

となるが，$-\frac{\hbar^2}{2M}\nabla^2_R$ は $\boldsymbol{R}$ だけ，$\left\{-\frac{\hbar^2}{2\mu}\nabla^2_r + V(r)\right\}$ は $\boldsymbol{r}$ だけを含む．つまり，変数分離型なので

$$\left[-\frac{\hbar^2}{2M}\nabla^2_R\right]\Psi_M(\boldsymbol{R}) = E_M\Psi_M(\boldsymbol{R}) \tag{A.12}$$

$$\left[-\frac{\hbar^2}{2\mu}\nabla^2_r + V(r)\right]\Psi_\mu(\boldsymbol{r}) = E_\mu\Psi_\mu(\boldsymbol{r}) \tag{A.13}$$

の解を使えば，

$$\Psi(\boldsymbol{R},\boldsymbol{r}) = \Psi_M(\boldsymbol{R})\Psi_\mu(\boldsymbol{r}), \quad E = E_M + E_\mu \tag{A.14}$$

$$\left[-\frac{\hbar^2}{2\mu}\nabla^2_r + V(r)\right]\Psi_\mu(\boldsymbol{r}) = E_\mu\Psi_\mu(\boldsymbol{r}) \tag{A.15}$$

である．式 (A.12) は質量 M の自由粒子のシュレーディンガー方程式で，運動空間を境界条件で定めれば，3次元井戸型ポテンシャルの問題となる．一方，相対運動に関する式 (A.15) は，二原子分子の振動や回転運動でも登場する．

補遺B デカルト座標と3次元極座標（球面極座標）

デカルト座標と3次元極座標には，

$$x = r\sin\theta\cos\phi, \quad y = r\sin\theta\sin\phi, \quad z = r\cos\theta \tag{B.1}$$

$$r^2 = x^2 + y^2 + z^2, \quad \tan\theta = \frac{\sqrt{x^2+y^2}}{z}, \quad \tan\phi = \frac{y}{x} \tag{B.2}$$

の関係がある．また，

$$\begin{aligned}
\frac{\partial}{\partial x} &= \frac{\partial r}{\partial x}\frac{\partial}{\partial r} + \frac{\partial \theta}{\partial x}\frac{\partial}{\partial \theta} + \frac{\partial \phi}{\partial x}\frac{\partial}{\partial \phi} \\
\frac{\partial}{\partial y} &= \frac{\partial r}{\partial y}\frac{\partial}{\partial r} + \frac{\partial \theta}{\partial y}\frac{\partial}{\partial \theta} + \frac{\partial \phi}{\partial y}\frac{\partial}{\partial \phi} \\
\frac{\partial}{\partial z} &= \frac{\partial r}{\partial z}\frac{\partial}{\partial r} + \frac{\partial \theta}{\partial z}\frac{\partial}{\partial \theta} + \frac{\partial \phi}{\partial z}\frac{\partial}{\partial \phi}
\end{aligned} \tag{B.3}$$

である．(B.1) と (B.2) から

$$\frac{\partial r}{\partial x} = \sin\theta\cos\phi, \quad \frac{\partial \theta}{\partial x} = \frac{1}{r}\cos\theta\cos\phi, \quad \frac{\partial \phi}{\partial x} = -\frac{1}{r}\frac{\sin\phi}{\sin\theta} \tag{B.4}$$

従って，

$$\frac{\partial}{\partial x} = \sin\theta\cos\phi\frac{\partial}{\partial r} + \frac{1}{r}\cos\theta\cos\phi\frac{\partial}{\partial \theta} - \frac{1}{r}\frac{\sin\phi}{\sin\theta}\frac{\partial}{\partial \phi} \tag{B.5}$$

同様にして，

$$\frac{\partial}{\partial y} = \sin\theta\sin\phi\frac{\partial}{\partial r} + \frac{1}{r}\cos\theta\sin\phi\frac{\partial}{\partial \theta} + \frac{1}{r}\frac{\cos\phi}{\sin\theta}\frac{\partial}{\partial \phi} \tag{B.6}$$

$$\frac{\partial}{\partial z} = \cos\theta\frac{\partial}{\partial r} - \frac{1}{r}\sin\theta\frac{\partial}{\partial \phi} \tag{B.7}$$

デカルト座標のラプラシアンを3次元極座標で書きかえる際は，後ろに微分される関数があることに注意する．

補遺C 多電子原子の原子軌道の動径成分, 有効核電荷, 基底関数

多電子原子の一電子関数(原子軌道)は,

$$\phi_{n,l,m_l}(r,\theta,\phi) = R'_{n,l}(r) Y_l^{m_l}(\theta,\phi) \tag{C.1}$$

と近似される. $R'_{n,l}(r)$ はハートリー・フォック方程式を数値的に解いて求めることができる. 一方, スレーターは $R'_{n,l}$ を

$$R'_{n,l}(r) = R_{n^*,l}(r) = N r^{n^*-1} \exp\left(-\frac{Z^{\mathrm{eff}}}{n^*}\frac{r}{a_0}\right) \tag{C.2}$$

(スレーター軌道)とすることを提案し, 古くから広く使われてきた. N は規格化定数, n^* は主量子数に対応する定数で, $Z^{\mathrm{eff}}e$ は有効核電荷になる. n^* や Z^{eff} は, 電子と電子, 核と電子の相互作用の考察から, 表C-1, C-2のように決めた.

クレメンティ(Clementi)らは, $\dfrac{Z^{\mathrm{eff}}}{n^*}$ の n^* を主量子数(整数)に限定し, スレーター軌道から始めてハートリー・フォック法で最適な軌道の広がりを得て, Z^{eff} を求めた(本文 表5-1).

現在の分子計算では基底関数(原子軌道)に, ガウス型基底 ($N r^{n-1} \exp(-\alpha r^2)$) がよく用いられる.

$$\chi = c_1 \chi_{G1}(\alpha_1) + c_2 \chi_{G2}(\alpha_2) + \cdots \tag{C.3}$$

と α_i の異なるガウス型関数 $\chi_{Gi}(\alpha_i)$ で展開し, 展開係数 c_i を変分法で決める. ハートリー・フォック・ルーターン (Hartree-Fock-Roothaan) 法という. 展開項数や α_i の値は, 原子の計算でよく吟味し固定する.

表 C-1　主量子数 n とスレーターの n^*

n	1	2	3	4	5	6
n^*	1	2	3	3.7	4.0	4.2

表 C-2　スレーターの有効核電荷 (Z^{eff})

	H							He
1s	1							1.70
	Li	Be	B	C	N	O	F	Ne
1s	2.70	3.70	4.70	5.70	6.70	7.70	8.70	9.70
2s/2p	1.30	1.95	2.60	3.25	3.90	4.55	5.20	5.85

補遺D 行列式の余因子展開

n 行 n 列の行列 A の行列式（n 次の行列式という）D から，j 行 k 列を除いた $n-1$ 次の行列式を a_{jk} の小行列式といい，M_{jk} と書く．A が 4 行 4 列の

$$A = \begin{pmatrix} a_{11} & a_{12} & a_{13} & a_{14} \\ a_{21} & a_{22} & a_{23} & a_{24} \\ a_{31} & a_{32} & a_{33} & a_{34} \\ a_{41} & a_{42} & a_{43} & a_{44} \end{pmatrix}$$

なら，

$$D = \begin{vmatrix} a_{11} & a_{12} & a_{13} & a_{14} \\ a_{21} & a_{22} & a_{23} & a_{24} \\ a_{31} & a_{32} & a_{33} & a_{34} \\ a_{41} & a_{42} & a_{43} & a_{44} \end{vmatrix}$$

から,

$$M_{11} = \begin{vmatrix} a_{22} & a_{23} & a_{24} \\ a_{32} & a_{33} & a_{34} \\ a_{42} & a_{43} & a_{44} \end{vmatrix}, \quad M_{12} = \begin{vmatrix} a_{21} & a_{23} & a_{24} \\ a_{31} & a_{33} & a_{34} \\ a_{41} & a_{43} & a_{44} \end{vmatrix},$$

$$M_{13} = \begin{vmatrix} a_{21} & a_{22} & a_{24} \\ a_{31} & a_{32} & a_{34} \\ a_{41} & a_{42} & a_{44} \end{vmatrix}, \quad M_{14} = \begin{vmatrix} a_{21} & a_{22} & a_{23} \\ a_{31} & a_{32} & a_{33} \\ a_{41} & a_{42} & a_{43} \end{vmatrix}, \cdots,$$

$$M_{44} = \begin{vmatrix} a_{11} & a_{12} & a_{13} \\ a_{21} & a_{22} & a_{23} \\ a_{31} & a_{32} & a_{33} \end{vmatrix}$$

である.小行列式は,a_{jk} の数,つまり A の要素数だけある.

小行列式 M_{jk} に $(-1)^{j+k}$ を掛けたものを a_{jk} の余因子といい C_{jk} と書く.

$$C_{jk} = (-1)^{j+k} M_{jk}$$

余因子を使って n 次の行列式 D は,

$$D = a_{j1}C_{j1} + a_{j2}C_{j2} + \cdots + a_{jn}C_{jn} \quad (j = 1, 2, \cdots, n)$$
$$= a_{1k}C_{1k} + a_{2k}C_{2k} + \cdots + a_{nk}C_{nk} \quad (k = 1, 2, \cdots, n)$$

と定義される.どちらの式を選んでもよいし,j, k は $1, 2, \cdots, n$ のどれをとってもよい.この展開を余因子展開という.

補遺E ヒュッケル法によるポリエンの分子軌道と軌道エネルギー

ヒュッケル法による鎖状ポリエンの π 分子軌道の連立方程式を一般化すると，

$$
\begin{aligned}
-\lambda C_1 + C_2 &= 0 \\
C_1 - \lambda C_2 + C_3 &= 0 \\
C_2 - \lambda C_3 + C_4 &= 0 \\
&\vdots \\
C_{N-2} - \lambda C_{N-1} + C_N &= 0 \\
C_{N-1} - \lambda C_N &= 0
\end{aligned}
\tag{E.1}
$$

となる．鎖状ポリエンの π 軌道は，一元箱の中の粒子の波動関数的な性質を持っている．そこで，

$$C_j = \sin j\theta \tag{E.2}$$

と置いてみる．式 (E.1) の第一式から

$$\lambda = \frac{C_2}{C_1} = \frac{\sin 2\theta}{\sin \theta} = 2\cos\theta \tag{E.3}$$

三角関数の公式を使うと，一般に

$$\sin m\theta + \sin(m-2)\theta = 2\sin(m-1)\theta\cos\theta$$

なので，第二式から

$$\lambda = \frac{C_1 + C_3}{C_2} = \frac{\sin\theta + \sin 3\theta}{\sin 2\theta} = 2\cos\theta \tag{E.4}$$

第三式以下同様に最後から二番目の式まで $\lambda = 2\cos\theta$ が得られる．これを，最後の式に使うと，

$$\sin(N-1)\theta = \lambda \sin N\theta = 2\cos\theta \sin N\theta \tag{E.5}$$

が得られる．式 (E.5) を指数関数で表すと，

$$\left(\frac{1}{2i}\right)\left(e^{i(N-1)\theta} - e^{-i(N-1)\theta}\right)$$
$$= 2\left(\frac{1}{2}\left(e^{i\theta} + e^{-i\theta}\right)\right)\left(\frac{1}{2i}\right)\left(e^{iN\theta} - e^{-iN\theta}\right) \tag{E.6}$$

この式を整理すると，

$$e^{i2(N+1)\theta} = 1 \tag{E.7}$$

従って，

$$2(N+1)\theta = 2k\pi \quad (k = 0, 1, 2, \cdots)$$

だが，$k = 0$ は $\sin k\theta = 0$ で，式 (E.2) から波にならないので除外する．一方，λ は N 個だから，$k = 1, 2, \cdots, N$ とすればよい．つまり，

$$\theta_k = \frac{k\pi}{N+1} \quad (k = 1, 2, 3, \cdots, N) \tag{E.8}$$

C_j^k を k 番の MO の j 番目の炭素の 2p 軌道の係数，C を規格化定数として，規格化条件は，

$$\sum_{j=1}^{N}(C_j^k)^2 = \sum_{j=1}^{N}(C\sin j\theta)^2 = C^2\sum_{j=1}^{N}\sin^2 j\theta = 1 \tag{E.9}$$

である．

$$\sum_{j=1}^{N}\sin^2 j\theta = \sum_{j=1}^{N}\left(\frac{e^{i(j\theta)} - e^{-i(j\theta)}}{2i}\right)^2$$
$$= -\frac{1}{4}\left(\sum_{j=1}^{N}e^{i(2j\theta)} + \sum_{j=1}^{N}e^{-i(2j\theta)} - 2\sum_{j=1}^{N}1\right)$$

だが，最右辺の括弧内の始めの二項は等比数列の和であることと，式 (E.7) を使うと，

$$\sum_{j=1}^{N}\sin^2 j\theta = \frac{N+1}{2} \tag{E.10}$$

が得られる．式 (E.9) と合わせた $C^2\left(\dfrac{N+1}{2}\right)=1$ の解から正の方をとればよい．

$$C = \sqrt{\frac{2}{N+1}} \tag{E.11}$$

全体をまとめると，

$$\lambda_k = 2\cos\theta_k = 2\cos\left(\frac{k\pi}{N+1}\right) \quad (k=1,2,3,\cdots,N)$$

$$\varepsilon_k = \alpha + \lambda_k \beta = \alpha + 2\beta\cos\left(\frac{k\pi}{N+1}\right) \tag{E.12}$$

$$C_j^k = C\sin j\theta_k = \sqrt{\frac{2}{N+1}}\sin\left[\left(\frac{k\pi}{N+1}\right)j\right]$$

環状ポリエンでは，係数の連立方程式が

$$\begin{aligned} -\lambda C_1 + C_2 + C_N &= 0 \\ C_1 - \lambda C_2 + C_3 &= 0 \\ &\vdots \\ C_1 + C_{N-1} - \lambda C_N &= 0 \end{aligned} \tag{E.13}$$

となる．今度は，

$$C_j = Ce^{\mathrm{i}(j\theta)} \tag{E.14}$$

とおいてみると，式 (E.13) の第一式から

$$\lambda = e^{\mathrm{i}\theta} + e^{\mathrm{i}(N-1)\theta}$$

第二式から，

$$\lambda = e^{-\mathrm{i}\theta} + e^{\mathrm{i}\theta}$$

なので，$e^{\mathrm{i}\theta}+e^{\mathrm{i}(N-1)\theta} = e^{-\mathrm{i}\theta}+e^{\mathrm{i}\theta}$ から，

$$e^{\mathrm{i}N\theta} = 1 \tag{E.15}$$

従って,
$$N\theta = 2k\pi, \quad \theta = \frac{2\pi k}{N}, \quad \lambda = 2\cos\theta = 2\cos\left(\frac{2\pi k}{N}\right)$$
が得られる. λ は N 個だから, $k = 1, 2, \cdots, N$. 式 (E.14) の場合, 規格化条件
$$\sum_{j=1}^{N} (C_j^k)^* C_j^k = C^2 N = 1$$
から,
$$C = \sqrt{\frac{1}{N}} \tag{E.16}$$
と求められる. まとめると,
$$\lambda_k = 2\cos\left(\frac{2\pi k}{N}\right) \quad (k = 1, 2, 3, \cdots, N)$$
$$\varepsilon_k = \alpha + \lambda_k \beta = \alpha + 2\beta\cos\left(\frac{2\pi k}{N}\right) \tag{E.17}$$
$$C_j^k = \sqrt{\frac{1}{N}} e^{i\left(\frac{2\pi k}{N}j\right)} = \frac{1}{\sqrt{N}} \left\{\cos\left(\frac{2\pi k}{N}j\right) + i\sin\left(\frac{2\pi k}{N}j\right)\right\}$$

この式では $k = N$ で $\lambda_N = 2$ になる. また $k = m$, $k = N - m$ が縮重する. ベンゼン ($N = 6$) では, $k = 1$, $k = 5$ や $k = 2$, $k = 4$ が該当する.

参考図書

[1] 真船文隆『量子化学−基礎からのアプローチ−』化学同人，2008年（2原子分子までだが，例題，練習問題が豊富．水素原子の波動関数の求め方も詳しい．振動や回転も学べる．）
[2] 高塚和夫『化学結合論入門−量子論の基礎から学ぶ−』東京大学出版会，2007年（量子化学の考え方，理論の立て方，筋道が学べる．）
[3] 藤永茂『入門分子軌道法　分子計算を手がける前に』講談社サイエンティフィク，1990年（分子軌道法の考え方が学べる．計算データも豊富．）
[4] 大野公一『量子化学』裳華房，2012年（Hückel近似を柱に軌道相互作用，多原子分子の結合と構造が詳しい．ポテンシャルエネルギー曲面と化学も学べる．）
[5] 友田修司『分子軌道法　定性的MO法で化学を考える』東京大学出版会，2017年（軌道相互作用，反応について詳しい．実験と計算の比較も豊富．）
[6] 中島威，藤村勇一『現代量子化学の基礎』共立出版，1999年（数学が詳しい．対称性の利用や，Heの電子間相互作用項の説明もある．）

さらに学習するために
[7] 藤永茂『分子軌道法』岩波出版，1980年（ハートリー・フォック・ルーターン法をはじめ，分子軌道法を本格的に学べる．）
[8] 原田義也『量子化学（上・下）』裳華房，2007年（上巻は量子化学，下巻は分子軌道法が中心．上巻では角運動量やスピンを，下巻では高度な分子軌道法を詳しく学べる．）
[9] 中崎昌雄『分子の対称性と群論』東京化学同人，1973年（対称性（群論）の化学での利用が詳しく学べる．）

演習問題解答例

第 1 章

1. $\lambda = h/p$ を用いる．SI 単位系での重さおよび時間の単位がそれぞれ kg, s であること，$J = kg \cdot m^2/s^2$ に注意すると

$$\lambda = \frac{6.63 \times 10^{-34} \text{ J} \cdot \text{s}}{150 \times 10^{-3} \text{ kg} \cdot (150 \times 10^3 \text{ m}/3600 \text{ s})} = 1.06 \times 10^{-34} \text{ m}$$

2. $E = ch/\lambda$ および $ch = 1.99 \times 10^{-25}$ J$\cdot$m $= 1.24 \times 10^{-6}$ eV$\cdot$m より，

$$E \text{ (eV)} = \frac{1240 \text{ (eV} \cdot \text{nm)}}{\lambda \text{ (nm)}}$$

第 2 章

1. $[\hat{x}, \hat{p}]f(x)$ を計算すると

$$(-i\hbar)\left(x\frac{\partial}{\partial x} - \frac{\partial}{\partial x}x\right)f(x) = (-i\hbar)\left(xf'(x) - f(x) - xf'(x)\right) = i\hbar f(x)$$

となり，$[\hat{x}, \hat{p}] = i\hbar$ であることが分かる．

2. 1 次元の水素原子の古典ハミルトニアンは

$$E = \frac{p^2}{2m_e} - \frac{e^2}{4\pi\epsilon_0|x|}$$

で与えられる．不確定性関係から空間的な広がりを Δx とすると運動量は $\Delta p \sim \hbar/\Delta x$ の広がりを持つ．このとき，

$$E = \frac{\hbar^2}{2m}\Delta x^{-2} - q\Delta x^{-1}$$

となる．ここで $q = e^2/4\pi\epsilon_0$ と置いた．エネルギーの極値条件

$$\frac{\partial E}{\partial \Delta x} = \frac{\hbar^2}{2m}(-2)\Delta x^{-3} + q\Delta x^{-2} = 0$$

を満たす

$$\Delta x = \frac{\hbar^2}{mq} = \frac{4\pi\epsilon_0 \hbar^2}{me^2} \ (= a_0)$$

の広がりを持つとき,エネルギーは

$$E = -\frac{mq^2}{2\hbar^2} = -\frac{1}{2}\frac{me^4}{(4\pi\epsilon_0)^2\hbar^2} \ \left(= -\frac{1}{2}E_\mathrm{h}\right)$$

の最低値をとる.

第 3 章

1. (1)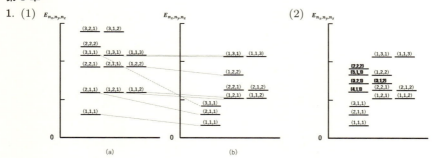

2. (a) 半径 1 の球面 (b) xy 平面 (c) zx 平面

3. $\hat{A}(c_1\Psi_1 + c_2\Psi_2) = \hat{A}(c_1\Psi_1) + \hat{A}(c_2\Psi_2) = c_1\hat{A}\Psi_1 + c_2\hat{A}\Psi_2 = c_1 a\Psi_1 + c_2 a\Psi_2 = a(c_1\Psi_1 + c_2\Psi_2)$

4. (1) $\hat{S}\Phi = \hat{S}c\Psi = c\hat{S}\Psi = cs\Psi = sc\Psi = s\Phi$
   (2) $\langle\Phi|\Phi\rangle = \langle c\Psi|c\Psi\rangle = |c|^2\langle\Psi|\Psi\rangle = |c|^2$
   $\langle\Phi|\hat{S}|\Phi\rangle = \langle c\Psi|\hat{S}|c\Psi\rangle = |c|^2\langle\Psi|\hat{S}|\Psi\rangle$
   $\dfrac{\langle\Phi|\hat{S}|\Phi\rangle}{\langle\Phi|\Phi\rangle} = \dfrac{|c|^2\langle\Psi|\hat{S}|\Psi\rangle}{|c|^2} = \langle\Psi|\hat{S}|\Psi\rangle$
   (3) $\langle x\rangle = \langle\psi_1(x)|\hat{x}|\psi_1(x)\rangle = \dfrac{2}{a}\displaystyle\int_0^a x\sin^2\left(\dfrac{\pi}{a}x\right)\mathrm{d}x = \dfrac{a}{2}$

第 4 章

1. (1) (i) 1s 軌道 (ii) 2s 軌道 (iii) 2p 軌道
   (2) (i) $n = 2, l = 1$ (ii) $n = 3, l = 0$ (iii) $n = 3, l = 2$

2. (1) $\langle V \rangle = \int_0^\infty \int_0^\pi \int_0^{2\pi} (\Psi_{1,0,0}(r,\theta,\phi))^* \left(-\dfrac{e^2}{4\pi\epsilon_0 r}\right)$
$(\Psi_{1,0,0}(r,\theta,\phi)) r^2 \sin\theta \mathrm{d}r \mathrm{d}\theta \mathrm{d}\phi$

$= 4\left(\dfrac{1}{a_0}\right)^3 \left(-\dfrac{e^2}{4\pi\epsilon_0}\right) \int_0^\infty r \exp\left(-\dfrac{2r}{a_0}\right) \mathrm{d}r$

$= 4\left(\dfrac{1}{a_0}\right)^3 \left(-\dfrac{e^2}{4\pi\epsilon_0}\right) \dfrac{1!}{\left(\dfrac{2}{a_0}\right)^2} = \left(-\dfrac{e^2}{4\pi\epsilon_0 a_0}\right) = -E_\mathrm{h}$

(2) $\langle T \rangle = E - \langle V \rangle = -\dfrac{1}{2}E_\mathrm{h} - (-E_\mathrm{h}) = \dfrac{1}{2}E_\mathrm{h} = -\dfrac{1}{2}\langle V \rangle$

3. $\int_0^\pi \int_0^{2\pi} (Y_1^0(\theta,\phi))^* (Y_1^0(\theta,\phi)) \sin\theta \mathrm{d}\theta \mathrm{d}\phi$

$= \int_0^\pi \int_0^{2\pi} \left(\sqrt{\dfrac{3}{4\pi}} \cos\theta\right)^* \left(\sqrt{\dfrac{3}{4\pi}} \cos\theta\right) \sin\theta \mathrm{d}\theta \mathrm{d}\phi$

$= \dfrac{3}{4\pi} \int_0^\pi \sin\theta \cos^2\theta \mathrm{d}\theta \int_0^{2\pi} \mathrm{d}\phi$

$= \dfrac{3}{4\pi} \int_0^\pi (\sin\theta - \sin^3\theta) \mathrm{d}\theta \int_0^{2\pi} \mathrm{d}\phi$

$= \dfrac{3}{4\pi} \left[-\cos\theta + \dfrac{3}{4}\cos\theta - \dfrac{1}{12}\cos 3\theta\right]_0^\pi [\phi]_0^{2\pi} = 1$

$\int_0^\pi \int_0^{2\pi} (Y_1^1(\theta,\phi))^* (Y_1^1(\theta,\phi)) \sin\theta \mathrm{d}\theta \mathrm{d}\phi$

$= \int_0^\pi \int_0^{2\pi} \left(\sqrt{\dfrac{3}{8\pi}} \sin\theta \exp(\mathrm{i}\phi)\right)^* \left(\sqrt{\dfrac{3}{8\pi}} \sin\theta \exp(\mathrm{i}\phi)\right) \sin\theta \mathrm{d}\theta \mathrm{d}\phi$

$= \int_0^\pi \int_0^{2\pi} \left(\sqrt{\dfrac{3}{8\pi}} \sin\theta \exp(-\mathrm{i}\phi)\right) \left(\sqrt{\dfrac{3}{8\pi}} \sin\theta \exp(\mathrm{i}\phi)\right) \sin\theta \mathrm{d}\theta \mathrm{d}\phi$

$= \dfrac{3}{8\pi} \int_0^\pi \sin^3\theta \mathrm{d}\theta \int_0^{2\pi} \mathrm{d}\phi = \dfrac{3}{8\pi} \left[-\dfrac{3}{4}\cos\theta + \dfrac{1}{12}\cos 3\theta\right]_0^\pi [\phi]_0^{2\pi} = 1$

第 5 章

1. (1) 動径分布関数 $P(r)$ は,

$$P(r) = \left\{2\left(\frac{Z}{a_0}\right)^{\frac{3}{2}}\exp\left(-\frac{Z}{a_0}r\right)\right\}^2 r^2 = 4\left(\frac{Z}{a_0}\right)^3 r^2 \exp\left(-\frac{2Z}{a_0}r\right)$$

$$\frac{\mathrm{d}}{\mathrm{d}r}P(r) = 8\left(\frac{Z}{a_0}\right)^3 r\left(1-\frac{Z}{a_0}r\right)\exp\left(-\frac{2Z}{a_0}r\right) = 0$$

から, 最大確率密度の距離は $r = \dfrac{a_0}{Z}$.

(2) $\langle r\rangle = \displaystyle\int_0^\infty P(r)r\mathrm{d}r = 4\left(\frac{Z}{a_0}\right)^3 \int_0^\infty r^3 \exp\left(-\frac{2Z}{a_0}r\right)\mathrm{d}r = \frac{3}{2}\frac{a_0}{Z}$

(3) $\hat{H}(\boldsymbol{r}) = \hat{h}(\boldsymbol{r},\alpha) + \dfrac{(\alpha-Z)e^2}{4\pi\epsilon_0 r}$, $\hat{h}(\boldsymbol{r},\alpha) = -\dfrac{\hbar^2}{2m_e}\nabla^2 - \dfrac{\alpha e^2}{4\pi\epsilon_0 r}$

$\epsilon(\alpha) = \left(\dfrac{1}{2}\alpha^2 - Z\alpha\right)E_\mathrm{h}$, $\dfrac{\mathrm{d}}{\mathrm{d}\alpha}\epsilon(\alpha) = (\alpha-Z)E_\mathrm{h} = 0$ となるのは $\alpha = Z$. したがって, 波動関数は $\phi_{1\mathrm{s}}(\boldsymbol{r}) = \dfrac{1}{\sqrt{\pi}}\left(\dfrac{Z}{a_0}\right)^{\frac{3}{2}}\exp\left(-\dfrac{Z}{a_0}r\right)$, エネルギーは, $E_{1\mathrm{s}}(\alpha) = -\dfrac{Z^2}{2}E_\mathrm{h}$.

2.

$\langle\psi_-(1,2)|\psi_-(1,2)\rangle$

$= \dfrac{1}{2}\langle\phi_{1\mathrm{s}}(1)\phi_{1\mathrm{s}}(2)|\phi_{1\mathrm{s}}(1)\phi_{1\mathrm{s}}(2)\rangle\langle\{\alpha(1)\beta(2)-\beta(1)\alpha(2)\}|\{\alpha(1)\beta(2)-\beta(1)\alpha(2)\}\rangle$

$= \dfrac{1}{2}\langle\phi_{1\mathrm{s}}(1)|\phi_{1\mathrm{s}}(1)\rangle\langle\phi_{1\mathrm{s}}(2)|\phi_{1\mathrm{s}}(2)\rangle\{\langle\alpha(1)\beta(2)|\alpha(1)\beta(2)\rangle$

$\quad -\langle\alpha(1)\beta(2)|\beta(1)\alpha(2)\rangle - \langle\beta(1)\alpha(2)|\alpha(1)\beta(2)\rangle + \langle\beta(1)\alpha(2)|\beta(1)\alpha(2)\rangle\}$

$= \dfrac{1}{2}\cdot 1\cdot 1\{\langle\alpha(1)|\alpha(1)\rangle\langle\beta(2)|\beta(2)\rangle - \langle\alpha(1)|\beta(1)\rangle\langle\beta(2)|\alpha(2)\rangle$

$\quad -\langle\beta(1)|\alpha(1)\rangle\langle\alpha(2)|\beta(2)\rangle + \langle\beta(1)|\beta(1)\rangle\langle\alpha(2)|\beta\alpha(2)\rangle\}$

$= \dfrac{1}{2}\{1\cdot 1 - 0\cdot 0 - 0\cdot 0 + 1\cdot 1\} = 1$

第 6 章

(He) $(2\mathrm{s})^2(2\mathrm{p}_x\alpha)^1(2\mathrm{p}_y\alpha)^1(2\mathrm{p}_z\alpha)^1$ または, (He) $(2\mathrm{s})^2(2\mathrm{p}_x\beta)^1(2\mathrm{p}_y\beta)^1(2\mathrm{p}_z\beta)^1$

第 7 章

1. (1) $\epsilon_+ = \epsilon_{1s} + \beta$. H と H$^+$ がバラバラな時より，$\beta < 0$ だけ安定化し結合ができる．
   (2) $2\chi_A\chi_B$ の部分が結合領域での密度増を担う．$\dfrac{2\chi_A\chi_B}{2(1+S)} = \dfrac{\chi_A\chi_B}{(1+S)}$
   (3) 核に近い領域での密度は，$\dfrac{1}{2}(\chi_A{}^2 + \chi_B{}^2)$ から $\dfrac{1}{2(1+S)}(\chi_A{}^2 + \chi_B{}^2)$ に変化している．減少分は，$\dfrac{S}{2(1+S)}(\chi_A{}^2 + \chi_B{}^2)$.

2. (1) $\epsilon_- = \epsilon_{1s} - \beta$. H と H$^+$ がバラバラな時より，$\beta < 0$ だけ不安定化し結合ができない．
   (2) $\dfrac{S}{2(1-S)}(\chi_A{}^2 + \chi_B{}^2)$
   (3) $\dfrac{\chi_A\chi_B}{1-S}$

第 8 章

1. ϵ の式の分母を払ってから，両辺を c_p^* で偏微分し，$\dfrac{\partial \epsilon}{\partial c_p^*} = 0$ を使う．

2.

   Li$_2$ は安定な分子となるが，Be$_2$ はならない．

3. (a) $(1\sigma_g)^2(1\sigma_u)^2(2\sigma_g)^2(2\sigma_u)^2(1\pi_{ux})^2(1\pi_{uy})^2$
   (b) $(1\sigma_g)^2(1\sigma_u)^2(2\sigma_g)^2(2\sigma_u)^2(3\sigma_g)^2(1\pi_{ux})^2(1\pi_{uy})^2(1\pi_{gx})^1(1\pi_{gy})^1$
   (c) $(1\sigma)^2(2\sigma)^2(3\sigma)^2(4\sigma)^2(5\sigma)^2(1\pi_x)^2(1\pi_y)^2$

4. B$_2$ と O$_2$

第 9 章

1. Ne の第一イオン化エネルギーと F の電子親和力の差は 18.0 eV ある．この差をクーロン力による安定化（$E = -14.4/R$ (eV)，本文参照）で補うには，核間距離が 0.8 Å まで短くなる必要がある．F^- のイオン半径だけでも 1.36 Å あるので NeF はできないと予想される．

2. (1) C を中心とする直線　(2) 二等辺三角形　(3) Be を中心とする直線
   (4) B を中心とする正三角形

第 10 章

図 10-3 参照．

第 11 章

1. 左 BH_3 の LUMO（B の 2p）．右 NH_3 の HOMO（N の sp^3 と H の 1s の σ）．下段は横から見た図．空軌道－電子対軌道の相互作用で，B−N に配位結合ができる．
   （H_3B-NH_3 はエタン（H_3C-CH_3）と等電子体である．）

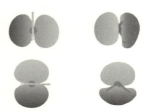

2. ヘキサトリエンの HOMO は s，LUMO は a になる．HOMO の両端の炭素上の 2p 軌道の位相は逆旋回転で結合的に重なるので，基底状態（熱）では逆旋回転機構で反応が進む．一方，LUMO の両端の炭素上の 2p 軌道の位相は同旋回転で結合的に重なるので，励起状態（光）では同旋回転機構で反応が進む．

第 12 章

1. $\boldsymbol{A}_L = \boldsymbol{A} + \Delta f$ および $\phi_L = \phi - \dfrac{\partial \phi}{\partial t}$ を式 (12.12) の左辺に代入すると

$$\frac{1}{c^2}\frac{\partial \phi_L}{\partial t} + \nabla \cdot \boldsymbol{A}_L = \nabla \cdot \boldsymbol{A} + \frac{1}{c^2}\frac{\partial \phi}{\partial t} + \nabla^2 f - \frac{1}{c^2}\frac{\partial^2 f}{\partial t^2}$$

となる．ここで式 (12.13) を用いるとローレンツ条件の成立を示すことができるから，マクスウェル方程式は式 (12.14) の形をとることが分かる．

2. 炎色反応とは，熱的に励起された原子や分子がより安定な電子状態へと遷移する際の発光であり，この際に誘導放出に必要な遷移波長に相当する電磁波の入射はないから，自然放出であると考えられる．

第 13 章

1. 1 次元の箱の中の粒子モデルのエネルギー準位は

$$E_n = \frac{n^2 h^2}{8mL}$$

で与えられる．π 電子の総数が 22 個である（π 共役系に関与する炭素原子はそれぞれ 1 つずつの π 電子を持つ）ことから，最もエネルギーの低い励起は $n = 11 \to 12$ に相当する．題意から $m = 9.11 \times 10^{-31}$ kg, $L = 18.5 \times 10^{-10}$ m であるので，対応する励起エネルギーは

$$\Delta E = \frac{(12^2 - 11^2) \cdot (6.63 \times 10^{-34})^2}{8 \cdot 9.11 \times 10^{-31} \cdot (18.5 \times 10^{-10})^2} \frac{1}{1.60 \times 10^{-19}} = 2.53 \text{ eV}$$

と求まる．1240 をこの値で割ると対応する波長が 490 nm であることが分かる．

2. シス体のブタジエンの ϕ_1, ϕ_3 の既約表現はいずれも b_2 であるから積表現は $b_2 \times b_2 = a_1$．表 13-1 に寄ればこれは z の表現と一致する．したがって遷移双極子モーメントはその z 成分が値を持つこととなる．

第 14 章

回転スペクトルのエネルギー間隔 ΔE は回転定数 B に比例する．B は慣性モーメント $I = 2\mu r_{eq}^2$ に反比例するから，換算質量 μ に反比例する．つまり $\Delta E \sim 1/\mu$ である．ここで換算質量の定義は

$$\mu(\text{CO}) = \frac{m_\text{C} m_\text{O}}{m_\text{C} + m_\text{O}}$$

であり，^{13}CO の方が ^{12}CO よりも換算質量は大きいから，^{13}CO の方が ^{12}CO よりも回転スペクトルのエネルギー間隔は小さいと考えられる．

第 15 章

C_2H_6O には C_2H_5OH（エタノール）と $(CH_3)_2O$（ジメチルエーテル）の 2 種類の異性体があるが，表 15-2 によれば 3600 cm^{-1} 付近にピークを持つのは OH 基を持つ分子であるから，この分子はエタノールであると考えられる．

元素の周期表

(Periodic table of elements - full page table in Japanese)

索 引

●配列は五十音順

● **Symbols**
1s 状態　64
2p 状態　64
2s 状態　64
3d 状態　64
3p 状態　64
3s 状態　64
π 軌道　151
π 共役系　180
π 結合　136
π 電子　151
σ 結合　136

● **G**
Göppert-Mayer 変換　213

● **H**
HOMO–LUMO ギャップ　189
HOMO–LUMO 相互作用　197
HOMO–LUMO の原理　197

● **L**
LCAO 近似　123

●あ　行
安定平衡点　256
イオン結合　158
一電子軌道　84
一電子結合　130
ウォルシュ (Walsh) ダイアグラム　163
ウォルシュ則　164
ウッドワード・ホフマン（Woodward-Hoffmann）則　204
永年方程式　140
エネルギー差の原理　147
エネルギー準位図　50
エルミート演算子　39
エルミート共役　39
演算子の交換関係　40
オービタル　61

●か　行
開殻　108
解離極限　127
化学哲学の新体系　9
角運動量　55
確率振幅　30
重なり積分　124
重なりの原理　147
重ね合わせの原理　17
価電子　109
環化付加反応　200
換算質量　241, 269

干渉　17
完全性　35
完全正規直交基底　36
簡約　230
基準座標　259
期待値　37, 57
基底関数　131
軌道　148
軌道エネルギー　62, 84
軌道エネルギーダイアグラム　130
軌道相関図　130, 147
軌道相互作用　130
軌道相互作用の原理　147
軌道対称性の保存則　204
逆旋回転　202
既約表現　230
球面調和関数　67
共鳴　180
共鳴構造式　180
共鳴積分　125
共有結合　157
行列の固有値問題　37
極性　150
許容遷移　227
空軌道　104
クープマンス (Koopmans) の定理　117
クーロン積分　112, 125
グループ振動　264
群　228
ゲージ変換　209
結合次数　153
結合性軌道　125
結合領域　122

原子価　10, 166
原子軌道　61, 84
交換積分　112
交換相互作用　195
構成原理　104
剛体回転　242
光電効果　19
光量子仮説　19
混成軌道　166
コンドン近似　223

● さ　行

最外殻　106, 108
差電子密度　156
3次元極座標　53
三重　51
三重結合　154
時間に依存しないシュレーディンガー方程式　29
時間に依存するシュレーディンガー方程式　28
磁気量子数　61
試行関数　86
自然放出　218
実験室系　218
質量加重座標　256
指標　230
指標表　231
周期境界条件　77
周期表　102
周期律　102
縮重　50

縮重度　51
主量子数　61
常磁性　153
真空中でのマクスウェル方程式　17
進行波　16
振動数　16
振動数条件　20
親和力　8
水素様原子　82
スピン軌道　95
スピン禁制　226
スレーター (Slater) 行列式　97
スレーター則　224
生気説　10
正規直交基底　35
正準軌道　171
ゼロ点エネルギー　245
ゼロ点振動　245
遷移　64
遷移エネルギー　64
遷移元素　103
遷移状態　265
遷移双極子モーメント　216
全エネルギー　84
全波動関数　84
占有　64
占有軌道　104
占有数　104
相互作用表示　214
族　102

● た　行

対称許容　204
対称禁制　205
対称操作　228
多重結合　154
多電子波動関数　84
単結合　153
長波長近似　213
調和振動子　244
直交　35
電荷移動 (Charge Transfer, CT) 相互作用　195
電気双極子モーメント　213
電気的二元論　9
典型元素　103
電子　148
電子殻　108
電子スピン　94
電子遷移の選択律　224
電子対　104
電子の同等性　95
電子配置　103
電磁ポテンシャル　209
電子密度　156
動径成分　65
動径分布関数　72
同時固有関数　41
等電子体　168
独立粒子近似　84
ドナー (電子供与体) – アクセプター (電子受容体) 相互作用　195

● な 行

内殻　108
波の空間形状　43
二重結合　154

● は 行

ハートリー (Hartree) 積　84
ハートリー・フォック (Hartree-Fock) 方程式　114
ハートリー方程式　91
配位結合　169
パウリの排他原理　93, 104
波形　43
波長　16
波動関数の物理的意味　30
波動方程式　16
腹　43
バルマーの式　12
反結合性軌道　125
反結合領域　122
反磁性分子　153
反旋回転　202
反応機構　196
反応座標　265
反応選択性　198
非共有電子対　136
非局在化エネルギー　182
非結合性軌道　151
被占軌道　104
ヒュッケル法　173
ビリアル定理　132
不安定平衡点　265

不確定性関係　42
副殻　108
節　43
不対電子　104
物質波　23
物質波を表す式　26
ブラケット記法　34
フランク・コンドン因子　223
プランク定数　19
フロンティア軌道　184
フロンティア電子密度　199
分子軌道　123
分子軌道法　123
分子固定系　218
フントの規則　104
閉殻　108
平均　57
平衡核間距離　127
ヘルムホルツの定理　208
変数分離型　48
変分原理　85
変分パラメーター　86
変分法　85, 86
ヘンル・ロンドン因子　223
方位量子数　61
芳香族性　188
ボーアの原子論　20
ポテンシャルエネルギー曲線　127
ポテンシャルエネルギー曲面　240
ポリエン　180
ボルン・オッペンハイマー (Born-Oppenheimer) 近似　121, 239

●ま 行
マーデルング（Madelung）の規則　104

●や 行
有効核電荷　85
誘導吸収　217
誘導放出　217

●ら 行
ラプラシアン　52
ラポルテの選択則　227
量子力学的な電子配置　103
両性高分子　192

著者紹介

橋本　健朗 (はしもと・けんろう)　・執筆章→ 3～11

1962 年	新潟県に生まれる
1989 年	慶応義塾大学大学院理工学研究科化学専攻博士後期課程修了
現在	放送大学教授・理学博士
専攻	理論化学・計算化学・物理化学
主な著書	橋本健朗，化学結合論―分子の構造と機能（1-6，8 章）（放送大学教育振興会）
	橋本健朗，現代を生きるための化学（1-5 章）（放送大学教育振興会）
	橋本健朗，理論計算によるクラスター研究：構造と電子状態（先端化学シリーズⅣ（理論・計算化学，クラスター，スペースケミストリー））日本化学会編，丸善，pp.134-139．2003 年
	Kiyokazu Fuke, Kenro Hashimoto and Ryozo Takasu, Solvation of Sodium Atom and Aggregates in Ammonia Clusters, In M. Duncun ed. Advances in Metal and Semiconductor Clusters, Vol.5, Elsevier, 2001, 1-37, Amsterdam.
	Kiyokazu Fuke, Kenro Hashimoto and Suehiro Iwata, Structures, Spectroscopies and Reactions of Atomic Ions With Water Clusters, In I.Prigogine and S. A. Rice eds. Advances in Chemical Physics, Vol.110, Chapter 7, pp.431-523 (1999).

安池　智一 (やすいけ・ともかず)

・執筆章→ 1, 2, 12～15

1973 年　神奈川県に生まれる
1995 年　慶應義塾大学理工学部卒業
2000 年　慶應義塾大学大学院理工学研究科後期博士課程修了
　　　　　博士（理学）
2000 年　日本学術振興会特別研究員（PD）
2005 年　分子科学研究所 助手
2006 年　総合研究大学院大学 助手（兼任）
2007 年　分子科学研究所・総合研究大学院大学 助教（職名変更）
2013 年　放送大学 准教授，京都大学 ESICB 拠点准教授
2018 年　放送大学 教授，京都大学 ESICB 拠点教授（現在に至る）
主な著書　「大学院講義 物理化学 第 2 版 I. 量子化学と分子分光学」東京化学同人（2013）
　　　　　「分子分光学」放送大学教育振興会（2015）
　　　　　「エントロピーからはじめる熱力学」放送大学教育振興会（2016）
　　　　　「化学反応論－分子の変化と機能」放送大学教育振興会（2017）
　　　　　「初歩からの化学」放送大学教育振興会（2018）

放送大学教材　1562916-1-1911（テレビ）

量子化学

発　行	2019年3月20日　第1刷
著　者	橋本健朗・安池智一
発行所	一般財団法人　放送大学教育振興会
	〒105-0001　東京都港区虎ノ門1-14-1　郵政福祉琴平ビル
	電話 03（3502）2750

市販用は放送大学教材と同じ内容です。定価はカバーに表示してあります。
落丁本・乱丁本はお取り替えいたします。

Printed in Japan　ISBN978-4-595-31966-2　C1343